计算机系列教材

黄雪华 徐述 曹步文 黄静 编著

数据库原理及应用

清华大学出版社
北京

内 容 简 介

在大数据时代背景下,本书以培养数据管理应用型人才为目标,系统全面地讲述了数据库系统的基础理论知识、基本方法与应用技术。本书总共包含4篇17章,第1篇为基础篇,包括绪论、关系模型数据库、关系代数。第2篇为设计及应用篇,包括使用实体—联系模型进行数据建模、扩展的实体—联系模型、实体—联系模型到关系模型的转换、UML类图建模、关系数据理论、关系数据库标准语言SQL、数据库编程、数据库设计。第3篇为管理篇,包括并发控制、数据库存储技术、关系查询优化、数据库安全、数据库恢复。第4篇为新技术篇,包括数据库的发展及新技术。

本书可以作为高等院校以及高职高专数据库课程的教材,也可以作为从事数据库系统研究、开发、应用和工程技术人员的参考用书。

本书封面贴有清华大学出版社防伪标签,无标签者不得销售。
版权所有,侵权必究。举报: 010-62782989, beiqinquan@tup.tsinghua.edu.cn。

图书在版编目(CIP)数据

数据库原理及应用/黄雪华等编著. —北京:清华大学出版社,2018(2022.8重印)
(计算机系列教材)
ISBN 978-7-302-50073-5

Ⅰ. ①数… Ⅱ. ①黄… Ⅲ. ①数据库系统—高等学校—教材 Ⅳ. ①TP311.13

中国版本图书馆 CIP 数据核字(2018)第 097047 号

责任编辑:白立军　常建丽
封面设计:常雪影
责任校对:李建庄
责任印制:丛怀宇

出版发行:清华大学出版社
　　网　　址:http://www.tup.com.cn, http://www.wqbook.com
　　地　　址:北京清华大学学研大厦 A 座　　　　　邮　编:100084
　　社 总 机:010-83470000　　　　　　　　　　邮　购:010-62786544
　　投稿与读者服务:010-62776969, c-service@tup.tsinghua.edu.cn
　　质 量 反 馈:010-62772015, zhiliang@tup.tsinghua.edu.cn
　　课 件 下 载:http://www.tup.com.cn, 010-83470236
印 装 者:三河市龙大印装有限公司
经　　销:全国新华书店
开　　本:185mm×260mm　　印　张:21.5　　字　数:498千字
版　　次:2018年9月第1版　　　　　　　印　次:2022年8月第5次印刷
定　　价:49.00 元

产品编号:075932-01

前　言

本书参考了很多优秀的国内外经典教材，如斯坦福大学的 *A First Course in Database*、*Fundamentals of Database Systems*、*Database System Concepts* 以及王珊主编的《数据库系统概论》等。本书根据数据库课程在大学中的教学大纲要求进行编写，以 SQL Server 中文版为实验环境，引入了大量的实例，偏重基础理论及应用实践，是作者多年从事数据库教学经验的总结。

本书分为 4 篇 17 章（书中有 * 号的部分是可选的学习内容），如下表所示。

第 1 篇　基础篇	第 1 章	绪论
	第 2 章	关系模型数据库
	第 3 章	关系代数
第 2 篇　设计及应用篇	第 4 章	使用实体—联系模型进行数据建模
	第 5 章	扩展的实体—联系模型
	第 6 章	实体—联系模型到关系模型的转换
	第 7 章	UML 类图建模
	第 8 章	关系数据理论
	第 9 章	关系数据库标准语言 SQL
	第 10 章	数据库编程
	第 11 章	数据库设计
第 3 篇　管理篇	第 12 章	并发控制
	第 13 章	数据库存储技术
	第 14 章	关系查询优化
	第 15 章	数据库安全
	第 16 章	数据库恢复
第 4 篇　新技术篇	第 17 章	数据库的发展及新技术

本书第 3 篇（第 12～16 章）由徐述编写，其余篇章由黄雪华编写，其中部分插图由刘欢所画，同时，在曹步文、黄静老师的协助下，本书最终顺利完成。相关的配套资源可从清华大学出版社的网站上下载，也可向作者索取。

本书的出版得到清华大学出版社的大力支持和帮助，在此表示诚挚感谢。

由于时间比较紧张,作者水平有限,书中难免有不足之处,望广大读者给予批评指正。作者的电子邮箱为 107531852@qq.com。

编　者
2018 年 5 月

目　　录

第 1 篇　基　础　篇

第 1 章　绪论　/3
- 1.1　概述　/3
  - 1.1.1　数据库的基本概念　/4
  - 1.1.2　数据库管理系统介绍　/7
  - 1.1.3　示例　/8
- 1.2　逻辑数据模型　/9
  - 1.2.1　层次模型　/10
  - 1.2.2　网状模型　/11
  - 1.2.3　关系模型　/12
- 1.3　数据库系统的结构　/12
  - 1.3.1　模式及实例的概念　/13
  - 1.3.2　数据库系统的三级模式结构　/13
  - 1.3.3　数据库系统的体系结构　/16
- 1.4　数据管理技术的发展历史　/17
  - 1.4.1　人工管理阶段　/18
  - 1.4.2　文件系统管理阶段　/18
  - 1.4.3　数据库管理系统阶段　/20
- *1.5　DBMS 组成　/22
- 1.6　小结　/22
- 1.7　习题　/23

第 2 章　关系模型数据库　/24
- 2.1　关系模型数据库的数据结构　/24
  - 2.1.1　关系模型的基本概念　/24
  - 2.1.2　关系的性质　/27
  - 2.1.3　关系模型的形式化定义　/29
- 2.2　关系模型的完整性　/35
  - 2.2.1　实体完整性　/35
  - 2.2.2　参照完整性　/35
  - 2.2.3　用户自定义完整性　/37

2.3 本书示例数据库 /38
2.4 小结 /39
2.5 习题 /39

第3章 关系代数 /40
3.1 关系操作 /40
3.2 关系操作的语言 /40
3.3 关系代数运算 /41
    3.3.1 传统的集合运算 /41
    3.3.2 专门的关系运算 /45
    3.3.3 关系代数表达式应用举例 /52
3.4 小结 /53
3.5 习题 /53

第2篇 设计及应用篇

第4章 使用实体—联系模型进行数据建模 /57
4.1 数据模型 /57
4.2 概念模型 /57
4.3 实体—联系模型 /58
    4.3.1 基本概念 /58
    4.3.2 一个完整的示例 /62
    4.3.3 E-R图表示法小结 /64
    4.3.4 联系的不同表示法 /64
4.4 E-R图应用举例 /66
4.5 小结 /67
4.6 习题 /67

第5章 扩展的实体—联系模型 /68
5.1 扩展的实体—联系模型介绍 /68
    5.1.1 扩展的E-R模型的基本概念 /68
    5.1.2 一个完整的示例 /72
5.2 E-R及EER模型的设计步骤 /74
5.3 E-R及EER模型的设计原则 /74
5.4 EER图应用举例 /77
5.5 小结 /77
5.6 习题 /77

第 6 章 实体—联系模型到关系模型的转换 /78

- 6.1　E-R 模型到关系模型的转换　/78
  - 6.1.1　实体的映射　/78
  - 6.1.2　二元联系的映射　/79
  - 6.1.3　其他元素的映射　/82
- 6.2　一个完整的 E-R 模型转换示例　/83
- 6.3　EER 模型到关系模型的转换　/85
  - 6.3.1　父类与子类的转换　/85
  - 6.3.2　聚集的转换　/87
- 6.4　一个完整的 EER 模型转换示例　/88
- 6.5　小结　/90
- 6.6　习题　/90

*第 7 章 UML 类图建模 /91

- 7.1　概述　/91
- 7.2　UML 类图表示法　/91
- 7.3　示例　/95
- 7.4　UML 类图到关系模型的转换　/96
- 7.5　数据库设计工具　/97
- 7.6　小结　/99
- 7.7　习题　/99

第 8 章 关系数据理论 /100

- 8.1　规范化理论概述　/100
- 8.2　基本概念　/104
- 8.3　范式　/106
  - 8.3.1　第一范式　/106
  - 8.3.2　第二范式　/107
  - 8.3.3　第三范式　/109
  - 8.3.4　BCNF　/110
  - 8.3.5　多值依赖与第四范式　/112
  - *8.3.6　连接依赖与 5NF　/113
  - 8.3.7　规范化小结　/114
- 8.4　Armstrong 公理系统　/114
- 8.5　关系模式分解　/118
- *8.6　模式分解算法　/121
- 8.7　规范化应用　/122
- 8.8　小结　/124

8.9 习题 /124

第 9 章 关系数据库标准语言 SQL /126

9.1 SQL 概述 /126
9.2 SQL 定义 /128
    9.2.1 数据定义和数据类型 /128
    9.2.2 定义约束 /131
    9.2.3 模式修改语句 /135
    9.2.4 应用举例 /136
9.3 查询 /137
    9.3.1 单表查询 /138
    9.3.2 多表查询 /143
    9.3.3 嵌套查询 /149
    9.3.4 集合查询 /153
    9.3.5 基于派生表的查询 /155
    9.3.6 应用举例 /155
9.4 数据更新 /160
    9.4.1 插入数据 /160
    9.4.2 修改数据 /161
    9.4.3 删除数据 /162
    9.4.4 应用举例 /163
9.5 视图 /164
    9.5.1 定义视图 /164
    9.5.2 查询视图 /166
    9.5.3 更新视图 /167
    9.5.4 视图的优点 /168
    9.5.5 应用举例 /169
9.6 索引 /170
9.7 其他的相关理论 /171
9.8 小结 /172
9.9 习题 /172

第 10 章 数据库编程 /173

10.1 编程介绍 /173
10.2 嵌入式 SQL /173
10.3 数据库编程语言 /175
    10.3.1 基本语法 /175
    10.3.2 存储过程与函数 /179

10.3.3　触发器　/183
　　　10.3.4　游标　/185
　10.4　数据库接口及访问技术　/186
　　　10.4.1　ADO.NET编程　/187
　　　10.4.2　JDBC编程　/189
　10.5　小结　/191
　10.6　习题　/191

第11章　数据库设计　/192

　11.1　数据库设计概述　/192
　　　11.1.1　数据库设计方法　/192
　　　11.1.2　数据库设计步骤　/193
　11.2　需求分析　/195
　　　11.2.1　需求分析的方法　/196
　　　11.2.2　数据流图　/197
　　　11.2.3　数据字典　/200
　11.3　概念结构设计　/201
　　　11.3.1　概念模型的特点　/201
　　　11.3.2　概念结构设计方法　/202
　　　11.3.3　局部概念模型设计　/203
　　　11.3.4　全局概念模型设计　/205
　11.4　逻辑结构设计　/209
　　　11.4.1　E-R模型到关系模型的转换　/209
　　　11.4.2　关系模型的优化　/209
　　　11.4.3　设计用户子模式　/210
　11.5　物理结构设计　/210
　　　11.5.1　存取方法　/211
　　　11.5.2　存储结构　/212
　　　11.5.3　评价物理结构　/213
　11.6　数据库的实施　/213
　11.7　数据库的运行和维护　/215
　11.8　数据库设计案例——学生成绩管理系统　/216
　　　11.8.1　需求分析　/216
　　　11.8.2　概念结构设计　/217
　　　11.8.3　逻辑结构设计　/217
　　　11.8.4　物理结构设计　/221
　　　11.8.5　相关数据库代码　/221
　　　11.8.6　部分模块界面图　/228

11.9 小结 /242
11.10 习题 /242

第3篇 管 理 篇

第12章 并发控制 /245
  12.1 事务 /245
    12.1.1 事务的概念 /245
    12.1.2 事务的 ACID 性质 /245
  12.2 并发控制 /246
    12.2.1 事务并发执行的必要性 /246
    12.2.2 并发操作带来的问题 /247
    12.2.3 并发事务调度可串行化 /248
  12.3 封锁技术 /249
    12.3.1 封锁类型 /249
    12.3.2 封锁协议 /250
    12.3.3 两段锁协议 /251
  12.4 封锁带来的问题 /252
    12.4.1 活锁 /252
    12.4.2 死锁 /252
  12.5 多粒度封锁 /254
    12.5.1 多粒度树 /254
    12.5.2 意向锁 /255
  12.6 小结 /256
  12.7 习题 /257

第13章 数据库存储技术 /258
  13.1 数据库系统存储结构 /258
    13.1.1 数据库磁盘存储器中的数据结构 /258
    13.1.2 数据库系统存储介质 /259
  13.2 数据文件的记录格式 /260
    13.2.1 定长记录 /260
    13.2.2 变长记录 /260
  13.3 数据文件格式 /262
    13.3.1 文件格式 /262
    13.3.2 顺序文件 /262
    13.3.3 聚集文件 /263
  13.4 索引技术 /263

13.4.1 索引的概念 /263
13.4.2 主索引 /263
13.4.3 辅助索引 /265
13.4.4 索引的更新 /265
13.5 B+树索引文件 /266
13.5.1 B+树的结构 /266
13.5.2 B+树的查询 /267
13.5.3 B+树的更新 /268
13.6 散列索引文件 /269
13.6.1 散列技术 /269
13.6.2 静态散列索引 /270
13.6.3 可扩充散列结构 /271
13.7 小结 /273
13.8 习题 /274

第14章 关系查询优化 /275

14.1 查询处理 /275
14.1.1 概述 /275
14.1.2 查询代价度量 /276
14.2 查询优化 /276
14.2.1 查询优化概述 /277
14.2.2 代数优化 /277
14.2.3 物理优化 /281
14.3 小结 /284
14.4 习题 /284

第15章 数据库安全 /285

15.1 数据库安全概述 /285
15.1.1 TCSEC 标准 /285
15.1.2 CC 标准 /286
15.2 数据库系统安全控制 /287
15.2.1 数据库系统安全模型 /287
15.2.2 用户身份标识与鉴别 /288
15.2.3 存取控制概述 /289
15.3 自主存取控制 /290
15.3.1 授权 /291
15.3.2 角色 /293
15.3.3 视图机制 /294

15.4 审计 /295
  15.4.1 审计事件 /295
  15.4.2 审计的作用 /296
15.5 强制存取控制 /296
15.6 数据加密 /297
  15.6.1 加密技术 /297
  15.6.2 数据库中的加密支持 /297
15.7 更高安全性保护 /298
15.8 小结 /298
15.9 习题 /298

第 16 章 数据库恢复 /299

16.1 故障类型 /299
  16.1.1 事务故障 /299
  16.1.2 系统故障 /299
  16.1.3 介质故障 /299
16.2 恢复的基本原理与实现方法 /300
16.3 恢复技术 /300
  16.3.1 数据转储 /300
  16.3.2 日志文件格式 /301
  16.3.3 日志登记原则 /302
  16.3.4 使用日志重做和撤销事务 /303
  16.3.5 检查点 /305
16.4 恢复算法 /306
  16.4.1 事务回滚 /306
  16.4.2 系统崩溃后的恢复 /306
  16.4.3 介质故障后的恢复 /307
16.5 小结 /308
16.6 习题 /308

第 4 篇 新技术篇

第 17 章 数据库的发展及新技术 /311

17.1 数据库系统发展的特点 /311
17.2 数据管理技术发展的趋势 /313
17.3 面向对象数据库管理系统 /314
  17.3.1 面向对象数据库管理系统介绍 /314
  17.3.2 对象关系数据库管理系统介绍 /316

17.4 分布式数据库 /316
17.5 并行数据库 /319
17.6 空间数据库 /320
17.7 数据仓库与数据挖掘 /322
17.8 大数据 /326
17.9 小结 /329
17.10 习题 /329

参考文献 /330

第1篇

基 础 篇

本篇介绍数据库系统的基本概念、基础理论知识和数据管理发展历史,并从逻辑数据模型的三个方面详细地阐述关系数据库。本篇是后面章节的基础,也是本课程的入门。

本篇包含以下章节。

第1章 绪论,介绍数据库应用举例,重点阐述数据库系统的基本概念,详细说明了逻辑数据模型的构成及分类,讲述数据库系统的三级模式结构及体系结构,介绍数据管理技术发展的三个阶段以及DBMS组成。其中,DBMS组成为选修内容。

第2章 关系模型数据库,详细介绍了关系模型数据库的数据结构,以及关系模型数据库的三大完整性约束。

第3章 关系代数,介绍关系模型操作语言,重点讲述关系代数运算。

第1章 绪 论

数据库是一门非常重要的课程,其理论知识及技术应用相当广泛。是信息类学科必须掌握的内容,而且近几年它的理论知识及技术发展、更新达到了一个新的高潮。

"数据库"不仅是计算机类专业、信息管理信息系统、计算机网络、大数据等相关专业的专业基础必修课程,也是很多非计算机专业的选修课程。

本章介绍数据库应用举例,重点阐述数据库系统的基本概念,详细说明了逻辑数据模型的构成及分类,讲述数据库系统的三级模式结构及体系结构,介绍数据管理技术发展的三个阶段以及 DBMS 组成。通过本章的学习,可以了解数据库、数据库系统的概貌。

1.1 概述

随着计算机技术、通信技术以及互联网的蓬勃发展,人们对数据的需求日益递增,数据量呈现爆炸式增长。当今是数据的时代,涌现了各种类型的应用型数据,如物联网数据、无线网络数据、GPS 数据、3D 数据、多媒体数据、社交网络数据、自媒体数据以及大规模的历史数据等。这些数据的存储、表示、处理、传输要用到数据管理技术。在人们的生活中,有关数据的应用无处不在,如银行、航空公司、高校、销售、在线销售、医院、人力资源等。

银行需要存储客户的基本信息、账户信息、存款信息、取款信息、转账信息、借款信息等。

航空公司需要存储旅客信息、票务信息、航班信息、订票信息等。

高校需要存储学生信息、教师信息、课程信息、排课信息、选课、成绩,甚至学校的贴吧及论坛,这些信息都保存在学校的数据库中。

销售方面,如沃尔玛等大型国际连锁超市的货物信息、库存信息、销售信息等都保存在数据库中。

在线销售,如大型电子商务网站"淘宝"的商品信息、客户信息、销售记录等数据都保存在数据库中。

医院需要保存病人的基本信息、诊断信息、病例、医生的相关信息等,这些信息都保存在医院的数据库里,以便于随时获取。

人力资源需要保存每个员工的基本信息、休假、奖惩记录、薪资等信息。

可以说,当今时代数据无处不在,人们随时随地都需要查看数据、保存数据、管理数据、搜索数据、分析数据。这些数据一般都保存在专门的数据库里。

商家经常根据顾客的购买历史记录及浏览过的产品为顾客推荐商品,有时候在超市里会看见尿片与啤酒摆放在一起,银行根据客户的信用记录决定是否为客户发放贷款等,这些都是从数据中挖掘出规律然后应用于生活中的例子。

目前,物联网(Internet of Things,IoT)已经形成,而且发展迅速。物联网指的是物物相连的互联网,如智能家居。物联网中的设备能够通过互联网收集并传送数据,构成物联网的数据世界。

1.1.1 数据库的基本概念

在深入学习其他内容前,本节首先讲述与数据库技术最密切相关的几个基本概念,如数据、数据库、数据库管理系统、数据库系统、数据库用户。

1. 数据

数据(data)用来描述世界,有具体的意思,有各种表现形式,包括数字、字母、文本、图像、声音、音频、视频等。例如:

张杨,男,1998,长沙,计算机科学与技术,2016

该数据如果保存在学生信息管理系统中,可以解释为:张扬,男性,长沙人,出生于1998年,2016年被计算机科学与技术专业录取。

数据可以被存储、处理和传输。

2. 数据库

数据库(DataBase,DB)是保存数据的仓库,仅是一些相关数据的集合,可以长期保存在计算机内,是有组织的、可共享的大量数据的集合。数据库中的数据按一定的数据模型组织、描述和储存,具有较小的冗余度、较高的数据独立性和易扩展性,并可为各种用户共享。

下面是一个简单的数据库例子,仅包含一个表。

学生信息管理系统中使用的学生数据库只包含一个学生表。学生表描述学生的基本信息,包括学号、姓名、年龄、性别、专业、入学年份,如图 1.1 所示。

学生表

学号	姓名	年龄	性别	专业	入学年份
01	Lily	19	f	computer	2016
02	Tom	20	m	medicine	2016
03	Lucy	18	f	law	2016

图 1.1 学生数据库

生活中的数据库例子并不像学生数据库那样简单。下面给出另一个例子,一个简单的银行数据库,包含客户信息、存款信息、账号信息,如图1.2所示。

客户表

customer-id	customer-name	customer-street	customer-city
192-83-7465	Johnson	华尔街8号	纽约市
012-28-3746	Smith	市场街4号	华盛顿市
677-89-9011	Hayes	诺曼蒂大街29号	西雅图市
182-73-6091	Turner	好莱坞大道56号	洛杉矶市
321-12-3123	Jones	马里兰大道100号	芝加哥市
336-66-9999	Lindsay	唐人街53号	休斯顿市
019-28-3746	Smith	公园路12号	华盛顿市

账户表

account-id	balance
A-101	500
A-215	700
A-102	400
A-305	350
A-201	900
A-217	750
A-222	700

存款表

customer-id	account-id
192-83-7465	A-101
192-83-7465	A-201
019-28-3746	A-215
677-89-9011	A-102
182-73-6091	A-305
321-12-3123	A-217
336-66-9999	A-222
019-28-3746	A-201

图1.2 银行数据库

客户表描述客户的基本信息,包含客户编号(customer-id)、客户姓名(customer-name)、客户居住的城市(customer-city)和街道地址(customer-street)。账户表包含账户编号(account-id)及余额(balance)信息。存款表包含客户编号(customer-id)及账户编号(account-id)信息,描述了客户与账户之间的关系。一个客户在某家银行可能有多个账号。

3. 数据库管理系统

数据库管理系统(DataBase Management System,DBMS)是一组程序的集合,用来存储数据到数据库,并可以修改和获取数据库中的数据。DBMS有很多种类型,包括运行在个人计算机上的小系统到运行在大型主机上的大系统。

4. 数据库系统

数据库系统(DataBase System,DBS)由硬件、软件、人员构成,其中软件包括操作系统、数据库、数据库管理系统、应用开发工具、应用程序等,人员包括数据库管理员(DBA)、应用程序员以及用户等,如图1.3所示。

计算机硬件是基础,包括CPU、输入输出设备,需要有足够大的内存存放操作系统、

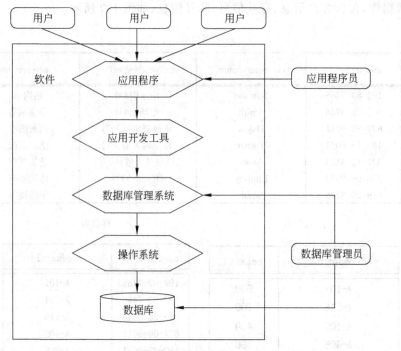

图 1.3 数据库系统

DBMS 核心模块、数据缓冲区及应用程序;需要有足够大的磁盘存放数据库及备份数据库;需要有较高的通道能力提高数据传送率。

软件包括创建、管理、维护数据库的 DBMS,支持 DBMS 运行的操作系统,开发语言、编译系统及开发环境,数据库应用程序等。

5. 数据库用户

数据库系统中包含的数据库用户有终端用户、系统分析员、数据库设计者、应用程序员、数据库管理员。系统分析员负责应用系统的需求分析和规范说明;数据库设计者设计数据库中数据的内容和格式等;应用程序员通过应用开发工具开发出应用程序实现终端用户的需求;数据库管理员管理和维护数据库;终端用户通过访问应用程序(系统)获取数据库管理系统维护和管理的数据库中的数据,而数据库一般保存在磁盘的文件上,由操作系统进行调用。实际上,从数据库应用系统设计到开发的过程中,这些人员都需要相互配合,真切地了解用户的实际需求,分析设计出合适的数据库及数据库应用系统,以供用户使用。如图 1.4 所示,用户通过数据库应用程序访问由数据库管理系统维护的数据库。

在数据库的几类用户中,数据库管理员(DBA)的责任非常重大,负责全面管理、维护和控制数据库系统。其职责有以下几点。

(1) 决定数据库中的信息内容和结构,即数据库中存放哪些信息及其格式是什么,这需要 DBA 的全程参与,并与用户、应用程序员、系统分析设计人员密切合作。

(2) 决定数据库的存储结构和存取策略,获得较高的存取效率和空间利用率。

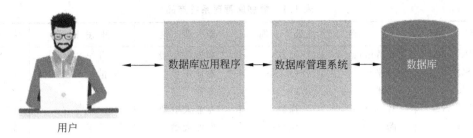

图 1.4 用户访问数据库系统

(3) 定义数据的安全性要求和完整性约束条件,确保数据的安全性和完整性,决定用户的权限级别、数据的保密级别以及数据的约束条件。

(4) 监控数据库的使用和运行,当数据库出现问题时,DBA 必须在最短的时间内将数据恢复到正确的状态,尽可能地减少对业务的影响。

(5) 数据库的改进和重组重构。在数据库的运行过程中,监视系统的运行,并提高其性能,或者根据应用需求的变化改进数据库,随着数据不断插入、删除、修改,数据的组织结构会受到影响而降低性能,因此需要定期对数据库进行重组织,而当用户的需求改变很大,现有数据库无法满足需要时,应重新设计数据库对它进行重构。

1.1.2 数据库管理系统介绍

数据库管理系统是位于用户与操作系统之间的一层数据管理软件,主要作用是建立、运行及管理维护数据库,它的功能主要包括六个方面。

(1) 数据定义功能,定义数据库中数据对象的组成、结构、格式,包括定义数据库的模式、存储模式、外模式、映像,定义数据约束条件、用户存取权限。

(2) 数据操纵功能,包括对数据库数据的检索、插入、修改、删除等基本操作。

(3) 数据库事务管理及运行管理,包括事务的正确运行、多用户并发控制、保证安全性及数据完整性、运行时的监管与控制。

(4) 数据组织、存储和管理。DBMS 负责分门别类地组织、存储和管理库中的数据字典、用户数据、存取路径等数据,确定以何种文件结构和存取方式物理地组织这些数据,实现数据间的联系,并提高空间和时间效率。

(5) 数据库建立和维护。建立包括初始数据输入和数据格式转换等。维护包括数据的转储、恢复、重组织、重构造、性能监视与分析,可以通过数据库管理系统的一些实用工具来完成。

(6) 其他功能,如数据通信接口,与其他软件系统通信。

各种数据库管理系统实现的功能主要有以上六个方面,但实现方式、技术、内部组成等都各不相同。当前市场上比较流行(或曾经流行)的一些关系 DBMS 的产品见表 1.1。表 1.1 从运行的平台、公司、专业性、开发时间、性能方面展示了 8 种 DBMS 产品,其他的非关系数据库产品请参考 17 章的图 17.13。

表 1.1 数据库管理系统产品

产　品	平　台	公　司	专　业　性	开　发　时　间	性　能
VFP、Access	Windows	微软	非专业小型	20世纪80年代	一般
MySQL	跨平台	Oracle	专业中小型	20世纪90年代	好
Oracle	跨平台	Oracle	专业大型	1979年	好
SQL Server	Windows	微软	专业大中型	1994年	好
Sybase	跨平台	Sybase	专业大型	1987年	好
Informix	跨平台	IBM	专业大型	1988年	好
Ingres	跨平台	CA	专业大型	1975年	好
DB2	AS/400等	IBM	专业大型	1987年	好

其中，MySQL、Oracle、SQL Server 占据了市场的绝大部分份额。本书编写的 SQL 语句都能运行于 SQL Server 环境下，基本可以运行在 Oracle 和 MySQL 环境下。

1.1.3 示例

下面为学生成绩管理系统建立 STUDENT 数据库，数据库设计者与学生及教师用户交流后，设计出该数据库包含 STUDENT 学生表、COURSE 课程表、SECTION 学期表、GRADE_REPORT 成绩表和 PREREQUESIT 先修课程表，如表 1.2～表 1.6 所示。

表 1.2 STUDENT 学生表

姓　名	学　号	班　级	专　业
张三	17	1	计算机科学
李四	8	2	计算机科学

表 1.3 COURSE 课程表

课程名称	课程编号	学　分	所　在　系
计算机入门	CS1310	4	计算机科学
数据结构	CS3320	4	计算机科学
离散数学	MATH2410	3	数学
数据库	CS3380	3	计算机科学

表 1.4 SECTION 学期表

学期编号	课程编号	学　期	学　年	教师姓名
85	MATH2410	秋季	98	李小维
92	CS1310	秋季	98	何靖宇
102	CS3320	春季	99	王斌
112	MATH2410	秋季	99	郑宏
119	CS1310	秋季	99	何靖宇
135	CS3380	秋季	99	谭伟

表 1.5 GRADE_REPORT 成绩表

学 号	学期编号	成绩等级
17	112	B
17	119	C
8	85	A
8	92	A
8	102	B
8	135	A

表 1.6 PREREQUESIT 先修课程表

课程编号	先修课程编号
CS3380	CS3320
CS3380	MATH2410
CS3320	CS1310

STUDENT 学生表包含姓名、学号、班级及专业。
COURSE 课程表包含课程名称、课程编号、学分及所在系。
SECTION 学期表包含学期编号、课程编号、学期、学年及教师姓名。
GRADE_REPORT 成绩表包含学号、学期编号及成绩等级。
PREREQUESIT 先修课程表包含课程编号及先修课程编号。

根据以上给出的信息可以得出任何一个学生每门课的成绩,也可以获取任何一个教师每个学期所教的课程。对于这样一个数据库的建立,应该考虑所要存储的数据内容、数据的格式、数据之间的联系、数据的安全等,这些都是建立数据库时应该考虑的内容。用户可以使用数据的查询、数据的增加、数据的删除等功能,而实现这些功能需要数据库管理员。例如,需要考虑学生表应该包含哪些数据项信息、每个数据项的类型,可以对学生表添加新的学生信息、修改学生信息、删除学生信息以及查询学生信息;要求学生的成绩必须控制在一定的范围,并确定只有教师才可以修改学生的成绩,而学生只能查看成绩;还可以对这些信息进行备份,在系统崩溃的情况下,数据受到破坏时第一时间恢复到正常状态,所有这些操作都需要在 DBMS 中完成。

1.2 逻辑数据模型

数据模型(data model)是用来描述数据、组织数据和对数据进行操作的模型。本节所讲的数据模型特指**逻辑数据模型**,它是数据库系统的基础。各种 DBMS 软件都是基于某种数据模型的。因此,了解数据模型的概念非常必要。

数据模型是数据和信息的一种表示法,实际上是数据在数据库中的存储结构。一般从静态特性和动态特性两个方面描述数据模型。数据模型通常由数据结构、数据操作和数据完整性约束三部分组成。其中,数据结构和数据完整性约束描述的是静态特性,数据操作描述的是动态特性。

数据结构,描述数据库的组成对象以及对象之间的联系。它描述两类内容:一类是描述对象的类型、内容和性质;另一类是描述数据之间的联系。这些都属于数据模型的静态特性。

数据操作,指在数据对象上进行的任何操作,主要有增加、删除、修改、查询。这些数据操作属于数据模型的动态特性。数据模型中必须定义这些操作的确切含义、操作符号、操作规则及实现操作的语言。

数据完整性约束,是一组完整性规则。完整性规则是对给定的数据模型中的数据及其联系的制约,以保证数据正确、有效、相容。

由于数据结构是刻画一个数据模型性质最重要的方面,所以人们常常按照数据结构的类型来命名数据模型。数据模型依据数据结构的类型主要分为层次模型、网状模型、关系模型、面向对象模型、半结构化数据模型等,本章只介绍层次模型、网状模型、关系模型。

1.2.1 层次模型

层次模型是最早出现的数据模型。基于层次模型的数据库叫作层次数据库,典型的代表是 IBM 公司的信息管理系统(Information Management System,IMS),曾经得到广泛的使用。

1. 层次模型的数据结构

层次模型以一个倒立的树结构表示各对象及对象间的联系。因为现实世界中许多对象之间的联系呈现出一种层次关系。每个结点表示一个记录类型,结点之间的联系表示记录类型之间的联系。每个记录类型可以包括若干字段。层次模型的结构特点如下。

(1) 每个子结点只有一个双亲结点,而且只有根结点没有双亲结点。

(2) 查询任何一个给定的记录时,只有按其路径查看,才能显示出它的全部含义,没有一个子记录可以脱离双亲记录而存在。

(3) 层次数据库系统只能处理一对多的联系。

图 1.5 给出一个层次模型的实例。

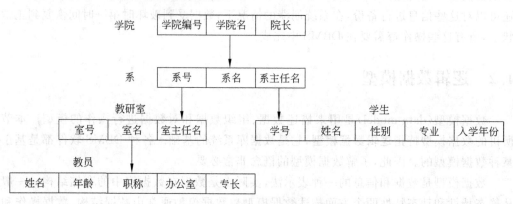

图 1.5 学校层次模型实例

该层次模型由学院、系、教研室、学生、教员构成,学院是根结点,结点学生和结点教研室是结点系的子结点,结点教研室是结点教员的双亲结点。学院由多个系组成,系由教研室和学生构成,教研室下面有多个教员。

2. 层次模型的操作和完整性约束

层次模型的数据操作主要有增加、删除、修改、查询。对层次模型进行相应操作时,需要满足它的完整性约束条件。

进行插入操作时,如果没有相应的双亲结点,就不能插入它的子女结点。例如,新调来一名教师,如果没有给他分配教研室,就不能将其值插入到数据库中。

进行删除操作时,如果删除的是双亲结点,则相应的子女结点值也将被同时删除。例如,删除某个教研室,则其下的教师信息将全部被删除。

3. 层次模型的优缺点

层次模型能得到广泛使用主要因为它本身存在很多优点。层次模型的优点主要如下。

(1) 层次模型的数据结构比较简单。

(2) 层次数据库的查询效率高。层次模型的记录之间的联系用指针来实现,当要存取某个结点的值时,只需要沿着指针所示的路径进行寻找,就可以很快找到。

(3) 层次模型提供良好的完整性支持。

层次模型被其他数据模型取代,其原因主要如下。

(1) 现实世界中有很多非层次的联系。此外,多对多的联系、一个结点有多个双亲结点等,这些情况都无法用层次模型实现。

(2) 查询子女结点必须通过双亲结点。

(3) 对插入和删除操作的限制比较多。

1.2.2 网状模型

现实世界中,事物之间的联系更多的是非层次关系。美国CODASYL(Conference on Data System Language)下属的DBTG(Data Base Task Group)于1971年4月发表了名为《1971年DBTG报告》的数据库建议书,给出了网状数据库系统的方案,为网状数据库提供了完整的系统设计和语言规范。

1. 网状模型的数据结构

网状模型是一种比层次模型更具有普遍性的模型,即用图(Graph)结构表示对象以及对象之间的联系。它的结构特点如下。

(1) 允许一个以上的结点无双亲。

(2) 一个结点可以有多于一个的双亲。

网状模型比层次模型更具普遍性的结构,因此它可以更直接地描述现实世界。而层次模型实质上是网状模型的特例。与层次模型一样,网状模型中的每个结点表示一个记录类型,每个记录类型可包含若干字段,结点间的连线表示记录之间的联系。

图1.6给出了一个网状模型的例子。一个系可以有多个教师、学生、专业;一个教师属于某一个系、教若干学生、任教某个专业;一个学生属于某个系、由某些老师教、学某个专业;一个专业被设在某个系、由某些教师任教、被某些学生选修,它们之间构成了一个复杂的网状结构。

网状模型没有层次模型那样严格的完整性约束条件,但提供了定义网状数据库完整性的若干概念和语句。

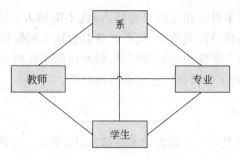

图 1.6 学校网状模型实例

2. 网状模型的优缺点

网状模型的优点主要如下。
(1) 可以更直接地描述现实世界。
(2) 具有良好的性能,存取效率高。

网状模型的缺点主要是数据结构复杂、实现起来比较困难。

1.2.3 关系模型

1970 年,美国 IBM 公司的 E.F.Codd 首次提出了关系模型,并因此获得了 ACM 图灵奖。

关系数据模型是目前使用最广泛的一种数据模型,现在的数据库产品大部分都以关系数据模型为基础。它采用关系作为逻辑结构,实际上关系就是一张二维表,一般简称表,如图 1.7 所示。

专业编号	院系编号	专业名称	专业负责人
1	1	计算机科学与技术	5
2	1	网络工程	NULL
3	1	信息管理与信息系统	NULL
4	3	对外汉语	8
5	2	通信工程	6

图 1.7 二维表

关系模型作为应用最广泛的数据模型,有如下优点。
(1) 关系数据模型简单。它的基本结构是二维表,数据表示方法简单、清晰,容易在计算机上实现。
(2) 关系模型是 3 种逻辑数据模型中唯一有数学理论作基础的模型,它的定义及操作有严格的数学理论基础。
(3) 关系模型的存取路径对用户透明,因而具有更强的独立性。

1.3 数据库系统的结构

数据库系统的结构从不同的人员角度看,有不同的划分方式。从数据库应用开发人员角度看,数据库系统通常采用三级模式结构,即外模式、模式、内模式。这是数据库系统内部的体系结构。从数据库的最终用户角度看,数据库系统结构分为单用户结构、集中式结构、分布式结构、主从式结构、C/S(客户/服务器)结构、B/S(浏览器/服务器)结构等。这是数据库系统外部的体系结构。

1.3.1 模式及实例的概念

在数据模型中有"型"和"值"的概念。**型**是指某一类数据的结构和属性说明。值是型的一个具体意义。例如,教师记录定义为(教职工号,姓名,性别,职称,专业),而(20171001,李宏,男,教授,大数据)则是该记录的一个值。

模式(schema)是数据库中全体数据的逻辑结构和特征的描述,它仅涉及型的描述,某种具体状态下的值则称为一个实例(instance)。同一个模式有很多个值,即多个实例。例如,在学生选课数据库模式中包含学生记录、课程记录和学生选课记录。该实例包含了2016年学校所有的学生记录、课程记录和选课记录,那么,2017年度学校的所有学生记录、课程记录和选课记录就是另外一个实例。模式是相对稳定的,而实例是相对变动的,因为模式里的值可能是不断变化的。

1.3.2 数据库系统的三级模式结构

不管是数据模型、数据库语言、操作系统,还是存储结构,数据库系统的结构一般都由三级模式构成。图1.8所示为数据库系统的三级模式结构,它由内模式、模式、外模式和两级映像构成。

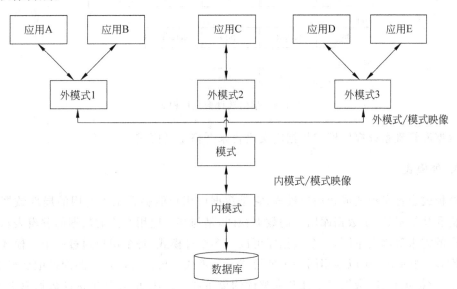

图1.8 数据库系统的三级模式结构

1. 内模式

内模式也称为存储模式,它是数据物理结构和存储方式的描述,是数据在数据库内部的组织方式,是对数据的存储结构、存取方法、存储路径的描述。一个数据库只有一个内模式。例如,数据在数据库内部是按堆存储、按 Hash 方法存储、按索引存储还是按某个值的升序或降序存储,是否加密存储,是否压缩存储,以及数据的存储记录结构是定长还是变长等。在学生选课数据库中,学生表的存储结构是否按堆存储,要考虑是否在学号上建立索引等。

2. 模式

模式也称概念模式和逻辑模式,是数据库中全体数据的逻辑结构和特征的描述,是所有用户公用的数据库逻辑结构。它是数据库系统三级模式结构的中间层,既不涉及数据的物理存储细节,也不涉及应用程序的实现方式。一个数据库只有一个模式。模式定义数据的逻辑结构,如记录名称、数据项名称、数据类型、长度,还包括数据的安全性和完整性以及数据之间的联系。例如,在学生选课数据库中,其模式包含学生记录表 student、学生选课记录表 sc、课程记录表 course,如图 1.9 所示。在该数据库模式中,确定学生记录表是由哪些项构成的,并确定每项的数据类型及取值范围;同理,也需对学生选课记录表及课程记录表进行定义。又如,某公司的数据库模式包含职工记录表 employee、部门记录表 department、部门地址记录表 dept_locations、项目记录表 project、员工参与项目记录表 works_on 和员工家属记录表 dependent,如图 1.10 所示。

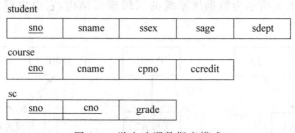

图 1.9 学生选课数据库模式

数据库管理系统提供模式数据定义语言来严格定义模式。

3. 外模式

外模式也称子模式或者用户模式,它是数据库用户能够看见和使用的局部数据的逻辑结构和特征描述,是数据库用户的数据视图,是与某一应用有关的数据的逻辑表示。由于用户的需求等因素不同,一个数据库可以有多个外模式,每个用户通过一个外模式使用数据库,不同的用户可以使用同一个外模式。外模式主要描述用户视图的各记录组成、相互联系、数据项特征、数据安全性和完整性约束条件等。例如,在学生选课数据库中,学生用户视图和教师用户视图不同,如图 1.11 所示,学生用户要查询自己的成绩,所能看到的外模式为 s_grade(sno,sname,cno,cname,grade);教师用户要查看哪些同学选了自己的课程,所能看见的外模式为 t_course(sno,sname)。

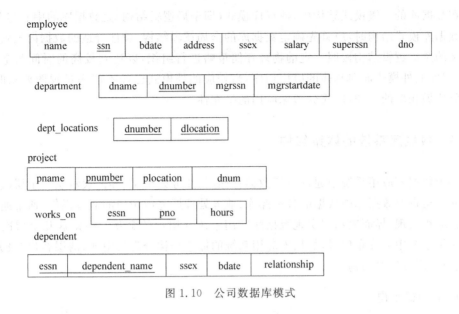

图 1.10 公司数据库模式

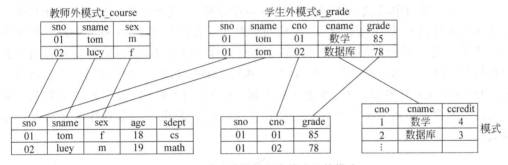

图 1.11 学生选课数据库模式及外模式

数据库管理系统提供外模式数据定义语言来严格定义外模式。

4. 两级映像(射)

1) 外模式/模式映像

外模式/模式映像定义了外模式与模式之间的映像关系。一个模式可以有很多个外模式,而每个外模式都有一个外模式/模式映像,它定义了该外模式与模式之间的对应关系,这些映像定义通常在各自外模式的描述中。当模式改变时,如增加新的属性、改变属性的数据类型、增加新的关系等,外模式不需要改变,只需要修改其外模式/模式映射,不用修改对应的应用程序,保证了数据与程序的逻辑独立性,称作数据的逻辑独立性。

2) 内模式/模式映像

内模式/模式映像定义了模式与内模式之间的映像关系。因为数据库中只有一个模式及一个内模式,因此也只有一个内模式/模式映像,它定义了数据的全局逻辑结构与存储结构之间的对应关系。例如,当数据库的存储结构或存取方法发生改变时,不用修改模式,因为只需要修改内模式/模式映像,从而保证了数据的物理独立性。

在数据库的三级模式结构中,数据库模式(即全局逻辑结构)是数据库的中心与关键。设计数据库模式结构时,应首先确定数据库的全局逻辑结构;设计合适的数据内模式使得所定义的全局逻辑结构按照一定的物理存储策略进行组织,以达到较高的时间与空间效率;数据库的外模式面向具体的应用程序,当相应的外模式已经不能满足视图要求时,该模式就要做相应的改动,应充分考虑应用的扩充性。

1.3.3 数据库系统的体系结构

一个数据库应用系统中通常包括数据存储层、业务处理层、界面表示层3个层次。数据存储层负责对数据库中数据的各种操作;业务处理层完成用户的业务操作,通常通过程序语言编程实现;界面表示层实现数据库应用系统与用户的交互。根据这几个层次在数据库应用系统中的分布位置,数据库应用系统的体系结构分为集中式、两层客户/服务器、三层客户/服务器等结构。

1. 集中式结构

在集中式结构中,数据库应用系统中的数据存储层、业务处理层及界面表示层都运行于单台计算机上,即应用程序、DBMS、数据都在一台计算机上,所有的处理任务都由这台机器完成。各个用户可以通过终端设备接入这台计算机(主机),并发地存取和使用数据库。这台计算机既执行应用程序,又执行 DBMS 功能。集中式结构比较容易实现,缺点是当主机任务繁忙时,性能急速下降,而当主机故障时,整个系统都将陷入瘫痪状态。数据库应用系统集中式结构如图 1.12 所示,它由运行数据库的主机及终端构成。

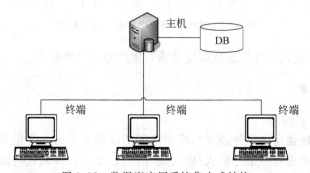

图 1.12 数据库应用系统集中式结构

2. 两层客户/服务器结构

在两层客户/服务器(Browser/Server,C/S)结构中,数据存储层和业务处理层及界面表示层分别运行在两台不同的机器上,数据存储层运行于数据库服务器上,业务处理层和界面表示层运行在客户机上,即存放了数据和执行 DBMS 功能的机器叫作数据库服务器(DB Server),而运行客户端程序支持客户交互与应用业务的机器叫作客户机。如图 1.13 所示,这里的客户机也可以是浏览器,即浏览器/服务器结构。

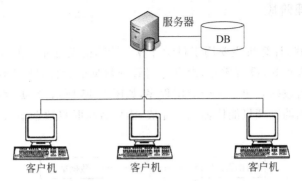

图 1.13 数据库应用系统两层客户/服务器结构

在两层客户/服务器结构中,客户端的用户请求通过网络传送到数据库服务器,数据库服务器处理完用户的数据请求之后将结果数据返回给客户端,客户端再将最终结果呈现给用户。

3. 三层客户/服务器结构

在三层客户/服务器结构中,数据存储层、业务处理层及界面表示层分别运行在三台不同的机器上,运行数据存储层的机器叫作数据库服务器,运行业务处理层的机器叫作应用服务器,与用户交互的界面表示层为客户端,即存放了数据和执行 DBMS 功能的机器叫作数据库服务器,而运行应用程序的机器叫作应用服务器,运行客户端程序的叫作客户端。数据库应用系统三层客户/服务器结构如图 1.14 所示。

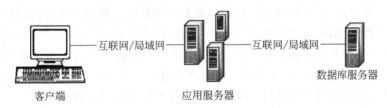

图 1.14 数据库应用系统三层客户/服务器结构

在该结构中,客户端的用户请求通过网络首先被发送给应用服务器,应用服务器执行相应的业务处理,如果有数据请求,则请求被传送到数据库服务器,数据库服务器进行处理后将结果通过应用服务器返回给用户。

1.4 数据管理技术的发展历史

数据管理是指对数据的组织、分类、加工、存储、检索和维护。随着计算机软硬件技术的发展、数据量的剧增、人们需求的提高,数据管理技术的发展经历了人工管理阶段、文件系统管理阶段和数据库管理系统阶段。

1.4.1 人工管理阶段

20世纪50年代,计算机主要用于科学计算。计算机没有完善的操作系统;外部存储器只有磁带、穿孔卡片等,没有磁盘,没有专门管理数据的软件,数据不保存在计算机内;当时只有程序,一组数据对应于一个应用程序,如图1.15所示,数据存在着大量数据冗余的现象,并且对数据的管理只能依赖人工完成,需要数据时将数据输入,用完后退出,不能长期保存数据。

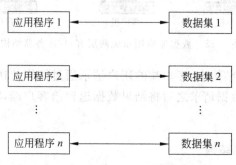

图1.15 人工管理阶段应用程序处理数据

1.4.2 文件系统管理阶段

20世纪50年代后期到60年代中期,计算机技术有了很大的发展,计算机硬件方面出现了可以直接存取的外部存储设备磁盘,而软件方面有了操作系统,并且其中包含专门管理数据的文件系统,随着数据量大大增加,为便于对数据进行管理,数据的管理以独立的文件形式存放,并可按记录存取。图1.16描述了某销售公司的3个文件处理系统,包括订单填写系统、开发票系统、工资单系统。图中还显示了与每个应用关联的主要数据文件。其中,开发票系统有2个文件:顾客管理文件和存货价格文件。

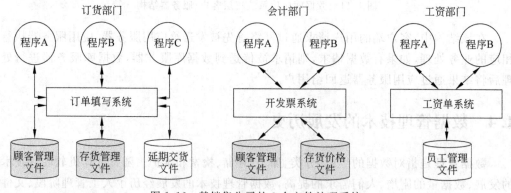

图1.16 某销售公司的3个文件处理系统

文件系统管理阶段,应用程序和数据之间有了一定的独立性,程序员不必过多地考虑物理细节,可以将精力放在算法上;并且数据可以长期保存在存储设备上供用户使用,如图 1.17 所示。

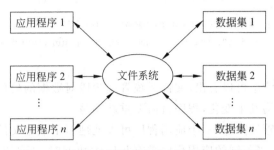

图 1.17 文件系统管理阶段应用程序处理数据

文件系统管理阶段,用户可以反复对文件进行查询、修改、插入和删除等操作。人们编写不同的应用程序,从相应的文件中读取记录或写入记录到相应的文件中。下面的两个例子分别展示了文件系统管理阶段如何向文件写入数据,以及如何从文件中读出数据。

【例 1.1】 在 C 语言中,将两个学生的姓名、学号、年龄输入到一个文件中,程序清单如下:

```c
#include "stdio.h"
main()
{ file * fp;
  fp=fopen("file1.c","w");
  fputs("chenwei ",fp);
  putw(20000101,fp);
  putw(20,fp);
  fputs("Linzi ",fp);
  putw(20000102,fp);
  putw(21,fp);
  fclose(fp);
}
```

【例 1.2】 在 C 语言中显示文件中的数据,可使用如下程序:

```c
#include "stdio.h"
#define size 2
struct student_type
{ char name[8];
  int num;
  int age;
  }stud[size];
main()
{
  int i;
  file * fp;
```

```
fp=fopen("file1.c","r");
for(i=0;i<size;i++)
{
    fread(&stud[i], sizeof(struct student_type),1,fp);
    printf("%8s %8d %4d\n", stud[i].name, stud[i].num, stud[i].age);
}
```

从以上两个程序清单可以看出,文件系统管理阶段对数据的处理非常不灵活,一旦读取或者写入的数据结构发生变化,程序就需要重新编写。

虽然在文件系统管理阶段,一个应用程序可以处理多个数据文件,但是一个文件基本上对应一个应用程序,当不同的应用程序具有相同的数据时,不能共享其中相同的数据,造成数据冗余度大,从而造成数据的不一致性,并给数据的维护造成困难。并且文件与文件之间是相互孤立的,它们的联系只能通过应用程序来实现。例如,在图 1.16 中,订单填写系统与开发票系统都需要读取顾客文件,但却不是同一个数据文件,而是其不同的副本。并且订单填写系统中的存货管理文件内容包含了开发票系统中的存货价格文件内容,也造成了数据冗余。

在文件系统管理阶段,很难控制某个人对文件的操作,例如,用户 A 只可以读取文件,而不可以修改文件;而用户 B 既可以读取文件,又可以修改文件。实际应用中就有很多类似这样的情况,例如,对于学生成绩管理系统,学生只可以查询成绩,而老师才可以录入成绩。文件系统管理阶段无法实现对数据的安全性管理。

在文件系统管理阶段,当多个用户同时访问某个文件时,也无法进行并发管理,从而导致混乱。例如,用户 A 修改一个文件的同时,用户 B 需要读取该文件。

1.4.3 数据库管理系统阶段

20 世纪 60 年代后期,数据管理中的数据量剧增,硬件出现了大容量的磁盘,价格下降,为了克服文件管理系统阶段的弊病,解决多用户、多应用共享数据的需求,使数据为尽可能多的应用服务,出现了专门管理数据的软件,进入了数据库管理系统管理数据时代。

如图 1.18 所示,数据统一由数据库管理系统管理和控制,应用程序通过数据库管理系统共享数据库中的数据。在这个阶段,数据从应用程序中分离出来,提高了数据的共享性,使得多个用户可以共享数据库,数据库中的数据被多个应用共享访问,降低了数据的冗余度,提高了数据的一致性。

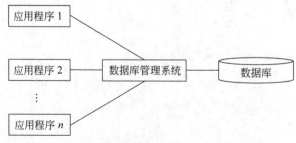

图 1.18 数据库管理系统阶段应用程序处理数据

这一阶段实现了数据多级别的安全性管理、多用户同时访问数据的并发控制以及灾难发生时的恢复机制。同时,数据库中的数据是按照一定的数据模型(逻辑数据模型)组织、描述和存储的,通常称为数据结构化。

数据模型是数据库管理系统的基础,它表示现实世界中各种数据对象和数据间的联系。经过50多年的时间,依据数据模型的发展,数据库可以分为4个发展阶段:层次数据库管理系统阶段;网状数据库管理系统阶段;关系数据库管理系统阶段;新一代数据库管理系统阶段。

1. 层次数据库管理系统阶段

1969年由IBM公司研制的层次数据库管理系统IMS是基于层次数据模型,它是IBM公司推出的一个大型的商用数据库管理系统,曾在20世纪70年代到80年代早期得到广泛使用。

2. 网状数据库管理系统阶段

网状数据库管理系统是基于网状数据模型。其典型代表是DBTG系统,也称为CODASYL系统,它是20世纪70年代由数据系统语言研究会(Conference On Data System Language,CODASYL)下属的数据库任务组(Data Base Task Group,DBTG)提出的一个系统方案,它不是一个实际的数据库系统软件,只是一个模型。20世纪70年代中期,不少公司都采用此模型构建自己的数据库管理系统,其中最典型的如Cullinet软件公司的IDMS、HP公司的IMAGE、Honeywell公司的IDS/2等。

3. 关系数据库管理系统阶段

关系型数据库管理系统是基于关系数据模型。该模型由IBM公司的San Jose研究室的研究员E.F.Codd提出。1976年,IBM公司的System R和美国加州大学Berkeley分校的Ingres关系数据库系统是典型的代表。在此基础上,IBM公司推出了DB2商用关系数据库系统,INGRES公司推出了Ingres,ORACLE公司推出了Oracle等。20世纪80年代以来,几乎所有的数据库管理系统都支持关系数据模型,直到现在,RDBMS仍然是主流数据库管理系统,占有大部分市场。

关系型数据库管理系统具有模型简单清晰、严格的数学理论基础、数据独立性强、数据库语言非过程化、标准化的特色。

4. 新一代数据库管理系统阶段

20世纪80年代后期,人们又提出了新一代数据库的设想。新一代的数据库管理系统以更丰富多样的数据模型和数据管理功能为特征,满足广泛复杂的新应用的要求,它的研究和发展呈现百花齐放的局面,如基于面向对象的数据模型、基于对象关系的数据模型、基于半结构化XML的数据模型、基于NoSQL模型、基于NewSQL模型等。新一代数据库管理系统必须保持和继承第三代数据库系统技术,而且还支持更加丰富的对象结构、数据类型和规则。

*1.5 DBMS 组成

DBMS 是一个功能强大的软件系统,它的组成比较复杂,不同的 DBMS 产品结构差别非常大。图 1.19 给出了一个简化 DBMS 的组成结构。

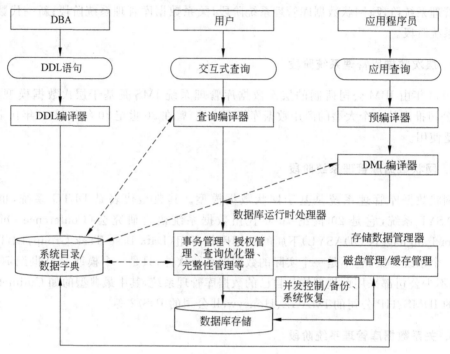

图 1.19 DBMS 的组成结构

DBMS 由 DDL 编译器、DML 编译器、查询优化器、数据库运行时处理器、存储数据管理器等组成。DDL 语句经编译后对数据库模式所做的修改都需要保存到数据库的元数据(即系统目录和数据字典)中;语法正确的查询语句及 DML 语句经过编译后,首先检查用户是否有操作权限,通过存储数据管理器调用系统目录及数据字典获取相关元数据信息,并调用查询优化器进行优化,选择最合适的执行计划,再去磁盘上获取或者写入最终数据。其中,存储数据管理器主要包括磁盘管理器、缓存管理器两部分,通过磁盘管理器访问和读写磁盘数据,有些 DBMS 自带了存储数据管理器,有些 DBMS 调用操作系统的存储数据管理器。数据库由元数据和数据构成,所有的信息都写在磁盘的数据文件和日志文件上。数据库运行时处理器主要由事务管理、授权管理、完整性管理等构成。

1.6 小结

本章通过生活中无处不在的数据库示例说明数据库的重要性,给出有关数据库的几个基本概念,主要包括数据、数据库、数据库系统、数据库管理系统及数据库的几类用户,并详细阐述了数据库管理系统的功能。本章以一个具体的数据库例子来讲述"数据库"这门课程涉及的专业知识。

本章的难点知识集中在后面几节,包括数据模型的概念、数据库系统的三级模式结构、数据库应用系统的体系架构、数据库系统的模块组成。本章从数据结构、数据操作及完整性约束三方面介绍了层次模型、网状模型、关系模型;详细说明了数据库系统三级模式结构的理论,它由模式、外模式、内模式及两级映射组成,这种结构保证了数据的物理独立性和逻辑独立性;最后简述了数据库应用系统体系架构和数据库系统的组成模块,介绍了数据处理的历史及发展阶段。

应重点掌握数据库的几个基本概念、数据库的应用举例、数据模型及数据库系统的三级模式结构的内容。

1.7 习题

1. 给出生活中不使用数据库的例子。
2. 给出你经常接触到需要使用数据库的例子,并分析需要保存到数据库里的数据。
3. 简述数据、数据库、数据库管理系统、数据库系统的概念。
4. 简述数据库管埋系统的功能。
5. 简述数据库系统涉及的几类用户及其职责。
6. 调查市场上有哪些数据库管理软件,排在前三位的数据库管理软件是什么,约占多少份额。
7. 列出国内研制的比较有名的数据库管理软件。
8. 你学习此门课程有什么目标吗?
9. 简述数据模型的三要素。
10. 与层次模型相比,网状模型的优点是什么?为什么它最终被关系模型所替代?
11. 解释模式、外模式、内模式的概念。如何保证数据的逻辑独立性和物理独立性?
12. 查询相关资料,了解数据库应用系统体系架构中的并行架构及分布式架构。
13. 简述数据管理技术发展的 3 个阶段。

第 2 章 关系模型数据库

本章主要讲述关系数据模型的静态结构,从数据结构和完整性约束条件两方面详细介绍关系模型,并用形式化的语言来定义关系模型。

关系数据库应用数学方法来处理数据,具有结构简单、理论基础坚实、数据独立性高以及提供非过程性语言等优点。

关系模型数据库简称关系数据库,指的是逻辑模型为关系模型的数据库,采用关系模型作为数据的组织方式。

2.1 关系模型数据库的数据结构

在数据库的逻辑模型中,关系模型是目前应用最广泛的数据模型。下面先介绍关系模型的一些基本概念及关系的性质,然后形式化定义关系模型。

2.1.1 关系模型的基本概念

1. 关系

关系模型中用于描述数据的主要结构是**关系**(relation)。数据对象用关系表示,数据对象之间的联系用关系表示,对数据对象的操作就是对关系的运算,关系运算的结果仍然是关系。这是关系数据模型的一大特点,即用关系表示一切。实际上,关系就是一张二维表。

例如,某校的学生基本信息如表 2.1 所示。二维表的名字就是关系的名字,表 2.1 的关系名就是"学生"。

表 2.1 学生关系表

学 号	姓 名	性 别	年 龄	籍 贯
160610101	张明	男	20	江苏
160610102	刘红	女	19	山东
160610103	王明	女	20	北京
160610104	张立	男	18	陕西

2. 元组

关系是一个二维表,表中的每行对应一个**元组**(tuple)。

例如,表 2.1 中学号为 160610101 的学生信息(160610101,张明,男,20,江苏)就是一个元组。表 2.1 中有 4 个元组,实际上就代表了 4 个学生的具体信息。

3. 属性

关系中的每列对应一个属性(attribute),也叫作关系中的字段。

例如,姓名、性别、年龄、籍贯都是学生的属性,是对学生特征的描述。

4. 域

域(domain)是一组具有相同数据类型的值的集合。

例如,整数的集合、实数的集合、字符串的集合、{'男','女'}、全体教师的集合、{0,1}、小于 100 的正整数、全体学生的集合,都可以是域。属性的取值范围就来自某个域,如年龄的域为整数。

5. 分量

分量(component)即元组中的属性值。

例如,刘红的性别为"女"就是一个分量,元组(160610101,张明,男,20,江苏)中有 5 个分量。

6. 码和候选码

码(key)也叫作键或者关键字,它是关系中能唯一标识一个元组的属性或者属性组。

例如,在上面的学生关系表中,假设姓名不重复,则存在两个码"学号""姓名",可以分别用学号值或姓名值代表一个具体的学生。例如,学号 160610101 代表一个学生,刘红代表一个学生,但是如果出现学生重名的情况,姓名就不能作为学生关系的一个码,不能唯一代表一个学生。而候选码(candidate key)实际上就是码,也叫作候选键或者候选关键字。

码不一定由单一属性构成,有可能由多个属性组合构成。

例如,表 2.2 中,码由"学号"和"课程编号"组合而成,任意单独的一个学号或一个课程编号都不能唯一标识选课关系的一个元组,只能由"学号"及"课程编号"组合起来代表一个选课记录。

表 2.2 学生选课关系表

学　　号	课 程 编 号	成　　绩
01	1	78
01	2	87
01	3	89
02	1	80
02	2	76

注意,这里的属性组是最小子集,不能出现多余的不必要的属性。如学生选课关系中码为(学号+课程编号),而不是(学号+课程编号+成绩),成绩是多余的。

例如,表 2.3 中,码为"员工编号+项目编号"。

表 2.3 员工参与项目关系表

员工编号	项目编号	工作时长/h
01	P1	10
01	P2	2
01	P3	8
02	P1	6
03	P2	8

7. 主码

一个关系中可能有多个候选码,可以选定其中一个候选码作为**主码**(primary key)(主键或者主关键字)。假设姓名不重名,在学生关系的两个候选码中,我们选取学号为主码。当然,也可以选"姓名"为主码。一般根据人们的习惯选择主码。

8. 主属性

主属性(prime attribute):包含在任意码中的属性。
例如,学生关系中的学号、姓名都是主属性。

9. 非主属性

不包含在任何候选码中的属性称为**非主属性**(nonprime attribute)或(非码属性)。
例如,学生关系表中的非主属性是性别、年龄、籍贯。

10. 全码

关系模式的候选码由关系表的所有属性构成,称为**全码**(all-key)。

11. 关系模式

关系数据库中,关系模式(relation schema)是型,它确定关系由哪些属性构成,即关系的逻辑结构;而关系是值。对关系的描述,一般表示为

关系名(属性 1,属性 2,…,属性 n)

例如,表 2.1 可描述为

学生(学号,姓名,性别,年龄,籍贯)

以上概念如图 2.1 所示,关系学生人事记录表中的学号为主码,学号、姓名、性别、年龄、籍贯为属性名,姓名"王明"为分量,20 为年龄属性值,"男、女"为性别的域,"9802 刘红 女 19 山东"为一个元组。

关系是关系模式在某一时刻的状态和内容。关系模式是型。关系是值。关系模式是静态的、稳定的。而关系是动态的、变化的。实际中,常把关系模式和关系统称为关系。

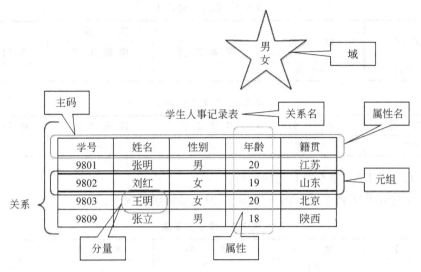

图 2.1 学生人事记录

12. 关系数据库模式

在一个给定的现实世界领域中,所有对象及对象之间的联系的集合构成一个关系数据库。

关系数据库的型称为关系数据库模式。关系数据库的值是关系数据库模式在某一时刻对应的所有关系的集合。

2.1.2 关系的性质

关系不仅仅是表,它应该满足如下性质。

(1) 列是同质的,即每列中的数据必须来自同一个域,具有相同的数据类型。

例如,表 2.4 中年龄的数据类型必须是整数,不能用出生日期;性别取值为男或者女,不能用 1 或者 2 来表示。类似地,要求学号及姓名分别来自同一个域。

表 2.4 学生关系表

学 号	姓 名	性 别	年 龄	曾 用 名
160610101	张明	男	20	张狗子
160610102	刘红	女	19	刘小红
王五	160610103	1	20	王麻子
160610104	张立	2	2007/07/28	张小三

(2) 每列必须是不可再分的数据项(不允许表中套表)。

在关系中,要求每个分量都是不可分的项,因此表 2.5 应该改成表 2.6。表中不能嵌套表。

表 2.5 职工工资表 1

职 工 号	姓 名	工 资		
		基本工资	岗位工资	绩效工资
20170201	李书香	1600	980	1200

表 2.6 职工工资表 2

职 工 号	姓 名	基本工资	岗位工资	绩效工资
20170201	李书香	1600	980	1200

(3) 元组不重复,即不能有相同的行。

表 2.7 中出现了两个一样的学生信息,因此是错误的关系。

表 2.7 学生关系表

学 号	姓 名	性 别	年 龄	曾用名
160610101	张明	男	20	张狗子
160610102	刘红	女	19	刘小红
160610103	王五	男	20	王麻子
160610101	张明	男	20	张狗子

(4) 元组无序性,即行次序无关。

例如,表 2.8 和表 2.9 实质上是同一个关系,与行的次序无关。

表 2.8 学生关系表 1

学 号	姓 名	性 别	年 龄
160610101	张明	男	20
160610102	刘红	女	19
160610103	王明	女	20
160610104	张立	男	18

表 2.9 学生关系表 2

学 号	姓 名	性 别	年 龄
160610101	张明	男	20
160610102	刘红	女	19
160610104	张立	男	18
160610103	王明	女	20

(5) 属性无序性,即列次序无关。

表 2.10 和表 2.11 指的是同一个关系,与列的次序无关。

表 2.10 学生关系表

学 号	姓 名	性 别	年 龄
160610101	张明	男	20
160610102	刘红	女	19
160610103	王明	女	20
160610104	张立	男	18

表 2.11 学生关系表

学　号	姓　名	年　龄	性　别
160610101	张明	20	男
160610102	刘红	19	女
160610103	王明	20	女
160610104	张立	18	男

(6) 属性不同名。

表 2.12 中出现了两个相同的属性名——姓名，这样的关系是不正确的。

表 2.12 学生关系表

学　号	姓　名	性　别	年　龄	姓　名
160610101	张明	男	20	张狗子
160610102	刘红	女	19	刘小红
160610103	王五	男	20	王麻子
160610104	张立	男	20	张狗子

2.1.3　关系模型的形式化定义

前面用非形式化的方法描述了关系模型，关系模型有严格的数学理论基础，它建立在集合代数理论的基础上。下面从集合论的角度给出关系的定义。

1. 笛卡儿积的定义

为了给出关系的形式化定义，首先给出笛卡儿积(Cartesian Product)的定义。笛卡儿积是域上的一种集合运算。

定义 2.1　设 $D_1, D_2, \cdots, D_n$ 是 n 个域，它们中可以有相同的域，则它们的笛卡儿积为

$$D_1 \times D_2 \times \cdots \times D_n = \{(d_1, d_2, \cdots, d_n) \mid d_i \in D_i, i = 1, 2, \cdots, n\}$$

其中每个元素 $(d_1, d_2, \cdots, d_n)$ 称为一个 n 元组，元素 $(d_1, d_2, \cdots, d_n)$ 中的每个值 d_i 称为一个分量。

一个域允许的不同取值个数称为这个域的基数。

若 $D_i(i=1,2,\cdots,n)$ 为有限集，其基数为 $m_i(i=1,2,\cdots,n)$，则 $D_1 \times D_2 \times \cdots \times D_n$ 的基数 M 为

$$M = \prod_{i=1}^{n} m_i$$

笛卡儿积可以表示为一个二维表。每个元素 $(d_1, d_2, \cdots, d_n)$ 对应表中的一行，每个域对应一列。

【例 2.1】

设　$D_1 = \{01, 02\}$，

D_2={张三,李四}

则 $D_1 \times D_2$={(01,张三),(01,李四),(02,张三),(02,李四)}

可用二维表表示为

01	张三
01	李四
02	张三
02	李四

$D_1 \times D_2$ 的元组个数即为基数 $2 \times 2 = 4$。

【例 2.2】

设　D_1={张三,李四},
　　D_2={数学,语文},
　　D_3={优,良}

则 $D_1 \times D_2 \times D_3$={(张三,数学,优),(张三,数学,良),(张三,语文,优),(张三,语文,良),(李四,数学,优),(李四,数学,良),(李四,语文,优),(李四,语文,良)}

可用二维表表示为

张三	数学	优
张三	数学	良
张三	语文	优
张三	语文	良
李四	数学	优
李四	数学	良
李四	语文	优
李四	语文	良

$D_1 \times D_2 \times D_3$ 的基数为 $2 \times 2 \times 2 = 8$。

2. 关系的定义

定义 2.2　关系 R 是 $D_1 \times D_2 \times \cdots \times D_n$ 的子集,叫作在域 $D_1, D_2, \cdots, D_n$ 上的关系,表示为

$$R(D_1, D_2, \cdots, D_n)$$

这里的 R 是关系的名字,n 是关系的**目**或**度**。

关系中的每个元素是关系中的一个元组,通常用 t 表示。

当 $n=1$ 时,称该关系为单元关系(UNARY RELATION)或者一元关系。

当 $n=2$ 时,称该关系为二元关系(BINARY RELATION)。

例如,设 D_1 为员工集合 $E = \{e_1, e_2\}$,D_2 为项目集合 $P = \{p_1, p_2\}$,则 $D_1 \times D_2$ 是一个二元关系,该关系的元组个数即为基数 $2 \times 2 = 4$,这个关系是由员工集合和项目集合中的元素构成。

3. 关系模式的定义

关系数据库中,对关系的描述称为关系模式。关系模式是型,它确定关系由哪些属性

构成;而关系是值。

定义 2.3 关系模式形式化表示为

$$R(U,D,DOM,F)$$

其中,R 为关系名,U 为该关系的所有属性,D 为 U 中属性所来自的域,DOM 为属性向域的映像,F 为属性间的依赖。属性间的依赖(如函数依赖)在后面的章节中讨论。这里,关系模式表示为 $R(U,D,DOM)$

例如,在学生关系中,性别的域为'男'和'女',年龄的域为整数,即

$$DOM(性别)=\{'男','女'\}$$

$$DOM(年龄)=整数$$

关系模式通常可以简记为 $R(U)$ 或者 $R(A_1,A_2,\cdots,A_n)$。其中 R 为关系名,$A_i(i=1,2,\cdots,n)$ 为属性名,n 为关系的度。而域名及属性向域的映像直接说明属性的数据类型和长度。

关系是关系模式的一个状态,表示为 r 或者 $r(R)$,或者 $r=\{t_1,t_2,\cdots,t_n\}$。

属性 A_i 的域表示为 $dom(A_i)$。

元组用 t 表示为 $t=<v_1,v_2,\cdots,v_n>$,每个值 $v_i(1\leqslant i\leqslant n)$ 是域 $dom(A_i)$ 中的一个元素。

元组 t 中的第 i 个属性值表示为 $t[A_i]$ 或者 $t.A_i$。

关系 R 中的某个属性 A_i 表示为 $R.A_i$。

例如,对于学生关系 $S(sno,sname,sage)$,元组 $t=<'01','tom',18>$,$t[sno]=<'01'>$,$t[sage]=<18>$。

4. 关系数据库模式的定义

关系数据库模式是关系数据库的型,是对关系数据库的整体逻辑结构的描述。对于一个给定的应用,所有关系的集合就构成了一个关系数据库,这些关系的模式的集合就构成了整个关系数据库的模式。

【例 2.3】 一个学生选课关系数据库中包括学生关系 student、课程关系 course、选修关系 sc,数据结构如下。

(1) 学生:student(sno,sname,ssex,sage,sdept),依次表示学号、姓名、性别、年龄、所在系。

(2) 课程:course(cno,cname,cpno,ccredit),依次表示课程号、课程名、先行课程号、学分。

(3) 选修:sc(sno,cno,grade),依次表示学号、课程号、成绩。

学生选课关系数据库模式如图 2.2 所示。

【例 2.4】 一个公司的数据库包括员工关系 employee、部门关系 department、部门地址关系 dept_locations、项目关系 project、参与关系 works_on 和家属关系 dependent。

(1) 员工:employee(name,ssn,bdate,address,ssex,salary,superssn,dno),里面的属性依次表示职工名字、社会保险号、出生日期、地址、性别、工资、顶头上司社会保险号、部门编号。

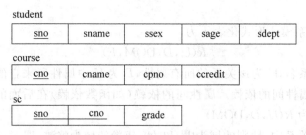

图 2.2 学生选课关系数据库模式

(2) 部门：department(dname、dnumber、mgrssn、mgrstartdate)，里面的属性依次表示部门名称、部门编号、部门经理的社会保险号、开始时间。

(3) 部门地址：dept_locations(dnumber、dlocation)，里面的属性表示部门编号、地址。

(4) 项目：project(pname、pnumber、plocation、dnum)，里面的属性表示项目名称、项目编号、项目地址、部门编号。

(5) 参与：works_on(essn、pno、hours)，里面的属性表示职工社会保险号、项目编号、小时数。为员工参与项目的关系。

(6) 家属：dependent(essn、dependent_name、ssex、bdate、relationship)，里面的属性依次表示职工社会保险号、家属名字、性别、出生日期、关系。

公司数据库的关系模式如图 2.3 所示。

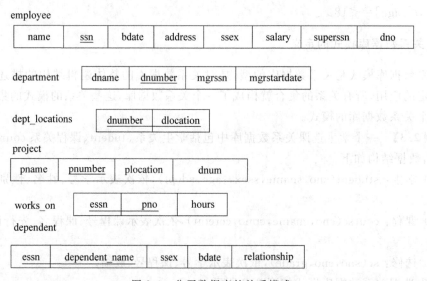

图 2.3 公司数据库的关系模式

5. 关系数据库实例

关系数据库实例是某时刻所有关系模式对应的关系的集合。例如，某一时刻学生选课关系数据库如图 2.4 所示。

student(sno, sname, ssex, sage, sdept)

sno	sname	ssex	sage	sdept
160610101	刘佳	女	19	physics
160610102	何鹏	男	20	network
160610103	孙晋	男	18	computer
160610105	张慧	女	19	database

sc(sno, cno, grade)

sno	cno	grade
160610101	1	91
160610101	2	87
160610101	3	88
160610102	2	90
160610102	3	81

course(cno, cname, cpno, ccredit)

cno	cname	cpno	ccredit
1	数据库	5	4
2	数学		2
3	信息系统	1	4
4	操作系统	6	3
5	数据结构	7	4
6	计算机网络	4	3
7	C语言	6	4
8	大学物理	2	4

图 2.4 学生选课关系数据库

例 2.4 中，某一时刻公司数据库如表 2.13～表 2.18 所示。

表 2.13 employee

name	ssn	bdate	address	ssex	salary	superssn	dno
张宏	123456789	1965-01-07	湖南	男	40000	333445555	5
李丽	333445555	1955-12-02	湖北	女	50000	987987987	5
王湘	999887777	1967-01-09	江西	女	35000	987654321	4
何慧	987654321	1970-03-18	广西	女	53000	987987987	4
刘思源	666884444	1975-03-16	广东	男	48000	333445555	5
李清照	123123123	1982-11-11	内蒙古	女	35000	333445555	5
王安	456456456	1985-01-05	上海	男	65000	987654321	4
郑敏	987987987	1968-01-09	湖南	女	43000		1

表 2.14 department

dname	dnumber	mgrssn	mgrstartdate
规划处	5	333445555	1988-05-22
行政管理	4	987654321	1995-01-01
人事处	1	987987987	2010-06-18

表 2.15 dept_locations

dnumber	dlocation
1	武汉
4	长沙
5	长沙
5	上海
5	北京

表 2.16 project

pname	pnumber	plocation	dnum
Px	1	天津	5
Py	2	上海	5
Pz	3	西安	5
Safe01	10	天津	4
Adv02	20	长沙	1
Sales8	30	西安	4

表 2.17 works_on

essn	pno	hours
123456789	1	32.5
123456789	2	7.5
666884444	3	40.0
123123123	1	20.0
123123123	2	10.0
333445555	2	10.0
333445555	3	10.0
333445555	10	10.0
333445555	20	30.0
333445555	30	10.0
999887777	10	35.0
999887777	10	5.0
456456456	30	20.0

表 2.18 dependent

essn	dependent_name	ssex	bdate	relationship
333445555	李霞	女	1986-04-06	女儿
333445555	李晋鹏	男	1983-07-12	儿子
333445555	何晴	女	1958-05-06	配偶
987654321	孙武	男	1968-01-01	配偶
123456789	张宏	男	1988-04-07	儿子
123456789	张菲菲	女	1986-09-14	女儿
123456789	陈慧芬	女	1967-05-05	配偶

2.2 关系模型的完整性

关系模型的完整性规则是对关系的某种约束条件。也就是说,关系中的值必须满足一定的约束条件,使关系中的值有意义,而且可以反映现实世界的要求。

关系模型中有 3 类完整性约束：实体完整性（ENTITY INTEGRITY）、参照完整性（REFERENTIAL INTEGRITY）、用户自定义完整性（USER-DEFINED INTEGRITY）。其中,实体完整性和参照完整性是关系模型必须满足的完整性约束条件,由数据库管理系统自动支持。而用户自定义完整性是用户根据应用环境要求定义的约束条件。

2.2.1 实体完整性

用实体完整性约束条件保证关系中的每个元组都是可区分的,是唯一的。

规则 2.1　实体完整性规则　基本关系 R 必须包含有码,且主属性不能取空值。实体完整性也称**主键约束**。

空值表示 3 种意义：①还不知道具体的值；②值不存在；③值无意义。

例如,学生关系（学号,姓名,性别,年龄,班级）,学号为码,学号不能取空值。

例如,员工关系（员工编号,员工姓名,年龄,薪水,职称,部门）,员工编号为码,员工编号不能取空值。

例如,员工参与项目关系（员工编号,项目编号,工作时长）中,员工编号和项目编号的属性都不能为空值。

实体完整性规则保证如下内容。

（1）关系中不会出现重复的元组记录。

（2）关系中的每个元组都是唯一的。

（3）关系中的主属性不为空值。

2.2.2 参照完整性

数据之间往往存在某种联系。在关系模型中,数据之间的联系也用关系来描述。这样,关系之间就存在着值之间的某种引用。

【例 2.5】　下面是学生关系和班级关系,其中主码用下画线标识。

学生（<u>学号</u>,姓名,性别,班级编号,年龄）

班级（<u>班级编号</u>,班级人数,班主任）

这两个关系之间存在属性值之间的引用,即学生关系的班级编号的取值引用了班级关系的主码"班级编号"取值。很明显,学生关系中的"班级编号"的值必须是确实存在的班级,即班级关系中存在该班级。也就是说,学生关系中的班级取值需要参照班级关系的班级编号取值。

【例 2.6】　下面是员工关系和部门关系。

员工（<u>员工编号</u>,员工姓名,性别,工资,部门）

部门(<u>部门编号</u>,部门名字,部门经理)

这两个关系之间也存在属性值之间的引用,即员工关系的部门取值引用了部门关系的主码"部门编号"取值,员工必须来自实实在在存在的部门,换句话说,员工的部门属性值参照了部门关系的部门编号属性取值。

【例 2.7】 学生关系、课程关系、选课关系之间也存在类似情形。

学生(<u>学号</u>,姓名,性别,班级编号,电话)

课程(<u>课程编号</u>,课程名字,学分)

选课(<u>学号</u>,<u>课程编号</u>,成绩)

选课关系中的学号值引用了学生关系中的学号值,必须是存在的学生才可以选课;同样,选课关系中的课程编号值引用了课程关系中的课程编号值,必须是存在的课程才可以被选修。

员工关系、项目关系、参与关系之间也存在类似情形。

员工(<u>员工编号</u>,员工姓名,性别,工资,部门)

项目(<u>项目编号</u>,项目名字,项目负责人)

参与(<u>员工编号</u>,<u>项目编号</u>,工作时长)

参与关系中的员工编号和项目编号必须分别是员工关系和项目关系中已存在的值。也就是说,必须是存在的员工和存在的项目,它们的值必须分别参照员工关系和项目关系中相应属性的值。

这些例子说明关系与关系之间存在属性值相互引用、相互约束的情况。下面先给出外码的定义,然后再给出表达关系之间相互引用的参照完整性约束的定义。

定义 2.4 设 F 是基本关系 R 的一个或一组属性,但不是 R 的码,如果 F 与基本关系 S 的码 K_S 对应,则称 F 是基本关系 R 的外码(外键或者外关键字),并称基本关系 R 为参照关系,基本关系 S 为被参照关系或者目标关系。注意:关系 R 和 S 不一定是不同的关系。

显然,目标关系 S 的码 K_S 和参照关系 R 的外码 F 必须定义在同一个域上。

在前面的例子中,学生关系中的"班级编号"与班级关系中的主码"班级编号"相对应,因此,"班级编号"属性是学生关系的外码。学生关系为参照关系,而班级关系为被参照关系。

员工关系与部门关系之间,员工关系是参照关系,部门关系为被参照关系,其中员工关系的"部门"为外码。

注意:外码并不一定与相应的码同名。

类似地,员工关系、项目关系、参与关系之间的联系如图 2.5 所示。

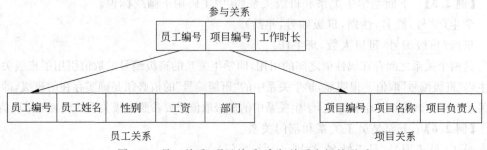

图 2.5 员工关系、项目关系、参与关系之间的联系

参与关系中的"员工编号"和"项目编号"都是外码。员工关系和项目关系都是被参照关系,参与关系为参照关系。

参照完整性规则定义了码和外码之间的引用规则。

规则 2.2 参照完整性规则 若属性(或属性组)F是基本关系R的外码,它与基本关系S的码K_s相对应(基本关系R和S不一定是不同的关系),则对于R中每个元组在F上的值必须等于S中某个元组的K_s值或者空值(F的每个属性均为空值)。

参照完整性也称**外键约束**。

【**例 2.8**】 学生关系中的"班级编号"属性的取值只能是下列两类值。

空值,表示尚未给这个学生分配班级,或者还不清楚这个学生的班级。

非空值,必须是班级关系中的某个班级编号值,表示该学生不可能分配到一个不存在的班级中。

【**例 2.9**】 在员工参与项目的例子中,参与关系的"员工编号"是外码,其值要么为"空",要么为员工关系中某个"员工编号"的值,但是参与关系中的"员工编号"为主属性,实体完整性规则定义主属性不能为空,因此参与关系中的"员工编号"只能为员工关系中某"员工编号"的值。同样,参与关系中的"项目编号"是外码,它的值也只能来自项目关系中存在的项目编号值,不能取空值。类似地,如图 2.6 所示,学生的学习成绩关系也存在同样的情况,其外键"学号"的值必须来自学生关系中存在的"学号"的值。

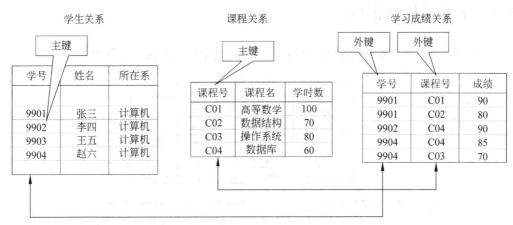

图 2.6 学生选课数据库

在参照完整性规则里,参照关系和被参照关系可以是同一个关系。

【**例 2.10**】 员工(员工编号,员工姓名,性别,工资,部门,直接领导人),这里的"直接领导人"参考本身关系中的主码"员工编号",其中"直接领导人"是外码,员工关系既是参照关系,又是被参照关系,属性"直接领导人"的取值要么为空,要么为"员工编号"属性中出现的值。

2.2.3 用户自定义完整性

用户自定义完整性是针对某一具体关系数据库的约束条件,它反映某一具体应用所涉及的数据必须满足的语义要求。关系数据库管理系统提供了定义和检验这类完整性的机制。用户自定义完整性也叫**用户自定义约束**。

例如：
（1）规定某一属性的取值范围为 0～100。
（2）规定员工一周工作的最长时间为 56h。
（3）规定讲师的工资不能超过教授的工资。
（4）规定学生的性别取值只能为"男"或者"女"。

完整性的定义可在定义关系结构时设置，也可以之后再通过触发器、规则、约束来设置。开发数据库应用系统时，定义完整性是一项非常重要的工作。例如：
（1）定义关系的主键。
（2）定义关系的外键。
（3）定义属性是否为空值。
（4）定义属性值的唯一性。
（5）定义属性的取值范围。
（6）定义属性的默认值。
（7）定义属性间函数依赖关系。

2.3 本书示例数据库

示例 1：学生选课关系数据库，如图 2.7 所示，其中标下画线的为主码。

student(<u>sno</u>, sname, ssex, sage, sdept)

<u>sno</u>	sname	ssex	sage	sdept
160610101	刘佳	女	19	physics
160610102	何鹏	男	20	network
160610103	孙晋	男	18	computer
160610105	张慧	女	19	database

sc(<u>sno</u>, <u>cno</u>, grade)

<u>sno</u>	<u>cno</u>	grade
160610101	1	91
160610101	2	87
160610101	3	88
160610102	2	90
160610102	3	81

course(<u>cno</u>, cname, cpno, ccredit)

<u>cno</u>	cname	cpno	ccredit
1	数据库	5	4
2	数学		2
3	信息系统	1	4
4	操作系统	6	3
5	数据结构	7	4
6	计算机网络	4	3
7	C 语言	6	4
8	大学物理	2	4

图 2.7 学生选课关系数据库

sc(<u>sno</u>,<u>cno</u>,grade)中，sno 和 cno 分别是外键。

示例 2：公司数据库如表 2.13～表 2.18 所示，标实下画线的为主码，标虚下画线的为外码。

dept_locations 中，dnumber 既为主码的一部分，又为外码；works_on 中，essn 和 pno 是组合主码，又分别为外码；dependent 中，essn 既为主码的一部分，又为外码。

2.4 小结

本章介绍了关系数据库的数据结构以及完整性约束，关系数据库的数据结构为关系，它的完整性约束包含实体完整性约束、参照完整性约束、用户自定义完整性约束。关系数据模型是建立在严格的数据理论基础之上的，因此，本章详细讲述了关系模型形式化的定义。

本章还详细介绍了关系模型的基本概念，包括关系、元组、属性、域、分量、码、主码、主属性、非主属性、全码、关系模式、关系数据库模式，给出了两个关系数据库模式及其实例，它们是学生选课关系数据库和公司数据库。这两个数据库将贯穿本书的各个章节，是本书的示例数据库。

2.5 习题

1. 解释如下概念：码、主码、候选码、主属性、非主属性、全码。
2. 解释数据库模式和数据库实例，并举例说明。
3. 关系的性质有哪些？
4. 什么是笛卡儿积？举例说明。并说明关系与笛卡儿积之间有什么联系。
5. 什么是参照完整性约束？举例说明。
6. 什么是实体完整性约束？举例说明。

第 3 章 关 系 代 数

从数据结构、数据操作、完整性约束 3 个方面描述数据模型。第 2 章讲述了关系数据模型的数据结构及完整性约束,本章主要讲述关系数据模型的动态行为(即数据操作)。关系数据库操作涉及操作内容、使用语言及实现方法。

3.1 关系操作

关系的操作采用集合操作方式,操作的对象和结果都是集合,操作方式是一次一集合(set-at-a-time),而非关系数据库的操作是一次一记录(record-at-a-time)。

关系模型常用的操作分为两类:一类为非查询操作,包括插入(insert)、删除(delete)、修改(update);一类为查询操作。

关系的查询表达能力很强,是关系操作的主要部分。查询操作包括选择(select)、投影(project)、连接(join)、除(divide)、并(union)、交(intersection)、差(except)、笛卡儿积(Cartesian Product)等。其中,选择、投影、并、差、笛卡儿积是 5 种基本操作,其他操作可以由基本操作定义和导出。

3.2 关系操作的语言

关系操作集合的能力通常用关系代数或关系演算表示。关系代数是用关系的运算来表达查询要求。关系演算则是用谓词来表达查询要求。关系演算又可按谓词变元的基本对象是元组变量,还是域变量分为元组关系演算和域关系演算。关系代数、关系演算、域演算这 3 种语言在表达能力上是完全等价的。

关系代数、关系演算、域演算这 3 种语言都是抽象的查询语言,它们与具体的 DBMS 中实现的实际语言并不一样,但它们能作为评估实际系统中查询语言的标准或基础。DBMS 中实际的查询除了提供关系代数和关系演算中定义的功能外,还提供许多附加功能,如聚集函数、关系赋值、算术运算等。

另外,还有一种介于关系代数和关系演算之间的语言 SQL(Structured Query Language)。SQL 不仅具有丰富的查询功能,而且具有数据定义、数据控制功能,是集数据查询、数据定义、数据控制、数据操纵于一体的关系数据语言。它充分体现了关系数据语言的特点和优点,是关系数据库的标准语言。

因此,关系数据语言分为 3 类,如图 3.1 所示。

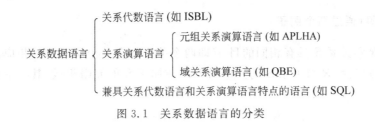

图 3.1 关系数据语言的分类

3.3 关系代数运算

关系代数是一种抽象的查询语言,它用关系的运算来表达查询。

关系运算体系:所有以关系为运算对象的一组运算符及其对应运算规则的合称。

关系代数就是用关系运算符连接操作对象的表达式,而操作对象是关系,其操作结果仍然是关系,关系运算符有传统的集合运算符、专门的关系运算符、比较运算符以及逻辑运算符,如图 3.2 所示。

运算符		含义	运算符		含义
集合运算符	∪	并	比较运算符	>	大于
	−	差		≥	大于等于
	∩	交		<	小于
				≤	小于等于
				=	等于
				≠	不等于
专门的关系运算符	×	广义笛卡儿积	逻辑运算符	¬	非
	σ	选择		∧	与
	Π	投影		∨	或
	⋈	连接			
	÷	除			

图 3.2 关系代数运算符

关系代数的运算按运算符的不同分为传统的集合运算、专门的关系运算。比较运算符和逻辑运算符用来辅助专门的关系运算符进行查询操作。关系是行的集合,每行可以看成一个元素,因此,关系的查询请求可以采用传统的集合运算来表达。

3.3.1 传统的集合运算

传统关系运算包括并、交、差、广义笛卡儿积。其中,并、交、差运算要求操作对象具有相同的模式,即操作对象具有相同的目且相应属性的取值来自同一个域。

1. 并运算（通过两个例子）

设关系 R 和关系 S 具有相同的目 n（即两个关系都有 n 个属性），且相应的属性值取自同一个域，则关系 R 与关系 S 的并由属于 R 或属于 S 的元组组成，其结果仍为 n 目关系，记为：

$$R \cup S = \{t \mid t \in R \vee t \in S\}$$

【例 3.1】 关系 R 与关系 S 的并运算如图 3.3 所示。

关系 R

A	B	C
a_1	b_1	c_1
a_2	b_2	c_2
a_3	b_3	c_3

关系 S

A	B	C
a_1	b_1	c_1
a_1	b_3	c_2
a_2	b_2	c_1

$R \cup S$

A	B	C
a_1	b_1	c_1
a_2	b_2	c_2
a_3	b_3	c_3
a_1	b_3	c_2
a_2	b_2	c_1

图 3.3 并运算举例一

【例 3.2】 R 为男学生关系，S 为女学生关系，R 与 S 进行并运算，如图 3.4 所示。

R：男学生关系

学号	姓名	性别	年龄	专业
1	刘润	男	17	物理
2	李敏	男	18	数学
3	王奇	男	19	物理

S：女学生关系

学号	姓名	性别	年龄	专业
7	李俏	女	18	英语
8	孙丽	女	17	数学

$R \cup S$

学号	姓名	性别	年龄	专业
1	刘润	男	17	物理
2	李敏	男	18	数学
3	王奇	男	19	物理
7	李俏	女	18	英语
8	孙丽	女	17	数学

图 3.4 并运算举例二

但是，student 关系模式和 teacher 关系模式一般不进行集合运算，因为它们不具有相同的模式。

2. 交运算

交：设关系 R 和关系 S 具有相同的目 n（即两个关系都有 n 个属性），且相应的属性值取自同一个域，则关系 R 与关系 S 的交由既属于 R，又属于 S 的元组组成，其结果仍为 n 目关系，记为：

$$R \cap S = \{t \mid t \in R \wedge t \in S\}$$

【例 3.3】 关系 R 与关系 S 的交运算如图 3.5 所示。

关系 R

A	B	C
a_1	b_1	c_1
a_2	b_2	c_2
a_3	b_3	c_3

关系 S

A	B	C
a_1	b_1	c_1
a_1	b_3	c_2
a_2	b_2	c_1

$R \cap S$

A	B	C
a_1	b_1	c_1

图 3.5 交运算举例一

【例 3.4】 R 为男学生关系，S 为学生关系，$R \cap S$ 为男学生关系，如图 3.6 所示。

R：男学生关系

学号	姓名	性别	年龄	专业
1	刘润	男	17	物理
2	李敏	男	18	数学
3	王奇	男	19	物理

S：学生关系

学号	姓名	性别	年龄	专业
1	刘润	男	17	物理
2	李敏	男	18	数学
3	王奇	男	19	物理
7	李俏	女	18	英语
8	孙丽	女	17	数学

$R \cap S$

学号	姓名	性别	年龄	专业
1	刘润	男	17	物理
2	李敏	男	18	数学
3	王奇	男	19	物理

图 3.6 交运算举例二

3. 差运算

设关系 R 和关系 S 具有相同的目 n（即两个关系都有 n 个属性），且相应的属性值取自同一个域，则关系 R 与关系 S 的差由属于 R 而不属于 S 的元组组成，其结果仍为 n 目关系，记为

$$R - S = \{t \mid t \in R \land t \notin S\}$$

【例 3.5】 关系 R 与关系 S 的差运算如图 3.7 所示。

关系 R

A	B	C
a_1	b_1	c_1
a_2	b_2	c_2
a_3	b_3	c_3

关系 S

A	B	C
a_1	b_1	c_1
a_1	b_3	c_2
a_2	b_2	c_1

$R - S$

A	B	C
a_2	b_2	c_2
a_3	b_3	c_3

图 3.7 差运算举例一

【例 3.6】 R 为学生关系，S 为男学生关系，R 与 S 的差运算如图 3.8 所示。

R：学生关系

学号	姓名	性别	年龄	专业
1	刘润	男	17	物理
2	李敏	男	18	数学
3	王奇	男	19	物理
7	李俏	女	18	英语
8	孙丽	女	17	数学

S：男学生关系

学号	姓名	性别	年龄	专业
1	刘润	男	17	物理
2	李敏	男	18	数学
3	王奇	男	19	物理

$R-S$：女学生关系

学号	姓名	性别	年龄	专业
7	李俏	女	18	英语
8	孙丽	女	17	数学

图 3.8 差运算举例二

4. 笛卡儿积

R 为 n 目关系，S 为 m 目关系，$t_r \in R$（t_r 为关系 R 的任一个元组），$t_s \in S$（t_s 为关系 S 的任一个元组）。$\widehat{t_r t_s}$ 称为元组的连接，它是一个 $n+m$ 列的元组，前 n 个分量为 R 中的一个 n 元组，后 m 个分量为 S 中的一个 m 元组。

这里的笛卡儿积是广义的笛卡儿积。笛卡儿积的元素是元组。

广义笛卡儿积：两个分别为 n 目和 m 目的关系 R 和 S 的广义笛卡儿积是一个 $n+m$ 列的元组的集合。元组的前 n 列是关系 R 的一个元组，后 m 列是关系 S 的一个元组。若 R 有 k_1 个元组，S 有 k_2 个元组，则关系 R 和关系 S 的广义笛卡儿积有 $k_1 \times k_2$ 个元组。记为

$$R \times S = \{\widehat{t_r t_s} \mid t_r \in R \wedge t_s \in S\}$$

【**例 3.7**】 关系 R 与关系 S 的笛卡儿积运算如图 3.9 所示。

关系 R

A	B	C
a_1	b_1	c_1
a_2	b_2	c_2
a_3	b_3	c_3

关系 S

A	B	C
a_1	b_1	c_1
a_1	b_3	c_2
a_2	b_2	c_1

$R \times S$

A	B	C	A	B	C
a_1	b_1	c_1	a_1	b_1	c_1
a_1	b_1	c_1	a_1	b_3	c_2
a_1	b_1	c_1	a_2	b_2	c_1
a_2	b_2	c_2	a_1	b_1	c_1
a_2	b_2	c_2	a_1	b_3	c_2
a_2	b_2	c_2	a_2	b_2	c_1
a_3	b_3	c_3	a_1	b_1	c_1
a_3	b_3	c_3	a_1	b_3	c_2
a_3	b_3	c_3	a_2	b_2	c_1

图 3.9 笛卡儿积举例

3.3.2 专门的关系运算

专门的关系运算包括选择、投影、连接、除运算等。

1. 选择运算

选择运算是对给定的关系 R,选择出满足条件的行(元组),记作:
$$\sigma_F(R) = \{t \mid t \in R \wedge F(t) = \text{'真'}\}$$
F 表示选择条件,为一逻辑表达式,结果取逻辑"真"或"假",它是由逻辑运算符连接算术表达式而成的条件表达式。

逻辑运算符有与($\wedge$)、或($\vee$)、非($\neg$)。

算术表达式的基本形式为
$$X \theta Y$$
其中,X,Y 是属性名、常量或简单函数,属性名也可以用它在关系中的位置序号来表示。θ 为比较运算符,$\theta \in \{<, >, \leq, \geq, \neq, =\}$。

选择运算就是从关系 R 中选取使逻辑表达式 F 为真的元组。

第 2.3 节的学生选课关系数据库,包括学生关系 student、课程关系 course、选修关系 sc,数据结构如下。

学生:student(sno,sname,ssex,sage,sdept),依次表示学号、姓名、性别、年龄、所在系。

课程:course(cno,cname,cpno,ccredit),依次表示课程号、课程名、先修课程号、学分。

选修:sc(sno,cno,grade),依次表示学号、课程号、成绩。

本章后面的内容都基于学生选课关系数据库。

【例 3.8】 查询全体男学生的基本信息。
$$\sigma_{\text{ssex}='男'}(\text{student}) \text{ 或者 } \sigma_{3='男'}(\text{student})$$

【例 3.9】 查询年龄等于 20 岁的男生。
$$\sigma_{\text{sage}=20 \wedge \text{ssex}='男'}(\text{student}) \text{ 或者 } \sigma_{4=20 \wedge 3='男'}(\text{student})$$

2. 投影运算

关系 R 中的**投影**是从 R 中选择出若干属性列组成新的关系,记作
$$\Pi_A(R) = \{t[A] \mid t \in R\}$$
其中,A 为 R 中的属性列。投影操作是从列的角度进行的运算。

【例 3.10】 查询全体学生的姓名。
$$\Pi_{\text{sname}}(\text{student}) \text{ 或者 } \Pi_2(\text{student})$$

【例 3.11】 查询学生表中的姓名及性别。
$$\Pi_{\text{sname,ssex}}(\text{student}) \text{ 或者 } \Pi_{2,3}(\text{student})$$

投影运算和选择运算经常组合起来使用。

【例 3.12】 查询学生表中计算机系的学生的姓名。

$$\Pi_{\text{sname}}(\sigma_{\text{sdept}=\text{'computer'}}(\text{student}))$$

或者
$$\Pi_2(\sigma_{5=\text{'computer'}}(\text{student}))$$

【例 3.13】 查询计算机系年龄小于 20 岁的学生学号和姓名。

$$\Pi_{\text{sno,sname}}(\sigma_{\text{sdept}=\text{'computer'} \land \text{sage}<20}(\text{student}))$$

或者
$$\Pi_{1,2}(\sigma_{5=\text{'computer'} \land 4<20}(\text{student}))$$

投影操作取消了某些列之后,还可能取消某些重复的元组,因为取消了某些属性列后,就可能出现重复行。

【例 3.14】 查询学生的性别。

$$\Pi_{\text{ssex}}(\text{student})$$

其结果为

ssex
男
女

3. 连接运算

连接运算的一种定义方法:对关系 R 和关系 S 进行笛卡儿积,然后选择出满足条件的元组,记作:

A 和 B 分别为 R 和 S 上度数相等且可比的属性组。θ 为比较运算符。连接运算从 R 和 S 的笛卡儿积 $R \times S$ 中选取(R 关系)在 A 属性组上的值与(S 关系)在 B 属性组上的值满足比较关系 θ 的元组。

当 θ 为"="时,连接运算为**等值连接**。这是最常用的一种连接运算,它是从关系 R 与 S 的笛卡儿积中选取 A、B 属性组值相等的那些行,即

$$R \underset{A=B}{\bowtie} S = \{\widehat{t_r, t_s} \mid t_r \in R \land t_s \in S \land t_r[A] = t_s[B]\}$$

自然连接是一种特殊的等值连接,两个关系中同名的属性组进行等值连接,并且在结果中去掉重复的属性列,即若 R 和 S 中具有相同的属性组 B,U 为 R 和 S 的全体属性集合,则自然连接即

$$R \bowtie S = \{\widehat{t_r, t_s}[U-B] \mid t_r \in R \land t_s \in S \land t_r[B] = t_s[B]\}$$

【例 3.15】 图 3.10 所示为关系 R 与 S 的等值连接 $R \underset{R.B=S.B}{\bowtie} S$、不等值连接、自然连接。

【例 3.16】 图 3.11 所示为关系 R 与 S 的等值连接 $R \underset{R.AB=S.AB}{\bowtie} S$ 及自然连接。

连接运算的另一种定义方法:如果关系 R 和关系 S 满足条件,就连接相应的元组,并形成结果关系表中的一个元组,否则就丢弃。在具体的 DBMS 中有不同的实现方式。按此种定义方式效率更高。

等值连接,实际上是关系 R 和关系 S 在对应的某个属性值上相等才进行连接。

不等值连接,实际上是关系 R 和关系 S 在对应某个属性值上满足一定条件才进行

关系 R

A	B	C
a_1	b_1	9
a_1	b_2	6
a_2	b_3	8
a_2	b_4	12

关系 S

B	E
b_1	2
b_2	7
b_3	10
b_3	2
b_5	2

$R \bowtie S$

A	B	C	E
a_1	b_1	9	2
a_1	b_2	6	7
a_2	b_3	8	10
a_2	b_3	8	2

$R \bowtie S$ ($R.C < S.E$)

A	R.B	C	S.B	E
a_1	b_1	9	b_3	10
a_1	b_2	6	b_2	7
a_1	b_2	6	b_3	10
a_2	b_3	8	b_3	10

$R \bowtie S$ ($R.B = S.B$)

A	R.B	C	S.B	E
a_1	b_1	9	b_1	2
a_1	b_2	6	b_2	7
a_2	b_3	8	b_3	10
a_2	b_3	8	b_3	2

图 3.10 关系 R 与 S 的连接运算一

关系 R

A	B	C
a_1	b_1	9
a_1	b_2	6
a_2	b_3	8
a_2	b_4	12

关系 S

A	B	E
a_1	b_1	2
a_1	b_2	7
a_2	b_3	10
a_2	b_3	2
a_3	b_5	2

$R \bowtie S$ ($R.AB = S.AB$)

R.A	R.B	C	S.A	S.B	E
a_1	b_1	9	a_1	b_1	2
a_1	b_2	6	a_1	b_2	7
a_2	b_3	8	a_2	b_3	10
a_2	b_3	8	a_2	b_3	2

$R \bowtie S$

A	B	C	E
a_1	b_1	9	2
a_1	b_2	6	7
a_2	b_3	8	10
a_2	b_3	8	2

图 3.11 关系 R 与 S 的连接运算二

连接。

连接运算是两个表之间的运算,经常发生在参照关系与被参照关系之间。参照关系的外码与被参照关系的主码之间满足一定的条件,如相等或者其他比较关系,相应的元组才连接成一条新记录,成为结果表中的一条记录。

【例 3.17】 查询刘佳同学的选课情况,包括刘佳的学号、姓名、课程编号和成绩,结果如表 3.1 所示。

代数表达式为

$$\Pi_{\text{sno,sname,cno,grade}}(\sigma_{\text{sname}='刘佳'}(\text{student}) \bowtie \text{sc})$$

表 3.1　刘佳同学的选课情况

sno	sname	cno	grade
160610101	刘佳	1	91
160610101	刘佳	2	87
160610101	刘佳	3	88

【例 3.18】查询选课同学的选课情况。采用等值连接,其结果如表 3.2 所示。关系代数表达式为

$$student \underset{student.sno=sc.sno}{\bowtie} sc$$

表 3.2　已选课的同学的选课情况一

sno	sname	ssex	sage	sdept	sno	cno	grade
160610101	刘佳	女	19	physics	160610101	1	91
160610101	刘佳	女	19	physics	160610101	2	87
160610101	刘佳	女	19	physics	160610101	3	88
160610102	何鹏	男	20	network	160610102	2	90
160610102	何鹏	男	20	network	160610102	3	81

采用自然连接,其结果如表 3.3 所示。关系代数表达式为

$$student \bowtie sc$$

表 3.3　已选课的同学的选课情况二

sno	sname	ssex	sage	sdept	cno	grade
160610101	刘佳	女	19	physics	1	91
160610101	刘佳	女	19	physics	2	87
160610101	刘佳	女	19	physics	3	88
160610102	何鹏	男	20	network	2	90
160610102	何鹏	男	20	network	3	81

【例 3.19】查询选了"数据库"课程的学生的学号,其结果如表 3.4 所示。关系代数表达式为

$$\Pi_{sno}(\sigma_{cname='数据库'}course \bowtie sc)$$

【例 3.20】查询选了"数据库"课程的学生的姓名,其结果如表 3.5 所示。关系代数表达式为

$$\Pi_{sname}(student \bowtie sc \bowtie (\sigma_{cname='数据库'}course))$$

表 3.4　选了"数据库"课程的学生的学号

sno
160610101

表 3.5　选了"数据库"课程的学生的姓名

sname
刘佳

【例 3.21】查询课程被选修的情况,包括学生的学号、课程号、成绩及课程的所有基本信息,其结果如表 3.6 所示。

关系代数表达式为

$$sc \bowtie course$$

表 3.6 查询课程被选修的情况

sno	cno	grade	cno	cname	cpno	ccredit
160610101	1	91	1	数据库	5	4
160610101	2	87	2	数学		2
160610101	3	88	3	信息系统	1	4
160610102	2	90	2	数学		2
160610102	3	81	3	信息系统	1	4

连接运算又分为内连接运算和外连接运算。**内连接**是指满足连接条件的元组才放在结果中。其中,内连接包括前面介绍的等值连接、不等值连接和自然连接。

【例 3.22】 查询已选课的学生的选课情况,结果如表 3.7 所示,即前面的表 3.2。

表 3.7 已选课的学生的选课情况一

sno	sname	ssex	sage	sdept	sno	cno	grade
160610101	刘佳	女	19	physics	160610101	1	91
160610101	刘佳	女	19	physics	160610101	2	87
160610101	刘佳	女	19	physics	160610101	3	88
160610102	何鹏	男	20	network	160610102	2	90
160610102	何鹏	男	20	network	160610102	3	81

在学生关系中,共有 4 个学生,有 2 个学生(孙晋和张慧)没有选课。如果没有选课的学生的基本信息(学号、姓名、性别、年龄、所在系)也要列在查询结果中,就需要用到外连接。

外连接是指除了满足连接条件的元组保留在结果中外,不满足连接条件的元组也保留在结果关系中。外连接分为左外连接(⟕)、右外连接(⟖)和全外连接(⟗)。

左外连接:除了满足连接条件的元组保留在结果关系中,左边关系中不满足连接条件的元组也保留在结果关系中,其对应的右边关系中属性的取值用 NULL 填充。

【例 3.23】 关系 R 和关系 S 进行左外连接,如图 3.12 所示。

关系 R

A	B	C
a_1	b_1	c_1
a_2	b_2	c_2
a_3	b_3	c_3
a_4	b_4	c_4

关系 S

A	D	E
a_1	d_1	e_1
a_1	d_2	e_2
a_2	d_3	e_3

$R ⟕ S$

$R.A$	B	C	$S.A$	D	E
a_1	b_1	c_1	a_1	d_1	e_1
a_1	b_1	c_1	a_1	d_2	e_2
a_2	b_2	c_2	a_2	d_3	e_3
a_3	b_3	c_3	NULL	NULL	NULL
a_4	b_4	c_4	NULL	NULL	NULL

图 3.12 $R ⟕ S$

【例 3.24】 查询所有学生的基本信息及选课的学生的选课情况,其结果如表 3.8 所示。
关系表达式为

$$\text{student} ⟕ \text{sc}$$

表 3.8 所有学生的基本信息及已选课的学生的选课情况

sno	sname	ssex	sage	sdept	sno	cno	grade
160610101	刘佳	女	19	physics	160610101	1	91
160610101	刘佳	女	19	physics	160610101	2	87
160610101	刘佳	女	19	physics	160610101	3	88
160610102	何鹏	男	20	network	160610102	2	90
160610102	何鹏	男	20	network	160610102	3	81
160610103	孙晋	男	18	computer	NULL	NULL	NULL
160610105	张慧	女	19	database	NULL	NULL	NULL

右外连接:除了满足连接条件的元组保留在结果关系中,右边关系中不满足连接条件的元组也保留在结果关系中,其对应的左边关系中属性的取值用 NULL 填充。

【例 3.25】 关系 R 和关系 S 进行右外连接,如图 3.13 所示。

关系 R

A	D	E
a_1	d_1	e_1
a_1	d_2	e_2
a_2	d_3	e_3

关系 S

A	B	C
a_1	b_1	c_1
a_2	b_2	c_2
a_3	b_3	c_3
a_4	b_4	c_4

$R ⟖ S$

R.A	D	E	S.A	B	C
a_1	d_1	e_1	a_1	b_1	c_1
a_1	d_2	e_2	a_1	b_1	c_1
a_2	d_3	e_3	a_2	b_2	c_2
NULL	NULL	NULL	a_3	b_3	c_3
NULL	NULL	NULL	a_4	b_4	c_4

图 3.13 $R ⟖ S$

【例 3.26】 查询课程的被选修情况,包括学生的学号、课程号、成绩及所有课程的基本信息,其查询结果如表 3.9 所示。
关系表达式为

$$\text{sc} ⟖ \text{course}$$

表 3.9 课程的被选修情况

sno	cno	grade	cno	cname	cpno	ccredit
160610101	1	91	1	数据库	5	4
160610101	2	87	2	数学		2

续表

sno	cno	grade	cno	cname	cpno	ccredit
160610101	3	88	3	信息系统	1	4
160610102	2	90	2	数学		2
160610102	3	81	3	信息系统	1	4
NULL	NULL	NULL	4	操作系统	6	3
NULL	NULL	NULL	5	数据结构	7	4
NULL	NULL	NULL	6	计算机网络	4	3
NULL	NULL	NULL	7	C语言	6	4
NULL	NULL	NULL	8	大学物理	2	4

全外连接：除了满足连接条件的元组保留在结果关系中，左边和右边不满足连接条件的元组都保留在结果关系中，其对应两边关系中的属性取值用 NULL 填充。

【例 3.27】 查询所有学生的基本信息、所有课程的基本信息及学生的选课情况，其查询结果如表 3.10 所示。

表 3.10 所有学生的基本信息、所有课程的基本信息及学生的选课情况

sno	sname	ssex	sage	sdept	sno	cno	grade	cno	cname	cpno	ccredit
160610101	刘佳	女	19	physics	160610101	1	91	1	数据库	5	4
160610101	刘佳	女	19	physics	160610101	2	87	2	数学		2
160610101	刘佳	女	19	physics	160610101	3	88	3	信息系统	1	4
160610102	何鹏	男	20	network	160610102	2	90	2	数学		2
160610102	何鹏	男	20	network	160610102	3	81	3	信息系统	1	4
NULL	NULL	NULL	NULL	NULL	NULL	NULL	NULL	4	操作系统	6	3
NULL	NULL	NULL	NULL	NULL	NULL	NULL	NULL	5	数据结构	7	4
NULL	NULL	NULL	NULL	NULL	NULL	NULL	NULL	6	计算机网络	4	3
NULL	NULL	NULL	NULL	NULL	NULL	NULL	NULL	7	C语言	6	4
NULL	NULL	NULL	NULL	NULL	NULL	NULL	NULL	8	大学物理	2	4
160610103	孙晋	男	18	computer	NULL	NULL	NULL	NULL	NULL	NULL	NULL
160610105	张慧	女	19	database	NULL	NULL	NULL	NULL	NULL	NULL	NULL

其关系代数表达式为

$$\text{student} \bowtie \text{sc} \bowtie \text{course}$$

4. 除法运算

设关系 R 除以关系 S 的结果为关系 T，则 T 包含所有在 R 中但不在 S 中的属性及其值，且 T 的元组与 S 的元组的所有组合都在 R 中。

给定关系 $R(X,Y)$ 和 $S(Y,Z)$，其中 X、Y、Z 为属性组，R 中的 Y 与 S 中的 Y 可以有不同的属性名，但必须出自同一个域，R 与 S 的除运算得到一个新关系 $P(X)$，P 是 R 中满足下列条件的元组在 X 属性列上的投影：元组在 X 上分量值 x 的象集 Y_x 包含 S 在 Y 上投影的集合，记作：

$$R \div S = \{t_r[X] \mid t_r \in R \wedge \Pi_Y(S) \subseteq Y_x\}$$

其中，Y_x 为 x 在 R 中的象集，$x=t_r[X]$。

除运算同时从行和列的角度进行运算。

【例 3.28】 已知 R 和 S，$R \div S$ 的值如图 3.14 所示。

关系 R

A	B	C
a_1	b_1	c_2
a_2	b_3	c_7
a_3	b_4	c_6
a_1	b_2	c_3
a_2	b_2	c_3
a_1	b_2	c_1

关系 S

B	C	D
b_1	c_2	d_1
b_2	c_3	d_1
b_2	c_1	d_2

$R \div S$

A
a_1

图 3.14 $R \div S$

【例 3.29】 查询至少选修了 2 号课程和 3 号课程的学生的学号。

首先建立一个临时关系 T：

然后求 $\Pi_{sno,cno}(sc) \div T$

其结果为 160610101 学生和 160610102 学生选了这两门课。

【例 3.30】 查询至少选修了一门其直接先修课为 6 号课程的学生姓名。

$$\Pi_{sname}(\sigma_{cpno=6}(course) \bowtie sc \bowtie \Pi_{sno,sname}(student))$$

【例 3.31】 查询选修了所有课程的学生的学号和姓名。

$$(\Pi_{sno,cno}(sc) \div \Pi_{cno}(course)) \bowtie (\Pi_{sno,sname}(student))$$

3.3.3 关系代数表达式应用举例

基于 2.3 节的公司示例数据库，请用关系代数表达式查询如下问题。

(1) 查询来自湖南的且工资在 50000 以下的员工信息。

$$\sigma_{address='湖南' \wedge salary<=50000}(employee)$$

(2) 查询王安所在的部门名。

$$\Pi_{dname}(\sigma_{name='王安'}employee \underset{dno=dnumber}{\bowtie} department)$$

(3) 查询李丽参与的所有项目编号。

$$\Pi_{pno}(\sigma_{name='李丽'}employee \underset{ssn=essn}{\bowtie} works\_on)$$

(4) 查询李丽参与的所有项目编号及项目名字。

$$\Pi_{\text{pno,pname}}(\sigma_{\text{name}='李丽'}\text{employee} \bowtie_{\text{ssn=essn}} \text{works\_on} \bowtie_{\text{pno=pnumber}} \text{project})$$

(5) 查询参与了所有项目的员工的社会保险号。

$$(\Pi_{\text{essn,pno}}\text{works\_on}) \div (\Pi_{\text{pnumber}}\text{project})$$

(6) 查询工资在 50000 以下的员工姓名及部门名。

$$\Pi_{\text{name,dname}}(\sigma_{\text{salary}<=50000}\text{employee} \bowtie_{\text{dno=dnumber}} \text{department})$$

(7) 查询没有家属的员工的信息。

$$(\Pi_{\text{ssn}}\text{employee} - \Pi_{\text{essn}}\text{dependent}) \bowtie \text{employee}$$

3.4 小结

本章介绍的关系数据库的操作包括增、删、改、查,讲述的关系操作的语言包括关系代数语言、元组演算语言、域演算语言、SQL。本章只涉及关系代数语言,它是抽象的操作语言,包含传统的集合运算:并、交、差、笛卡儿积,还包含专门的关系运算:选择、投影、连接(等值连接、不等值连接、自然连接、外连接)及除运算。

3.5 习题

1. 为什么关系代数里包含传统的集合运算?
2. 两个关系进行并、交、差运算的前提条件是什么?
3. 什么是投影运算?什么是选择运算?举例说明。
4. 什么是内连接?什么是外连接?举例说明。
5. 针对 2.3 节的公司数据库做如下几个题目,请用关系代数表达式。

(1) 查询社会保险号为 123456789 的员工的姓名及部门编号。

(2) 查询 5 号部门工资在 50000 以上的员工信息。

(3) 查询社会保险号为 123456789 的员工的所在部门名。

(4) 查询社会保险号为 123456789 的员工参与的所有项目编号。

(5) 查询社会保险号为 123456789 的员工参与的所有项目名字。

(6) 查询规划处的部门地址。

(7) 查询参与了项目地址在天津的项目的员工编号。

第 2 篇

设计及应用篇

数据库设计的目的是设计出计算机可以处理的数据模型,如层次模型、网状模型、关系模型、面向对象模型。在本书中,我们主要指关系模型。如何为具体的业务系统设计出合适的数据库模型是本篇的任务。

数据库设计有很多种方法,如基于 E-R 模型的设计方法、3NF(第三范式)的设计方法、UML 建模方法、新奥尔良方法。

本篇涉及的内容有以下章节。

第 4 章　使用实体—联系模型进行数据建模。

第 5 章　扩展的实体—联系模型。

第 6 章　实体—联系模型到关系模型的转换。

第 7 章　UML 类图建模。

第 8 章　关系数据理论。

第 9 章　关系数据库标准语言 SQL。

第 10 章　数据库编程。

第 11 章　数据库设计。

第 4 章 使用实体—联系模型进行数据建模

利用模型对事物进行描述是人们在认识、改造世界过程中广泛采用的一种方法,如汽车、飞机模型等。模型可更形象、直观地揭示事物的本质特征,使人们对事物有一个更全面、深入的认识,从而帮助人们更好地解决问题。

是否在进行数据库系统设计时也可以利用模型来帮助我们完成工作呢?如果可以,那么利用何种模型呢?

因此,进行数据库系统设计时也可以利用模型来帮助我们完成工作。针对业务系统的信息需求建立模型,可以帮助人们更好地理解业务系统对数据的需求以及对数据的处理。

4.1 数据模型

如同在建筑设计和施工的不同阶段需要不同的图纸一样,在开发实施数据库应用系统的不同阶段也要用到不同的数据模型。

数据库中有 3 类数据模型,这 3 类数据模型分别在开发实施数据库应用系统的 3 个阶段中使用。第一类是概念模型,在开发的第一阶段中使用;第二类为逻辑模型,在开发的第二阶段中使用;第三类是**物理模型**,在开发的第三阶段中使用。

本章前面介绍的关系数据模型属于逻辑模型。逻辑模型包括层次数据模型、网状数据模型、面向对象数据模型、对象关系数据模型、半结构化数据模型等。逻辑模型是按照计算机系统的观点对数据建模。也就是说,数据库管理系统是基于逻辑模型实现的。这类数据模型一般包含 3 个方面:数据结构、数据约束、数据操作。前面的关系数据模型的数据结构是关系(表),操作有增、删、改、查,完整性约束有实体完整性、参照完整性和用户自定义完整性。

而概念模型是从用户的角度对现实世界进行建模,用于数据库设计的第一阶段。

物理模型则是对数据的最底层抽象,它描述数据在系统内部的表示方式和存取方法,即数据在磁盘或磁带上的存储方式和存取方法。物理模型的具体实现是 DBMS 的任务,数据库设计人员要了解和选择物理模型。

4.2 概念模型

为了能把现实世界的具体事物抽象组织为某个 DBMS 支持的数据模型,首先需要对这一管理活动涉及的各种资料数据及其关系有一个全面且清晰的认识,这就需要收集资料、了解用户需求,进行详细的需求分析,然后采用概念模型来描述。对现实世界建立模型,既要能准确地反映现实世界,又能容易被人们看懂,方便交流,这个过程为建立概念模型。概念模型一般用于人员之间的交流。

数据库的设计过程是首先将现实世界抽象为信息世界，然后将信息世界转换为机器世界。也就是说，数据模型的建立过程是：从现实世界抽象出信息世界的概念模型，再由概念模型转化成可以由计算机支持的数据模型(关系模型、层次模型、网状模型、面向对象模型，这里指的是关系模型)，如图 4.1 所示。

因此，设计数据库以及开发数据库应用系统，首先需要建立的是概念模型。

设计数据库系统时，一般先用图或表的形式抽象地反映数据彼此之间的关系，这一过程称为建立数据模型。

本章主要介绍如何建立概念模型。概念模型的方法有很多种，主要有实体—联系模型(Entity Relationship Model, E-R 模型)法、扩展的实体—联系模型(Extended E-R Model, EER 模型)法、UML 类图法、对象定义语言(Object Definition Language, ODL)法等。其中，使用最广泛的是 1976 年 P. P. S Chen 提出用实体—联系模型(E-R 模型)法来表示概念模型。

图 4.1　数据模型的建立过程

4.3　实体—联系模型

在**实体—联系模型**中，认为现实世界是由实体、属性及实体间的联系构成的。一般地，实体—联系模型用 E-R 图(Entity Relationship Diagram, ERD)来表示。

4.3.1　基本概念

(1) 实体：是现实世界中实实在在存在的事物，彼此之间相互区别。例如，学生、教师、教室、汽车、工作、课程等。实体也有可能是抽象的概念，如学生的选课、比赛、部门的订货等。

(2) 实体集：同种类型实体的集合。例如，全体教职工就是一个实体集，又如全部课程、全体学生、全体员工等。

(3) 实体型：同一类型实体。例如，学生类型实体属于学生实体型，表示为：学生(学号,姓名,年龄,性别,专业)。在 E-R 图中用矩形表示，如图 4.2 所示。

(4) 属性：描述实体某方面的性质。例如，学生实体的属性有学号、姓名等，教师实体的属性有教职工编号、姓名、职称、专业等，如果还需要描述教师的工资信息，可以增加一个属性"薪水"。每个属性都有一个具体的值，取自一个值域，如整型、实数、字符串等；例如，刘佳同学的性别为"男"。在 E-R 图中，用椭圆表示属性，如图 4.3 所示。

　　图 4.2　实体的表示　　　　　图 4.3　属性的表示

属性又分为如下4类。

① 简单属性：是属性中最简单的一类，这类属性的取值不可再分，如年龄、性别、工资等。

② 复合属性：属性由几部分组成，例如，学生实体的家庭住址是复合属性，由省、市、区、街道地址构成，而街道地址又由街道名、小区、门牌号组成，如图4.4所示。

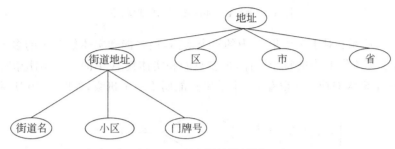

图4.4 复合属性"地址"

③ 多值属性：对应于一个具体实体，它的属性值有多个。例如，学生的学位可能是双学位，车子的颜色可能有多种，人的电话号码可能有多个。多值属性用双椭圆表示，如图4.5所示。

④ 衍生属性：其值可由其他属性值推导出来。例如，学生的年龄可以由学生的出生年月推导出来。衍生属性用虚线椭圆表示，如图4.6所示。

（5）联系：分为实体型内部的联系和实体型之间的联系。例如，学生和教师两类实体型之间存在学与教的联系，学生和课程实体型之间存在选修的联系，学生与学生同类型实体之间也存在联系等。实际上，当一个实体引用另一个实体进行描述时，那么这两个实体之间就存在联系。例如，每个部门都有多个员工，表示部门实体和员工实体之间有联系。联系在E-R图中用菱形表示，如图4.7所示，中间为联系的名字。参与联系的实体都充当了一定的角色。例如，学生和教师之间的联系，学生实体充当学习的角色，教师实体充当教学的角色。

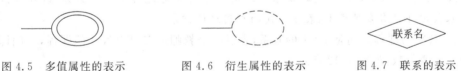

图4.5 多值属性的表示　　图4.6 衍生属性的表示　　图4.7 联系的表示

两类实体型之间存在着多种联系类型，叫作基数比，分为一对一（1∶1）、一对多（1∶n）、多对多（$n∶m$）等多种类型。

① 一对一联系：对于实体集A中的每个实体，最多只能和实体集B中的一个实体有联系；反之，对于实体集B中的每个实体，最多只能和实体集A中的一个实体有联系。

例如，一个班级对应一个班长，一个班长只能管理一个班级，如图4.8所示。

图4.8 班长与班级之间的管理联系

又如，一个部门对应一个经理，一个经理只能管理一个部门，如图 4.9 所示。

图 4.9　经理与部门之间的管理联系

② 一对多联系：对于实体集 A 中的每个实体，最多能和实体集 B 中的多个实体有联系；反之，对于实体集 B 中的每个实体，最多只能和实体集 A 中的一个实体相联系。

例如，一个班级对应多个学生，一个学生只能属于一个班级，如图 4.10 所示。

图 4.10　班级与学生之间的所属联系

又如，一个部门有多个员工，一个员工只能属于一个部门等。

③ 多对多联系：对于实体集 A 中的每个实体，最多能和实体集 B 中的多个实体有联系；反之，对于实体集 B 中的每个实体，最多能和实体集 A 中的多个实体有联系。

例如，学生和课程之间的联系，学生可以选修多门课程，一门课程也可以由多个学生选修，如图 4.11 所示。

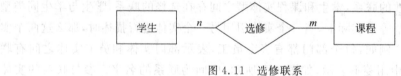

图 4.11　选修联系

又如，一个教师可以教授多门课程，一门课程可以由多个教师讲授。

注意：联系的基数比的判断是根据现实世界的规定进行确定。例如，教师和课程之间的基数比可以有多种类型，表示不同的应用环境需求。

① 教师与课程之间是 1∶1 的联系，表示一个教师最多可以教一门课程，一门课程最多由一个教师教，如图 4.12 所示。

图 4.12　教师与课程之间 1∶1 的联系

② 教师与课程之间是 1∶n 的联系，表示一个教师可以教多门课程，一门课程最多只能由一个教师教，如图 4.13 所示。

③ 教师和课程之间是 n∶1 的联系，表示一个教师最多可以教一门课程，一门课程可以由多个教师教，如图 4.14 所示。

④ 教师和课程之间是 n∶m 的联系，表示一个教师可以教多门课程，一门课程可以

图 4.13　教师与课程之间 1∶n 的联系

图 4.14　教师与课程之间 n∶1 的联系

由多个教师教,如图 4.15 所示。

图 4.15　教师与课程之间 n∶m 的联系

注意：具体采用哪种联系,根据现实情况确定。

实际上,与实体型、实体集、实体这几个概念对应,联系也有联系的型、联系集、联系,表示联系的型、集、值,这里统称联系,不再展开叙述。

(6) 联系的度：参与联系的实体型的个数。参与联系的实体型只有一类,叫作一元联系,例如,学生和班长之间的联系,学生属于学生实体型,班长同样也属于学生实体型,因此它是一元联系,如图 4.16 所示。参与联系的实体型有两类,叫作二元联系。前面介绍的都是二元联系。参与联系的实体型有三类,叫作三元联系,图 4.17 所示是教师、课程及学生三类实体之间的三元联系,表示一个教师可以为多个学生教授多门课程;一门课程可以由多个老师教授给多个学生;一个学生可以学习多个教师教授的多门课程。参与联系的实体型有多类,叫作多元联系。

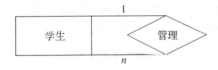

图 4.16　学生实体内的一元联系

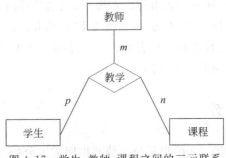

图 4.17　学生、教师、课程之间的三元联系

(7) 联系上的属性：联系上也可以有属性。如图 4.18 所示，学生实体和课程实体之间的选修联系，其成绩属性的位置应该放在联系上。因为单独的学生实体无法决定成绩，单独的课程实体也无法决定成绩，只能由学生和课程共同决定某个学生某门课程成绩的取值。

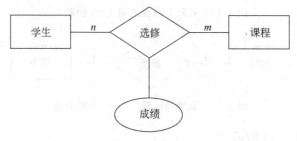

图 4.18　选修联系

(8) 联系的参与约束：分为完全参与和部分参与两种。没有特别指明，也可不模拟完全参与和部分参与。

① 完全参与：实体集中的每一个实体都参与了联系。用双线表示。

每个员工都必须属于一个部门，每个部门必须至少有一个员工，部门和员工都是完全参与，如图 4.19 所示。

图 4.19　完全参与约束

② 部分参与：实体集中只有部分实体参与联系，用单线表示。

例如，员工中只有一个人（主要指部门经理）可以管理部门，每个部门必须被管理，员工为部分参与，部门为完全参与，如图 4.20 所示。

图 4.20　部分参与约束

(9) 弱实体：不能单独存在的实体。弱实体必须依附于其他实体之上存在，被依附的实体称为强实体。例如，在一个人事管理系统中，家属这样的实体不能单独存在，必须依附于职工实体，因为一旦职工离开公司，家属也跟着离开。弱实体一般都是完全参与，用双矩形表示，其对应的联系用双菱形表示。弱实体的键由本身的部分键及所依附的强实体的主键共同组成。家属弱实体如图 4.21 所示。

4.3.2　一个完整的示例

下面举一个具体的例子：先给出某公司的数据库需求分析，再给出相应的 E-R 图，第

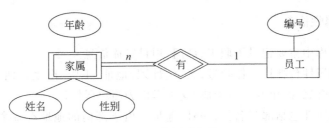

图 4.21 家属弱实体

5～6 章和第 9 章都会用到这个例子。公司的数据库里记录了公司的职工信息、部门信息以及项目信息。该公司的需求分析说明如下。

公司由多个部门组成,每个部门有唯一的名称、编号,以及一个职工负责管理这个部门,数据库中记录了他管理这个部门的开始时间,一个部门可能有多个地址。

每个部门管理一些项目,每个项目都有唯一的名称、编号及地址。

数据库中保存了每个职工的名字、社会保险号、地址、工资、性别及出生日期。每个职工都属于一个部门,可能参与了多个项目,这些项目不一定由职工所在的部门管理,我们记录了每个职工参与每个项目的小时数,还记录了每个职工的直接管理者。

数据库中保存了每个职工的家属信息,记录了每个家属的名字、性别、出生日期以及和职工的关系。

这个公司数据库的 E-R 图如图 4.22 所示。

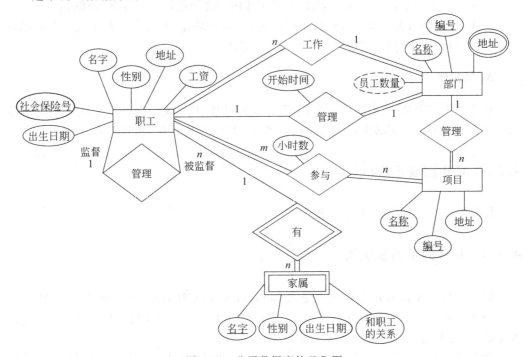

图 4.22 公司数据库的 E-R 图

对该 E-R 图说明如下。

1. 实体及属性信息

该公司数据库中主要记录了职工、部门、项目实体信息。

职工实体的属性包括社会保险号、名字、性别、地址、工资、出生日期。职工实体的名字属性是一个组合属性,由姓和名构成,这里考虑为简单属性。

部门实体的属性包括部门名称、编号、地址。由于部门的地址有多个,所以部门地址为多值属性。每个部门的员工数量是衍生属性,可以由职工信息推导出来。部门名称和编号唯一。

项目实体的属性包括名称、编号、地址。这里的地址为简单属性。项目的名称和编号唯一。

2. 二元联系及其属性

部门和职工之间有两种不同的联系,一种是1∶1的管理联系,在此联系上有属性"开始时间",表示一个领导何时开始管理部门,在管理联系中,部门实体是完全参与,而职工是部分参与。

部门和职工之间还存在另一种1∶n的联系,表示每个职工属于某个部门,而某个部门有多个职工。

部门与项目之间存在1∶n的管理联系,项目实体为完全参与。

每个职工有一个直接管理者,因此职工实体内部之间存在1∶n的管理联系。

职工参与项目,表示职工与项目之间存在n∶m的联系,职工参与每个项目花费的时间不一样,因此,"小时数"属性应该放在参与联系上。

3. 弱实体

在本例中,"家属"为弱实体,即当职工离开公司时,其家属的信息一并删除。因此,职工是家属的强实体。家属实体的属性包括名字、性别、出生日期、和职工的关系。

4.3.3 E-R 图表示法小结

E-R 图表示法总结如图 4.23 所示。

4.3.4 联系的不同表示法

联系的另一种表示方法是**最小最大(min, max)**表示法,min 和 max 都为整数($0 \leqslant$ min $\leqslant$ max, max $\geqslant 1$),它表示在联系 R 中,实体型 E 中的每个实体最少与对方 min 个实体发生联系,最多与对方 max 个实体发生联系。

例如,图 4.24 表示一个部门最多由一个职工管理,最少也由一个职工管理,一个职工最少管理 0 个部门,最多只能管理 1 个部门。

又如,图 4.25 表示一个职工最少为一个部门工作,最多为一个部门工作;一个部门最

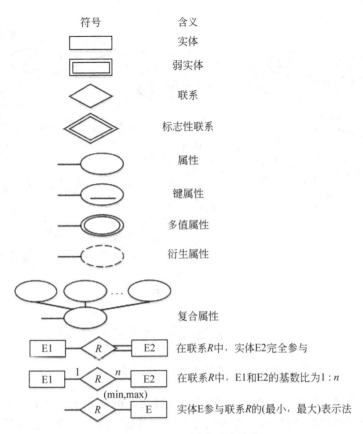

图 4.23 E-R 图表示法总结

图 4.24 职工部门管理联系的最小最大表示法

少有一个职工,最多由多个职工组成。

图 4.25 职工部门工作联系的最小最大表示法

在最小最大表示法中,当 min＝0 时表示部分参与,当 min＞0 时表示完全参与。最小最大表示法蕴涵了联系的基数比,又蕴涵了联系的参与约束,而且表达得更精确。

公司数据库 E-R 图的最小最大表示法如图 4.26 所示。

在该 E-R 图中,职工和部门之间的管理联系表示为:一个部门最少由一个职工管理,最多也由一个职工管理;一个职工最多可以管理一个部门。而职工和部门之间的"工作"联系,表示一个部门最少由 4 个职工组成,最多可以由多个职工组成;一个职工最少工作

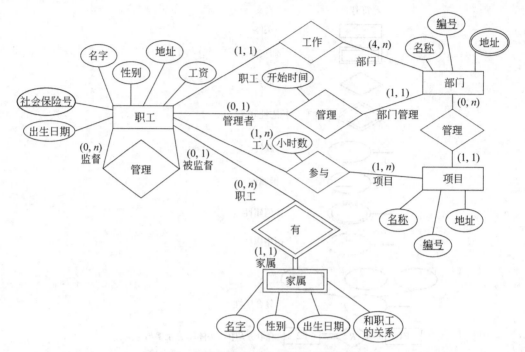

图 4.26 公司数据库 E-R 图的最小最大表示法

于一个部门,最多只工作于一个部门。部门和项目之间的联系表示为:一个部门可以管理多个项目,也可以没有项目,而一个项目至少由一个部门管理,最多也只能由一个部门管理。

4.4 E-R 图应用举例

  学校有若干个系,每个系有若干个班级和教研室,每个教研室有若干个教员,其中有的教授和副教授各带若干个研究生。每个班级有若干个学生,每个学生选修若干门课程,每门课程可由若干个学生选修。用 E-R 图画出该校的概念模型,如图 4.27 所示。
  在该需求分析中主要提到的实体有班级、教研室、教员、学生、课程、系;其中只有教授和副教授才可以带若干个研究生,可以对实体"教员"设置属性"职称"来表示是否有资格指导研究生;同样,研究生是学生中的一部分,还存在本科生,因此可以设置属性"学历"来表示学生的类型。如果一句话中涉及多个实体,那就表示这几个实体有联系。例如,每个教研室有若干教员,表示实体教研室与实体教员存在联系,如果需求说明书中没有明确指出联系的类型,我们就根据现实生活中的一般情况来标注联系的类型。例如,每个教研室有若干个教员,根据一般情况,教研室和教员之间为 $1:n$ 的联系;类似地,每个系有若干班级也表示系与班级之间为 $1:n$ 的联系。
  E-R 图没有唯一答案,根据需求分析说明书,不同的设计人员模拟出的 E-R 图经常不同,要求能够准确地说明需求。

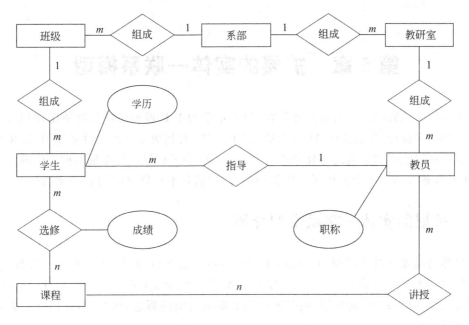

图 4.27 学校 E-R 图

4.5 小结

本章介绍了数据模型的分类：概念模型、逻辑模型、物理模型，并介绍了概念模型在数据库设计中的作用。概念模型最流行的表示法为 E-R 图表示法。概念模型把现实世界的所有对象抽象为实体、属性、联系。本章详细地对 E-R 图中的基本概念进行了描述，并给出了一个具体的数据库例子。

4.6 习题

1. 简述 3 类数据模型。
2. 简述以下概念：实体、实体型、实体集、属性、多值属性、联系、弱实体。
3. 简述联系的基数比，$1:1$、$1:n$、$n:m$、联系的角色、一元联系、多元联系。
4. 在物资管理中，一个供应商为多个项目供应多种零件，一种零件只能保存在一个仓库中，一个仓库中可保存多种零件，一个仓库有多名员工值班，由一个员工负责管理。画出该物资管理系统的 E-R 图。
5. 在课程管理系统中，涉及班级、学生、课程、教师、参考书等实体。假设一个教师只可上一门课程，一门课程可由多个教师讲授，可使用多本参考书，请画出该系统的 E-R 图。

第 5 章 扩展的实体—联系模型

进行传统的数据库应用系统开发时,第 4 章学的 E-R 模型已经足够使用;但是,如果涉及一些工程设计、制造业(CAD/CAM)、电信、GIS 及其他复杂的软件系统时,E-R 模型就不能很好地模拟和表达这些复杂的概念了,因此,为了更好地模拟现实世界中的复杂情况,在 E-R 模型的基础上扩展了一些新的内容,这就是本章要讨论的 EER 模型。

5.1 扩展的实体—联系模型介绍

扩展的实体—联系模型(Enhanced-ER Model,EER)也称增强的实体—联系模型。除了包含基本的 E-R 模型概念,EER 模型增加了子类、超类(父类)、特化、概化,用来模拟更加复杂或者更加精确的应用,同时还增加了面向对象的概念,如继承,并用聚集表示联系之间的联系。

5.1.1 扩展的 E-R 模型的基本概念

1. 父类(超类)/子类

我们经常会碰到某些实体型是某类实体型的子类型,即某实体型有一些不同意义的分组,例如,员工实体型可以分为秘书、工程师、技术员。每个分组都是员工实体型的子集,每个分组叫作员工的**子类**。而员工实体型则称为**父类**或者超类,用一个三角形来表示这种父类/子类关系,如图 5.1 所示,其中,d 表示子类实体不相交,即一个员工如果是秘书,就不能同时从事技术员的工作。又如,学生实体里有本科生实体和研究生实体,学生

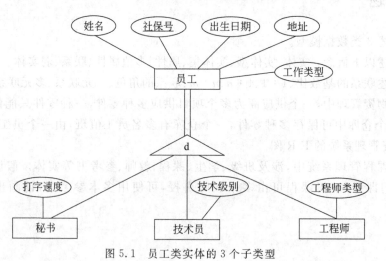

图 5.1 员工类实体的 3 个子类型

实体为父类,本科生和研究生为子类,如图 5.2 所示。父类实体划分成多个子类的过程叫作特殊化,简称特化。实体的特化可能是根据某个属性进行划分的,例如,根据员工的属性"工作类型"划分,员工分为 3 类;根据学生实体的属性"学生类别"划分,学生分为研究生实体和本科生实体。

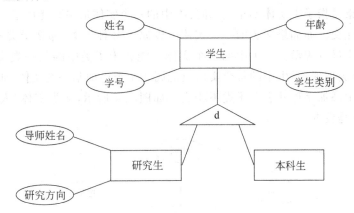

图 5.2 学生的两个子类型和分类属性

同样的实体型其特化的方式可能存在多种。例如,员工实体又可以根据工资付款方式特化为小时工、受雇员工,如图 5.3 所示。

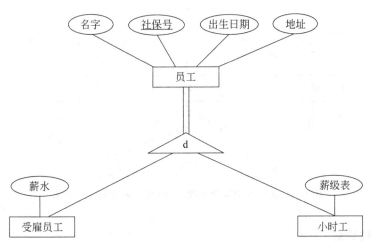

图 5.3 员工类实体的两个子类型

为什么需要子类与父类呢?
(1) 有些属性不是所有的子类都具备。
(2) 不是所有实体都和其他实体具备相同的联系。

2. 继承

子类继承父类的所有属性,并有自己特殊的属性。
例如,员工实体的每个子类继承了员工实体的所有属性,还有本身特殊的属性。子类秘书继承了员工实体的所有属性,包括姓名、社保号、出生日期、地址、工作类型,还有特殊属性"打字速度"。

3. 不相交约束

不相交约束是指子类实体不相交,即父类中的一个实体最多只能属于一个子类,使用字母 d 表示不相交。而如果父类的一个实体可以属于多种子类,那么子类实体就是相交的、重叠的,用字母 o 表示。员工中的一个实体只能属于子类中的某一类实体,如图 5.1 和图 5.3 所示;类似地,学生中的每个实体只能属于子类中的某一类实体,如图 5.2 所示,应该在三角形中添加字母 d 表示子类不相交。如图 5.4 所示,父类实体"人"既有可能是员工,又有可能是校友。

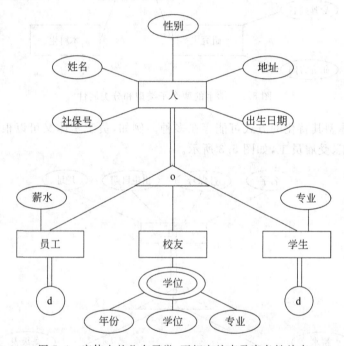

图 5.4　实体人的几个子类、不相交约束及完备性约束

4. 完备性约束

完备性约束是指完全约束和部分约束。

(1) **完全约束**是指父类中的实体必须属于子类中的一类,用双竖线表示,如图 5.4 所示,实体人要么属于实体员工,要么属于实体学生,要么属于校友。如图 5.1 中,员工实体中的员工要么是秘书,要么是工程师,要么是技术员。又如图 5.3 所示,员工实体要么是小时工,要么是受雇员工。

(2) **部分约束**是指可以允许父类中的实体不属于任何子类,用单竖线表示。如图 5.2 所示,学生类实体中有的学生既不属于本科生,也不属于研究生,有可能属于专科生。

没有特别要求,也可不画出完备性约束。

5．二元联系与三元联系的区别

如图 5.5 所示,供应商、项目、零件的三元联系表示供应商供应项目零件。

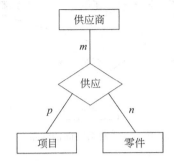

图 5.5　供应商、项目、零件的三元联系

供应商、项目、零件 3 个实体之间的二元联系如图 5.6 所示,与之前的三元联系具有不同的语义,表示供应商与项目、供应商与零件、项目与零件两两实体之间的联系。

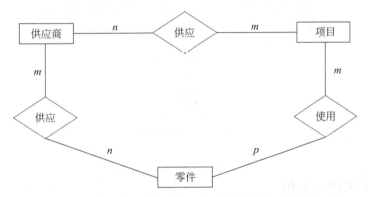

图 5.6　供应商、项目、零件 3 个实体之间的二元联系

类似地,多元联系与实体之间相互的两两之间的联系表达了不同的意思,根据具体的应用环境选择符合应用要求的联系类型。

6．聚集

聚集是一种特殊的联系,它指的是联系之间的联系。如图 5.7 所示,在很多情况下,部门经理对本部门职工的工作情况进行管理,"管理"这个联系发生在经理及一个聚合体上,这个聚合体表示职工在部门工作的情况。一个职工在一个具体的部门做一个具体的工作,职工、部门、工作岗位组合可能有一个相关的经理。

"工作"联系与"管理"联系信息重叠,每个"管理"联系对应一个"工作"联系。然而,一些"工作"联系可能不对应任何一个"管理"联系。因此,我们不能丢弃"工作"联系。通过聚集消除冗余,把联系当作一个抽象的新实体,允许联系之间存在联系。但是,像图 5.7 中的 E-R 图,有些模型里是不允许出现的,而采用如图 5.8 所示的方式表示聚集。

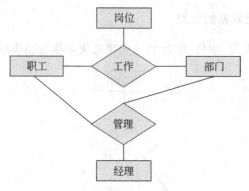

图 5.7 联系之间的联系

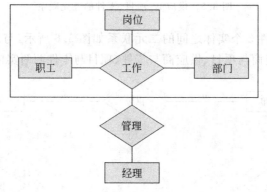

图 5.8 聚集方式

5.1.2 一个完整的示例

下面给出一个具体的例子：一个简化的银行数据库。其需求分析如下。

某个银行由多个分行组成。每个分行有唯一的名字，位于一个特定的城市。银行监管所有分行的资产。

银行的每个客户都有一个唯一的客户编号，用社会保险号表示。银行保存了每个客户的名字，客户居住的城市及街道。银行的客户都有自己的账户，可以向银行借贷。每个客户在银行里都有一个专门的银行工作人员为他服务，他有可能是负责借贷的信贷员，也有可能是个人理财顾问。

银行的每个员工都有一个唯一的员工编号。银行保存了每个员工的名字、电话号码、员工家属的名字以及员工的经理的编号，还保存了员工开始工作的日期，从而掌握员工的在职时间。

银行提供两类账户：储蓄账户和支票账户。一个账户可以由多个客户共有，一个客户也可以有多个账户。每个账户都有一个唯一的账户编号。银行里记录了每个账户的余额，还记录了这个账户持有者最近存取款的日期。另外，每个储蓄账户都有一个利率，每个支票账户都有透支额度。

一次贷款发生在特定的分行,该次贷款可能由一个或多个客户共同申请。每次贷款都有一个唯一的贷款编号。对于每一个贷款,银行都保存了贷款的额度及每次还款日期。虽然还款编号不能唯一标识每次还款,但是相对于一个具体的贷款来说,还款编号是唯一的,而且每次的还款日期及还款额都被记录下来。

其 E-R 图如图 5.9 所示。

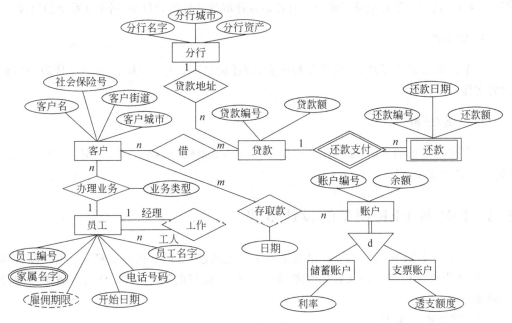

图 5.9 银行数据库 E-R 图

该 E-R 图说明如下。

1. 实体及属性信息

该银行数据库里主要记录了分行、员工、客户、账户、贷款、还款实体信息。

分行实体的属性包括分行城市、分行资产及分行名字,分行名字具有唯一性。

员工实体的属性包括员工编号、员工名字、电话号码、开始日期、家属名字(可能有多个家属)。

客户实体的属性包括社会保险号、客户名、客户城市、客户街道。

账户实体的属性包括账户编号、余额。

贷款实体的属性包括贷款编号、贷款额。

还款实体的属性包含还款编号、还款日期、还款额。

2. 二元联系及其属性

每个客户都有一个员工专门为他服务,员工和客户之间存在 $1:n$ 的联系,服务的类型由员工办理的业务决定。

每个员工都有负责管理他的经理,一个经理管理多个员工,因此在员工内部存在 1:n 的联系。

一个客户可以借多次贷款,一次贷款可以由多个客户共同借贷,因此他们之间存在 $n:m$ 的联系。

每个贷款发生在一个特定的分行,因此,分行和贷款之间存在 1:n 的联系。

一个客户可以有多个账户,一个账户可以有多个客户共同享有,因此,客户和账户之间存在 $n:m$ 的联系,并且记录了账户持有者最近存取款的日期,"日期"属于联系上的属性。

3. 弱实体

一个贷款有多个还款,一旦贷款被还完,则还款也不再存在,因此,还款是依附于贷款的弱实体。

4. 父类/子类

根据账户类型的不同,账户实体有储蓄账户和支票账户两个子类,分别包含特殊属性"利率"和"透支额度"。

5.2 E-R 及 EER 模型的设计步骤

E-R 模型及 EER 模型的设计虽然是一个主观的过程,但是我们遵照一定的步骤去执行,可以使得概念模型的设计更加清晰、简单。经过反复的经验积累,总结出**概念模型设计的步骤**如下。

(1) 找出所有实体。
(2) 找出每个实体的属性。
(3) 找出所有的二元联系及联系上的属性。
(4) 找出多元联系及联系上的属性。
(5) 找出弱实体。
(6) 找出父类与子类。
(7) 找出聚集。

以上步骤可以根据具体情况改变顺序。

5.3 E-R 及 EER 模型的设计原则

在设计 E-R、EER 图的过程中,主要考虑以下问题。
(1) 是实体,还是属性?
(2) 是实体,还是联系?
(3) 是二元联系,还是多元联系?
(4) 是否使用弱实体?
(5) 是否使用父类和子类?

(6) 是否使用聚集?

下面以电影制片公司数据库为例,根据前面的问题,总结了 E-R、EER 模型设计的几个要点。

一个电影制片公司数据库记录了电影的信息以及制片公司的信息,保存了电影名字和发行年份,还记录了制片公司的名字和地址。其 E-R 图如图 5.10 所示。

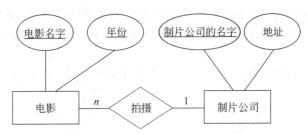

图 5.10　电影和制片公司之间的联系表示法一

要点 1:避免冗余。同样的数据重复存放,容易导致不一致性。

如图 5.11 所示,如果在制片公司实体上出现了属性"制片公司名字",就不需要在电影实体上出现了。因此采用图 5.10 表示。

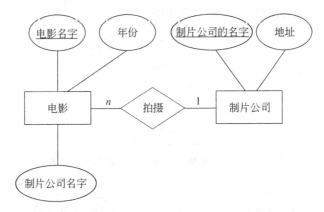

图 5.11　电影和制片公司之间的联系表示法二

要点 2:当可以用属性表达清楚时,就不需要用实体描述,这样利于简化 E-R 图,否则需要用实体。

如图 5.12 所示,制片公司名字和地址作为属性不能表达清楚意思,因为如果有些制片公司还没有拍摄电影,就导致丢失了这部分制片公司的信息,因此,制片公司需要单独

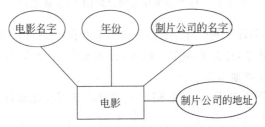

图 5.12　电影和制片公司之间的联系表示法三

作为实体画出来。

要点3：到底采用实体，还是属性呢？

实体一般至少应该满足以下两点中的一点。

(1) 它包含的属性除了名字之外，应该还有其他的非码属性。

(2) 它是多对多联系中的多端或者一对多联系中的多端。

如图5.13所示，电影和制片公司分别作为实体，电影实体为$1:n$联系的多端，尽管它只有一个属性"名字"，也作为实体；而制片公司包含多个属性，因此也作为实体。

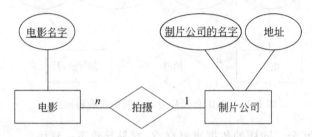

图5.13　电影和制片公司之间的联系表示法四

如图5.14所示，没必要单独建立一个制片公司实体，因为该实体只记录了制片公司的名字信息，并不包含其他信息，因此不采用图5.15。

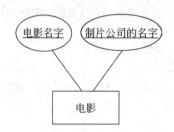

图5.14　电影和制片公司之间的联系表示法五

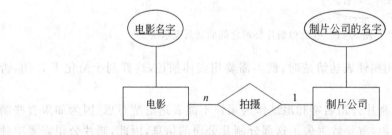

图5.15　电影和制片公司之间的$1:n$联系六

要点4：同名实体只能出现一次，还需去掉不必要的联系，以消除冗余。

对于是采用二元联系，还是采用多元联系，是否有子类、聚集等问题，需要根据实际的应用环境需求认真而仔细地考虑。

一个系统的E-R图不是唯一的，强调系统需求的不同侧面设计出的E-R图可能有很大不同。

5.4 EER 图应用举例

学校有若干系,每个系有若干班级和教研室,每个教研室有若干教员,其中有的教授和副教授各带若干研究生。每个班级有若干学生,每个学生选修若干课程,每门课程可由若干学生选修。请画出该校的概念模型。

该例子已经在第 4.4 节中给出,经过第 5 章的学习,请重新设计该校的 E-R 模型。由于研究生是学生中的一部分,因此可以设置学生为研究生的父类;类似地,教员可以划分为教授和副教授两个子类,因此该 E-R 图可改为图 5.16。

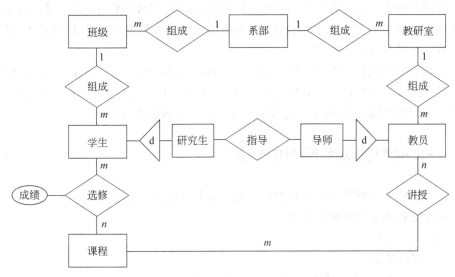

图 5.16 学校 EER 图

5.5 小结

EER 模型在 E-R 模型的基础上扩展了一些内容,包括父类、子类、继承、不相交约束、完备性约束、聚集等,并给出一个具体的银行数据库例子,然后给出了 E-R/EER 模型的设计步骤及设计要点,针对第 4 章的例子重新设计了其概念模型。

5.6 习题

1. E-R/EER 模型的设计步骤是什么?
2. E-R/EER 模型的设计原则是什么?
3. 子类是什么?什么是不相交约束?什么是完备性约束?
4. 一个公司销售摩托车、公交车、货车、小轿车,请用父类/子类、不相交约束、完备性约束模拟,自己给出各类的属性。

第 6 章　实体—联系模型到关系模型的转换

开发数据库应用系统时,需要经过需求分析抽象出信息世界的概念模型,接下来转换为 DBMS 支持的逻辑数据模型(层次模型、网状模型、关系模型、面向对象模型等),由于现在市场上的主流仍然是关系数据模型,因此,本章的目的是把概念模型转化为关系模型。

概念模型的设计方法有多种,包含 E-R 图、EER 图、UML 类图、ODL 等。而市场上的主流概念模型仍然是 E-R 图/EER 图,因此本章的主要任务是把 E-R 图或者 EER 图中的各种元素转换为关系模型。

目前,有许多计算机辅助软件工程(Computer-Aided Software Engineering,CASE)工具可以帮助设计者更快地建立概念模型,可视化地转换为关系模型,并自动转换为某个特定的 DBMS 中的关系数据库。此过程以本章的映射理论为基础。

6.1　E-R 模型到关系模型的转换

E-R 模型到关系模型的转换规则就是把 E-R 图中的元素转换为关系。

E-R 模型到关系的转换步骤如下。

(1) 常规实体映射。
(2) 弱实体映射。
(3) 二元联系 1∶1 的转换。
(4) 二元联系 1∶n 的转换。
(5) 二元联系 m∶n 的转换。
(6) 多值属性的转换。
(7) n 元联系的转换。

只需要完成 E-R 图中所有元素的转换即可。以上转换步骤的顺序可以改变。

6.1.1　实体的映射

E-R 图中的主要元素为实体。实体又分为普通实体(即常规实体)和弱实体。

1. 常规实体的映射

对于每个实体 E,创建一个对应的关系 R,关系 R 的字段由 E 中所有的简单属性、组合属性组成。其中,选择 E 的主键作为关系 R 的主键。

例如,图 6.1 中,学生实体包含属性姓名、年龄、学号;学号为主键。

学生实体对应的关系模式为:学生(<u>学号</u>,姓名,年龄)。

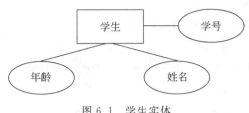

图 6.1 学生实体

2. 弱实体的映射

对于每个弱实体 W 及其所依附的强实体 E,创建关系 R 包含 W 的所有的简单属性、复合属性以及强实体 E 的主键。

关系 R 的主键是由强实体的主键加 W 的部分键构成。

例如,前面的公司数据库中的家属是员工的弱实体,如图 6.2 所示。根据转换规则,弱实体家属对应的关系模式为:家属(<u>员工编号</u>,<u>家属姓名</u>,性别,年龄),由员工编号和家属姓名共同组成主键。

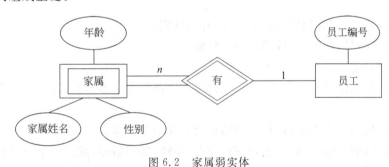

图 6.2 家属弱实体

6.1.2 二元联系的映射

二元联系分为 1∶1、1∶n、n∶m 3 类,n∶m 只有一种转换方式,而 1∶1 和 1∶n 有多种转换方式。

1. 二元联系 1∶1 的转换

1∶1 有 3 种转换方法,根据不同情况选择合适的转换方法,其中外键法使用得最多。

1) 外键法

把其中一端实体的主键直接加入另外一端实体(完全参与)对应的关系中,同时也把联系上的属性加入其中。主键为任意一端实体的主键。

例如,部门实体与职工实体之间的管理联系 1∶1,其中部门实体为完全参与,职工实体为部分参与,联系上有属性"开始日期",如图 6.3 所示。

根据转换规则进行转换。

第一步,首先转换 2 个实体。

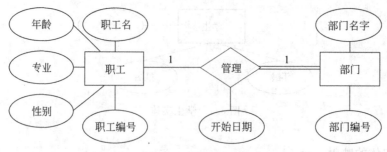

图 6.3 职工与部门的管理联系

部门(部门编号,部门名字)

职工(职工编号,职工名,性别,专业,年龄)

第二步,把职工实体的主键"职工编号"及管理联系上的属性"开始日期"加入到部门关系中。

因此,上面的图 6.3 转换后的结果为 2 个关系,其中实下画线为主码,虚线标识的为外码:

部门(部门编号,部门名字,职工编号,开始日期)

职工(职工编号,职工名,性别,专业,年龄)

2) 合并关系法

把实体和联系都放在一个关系里,当两边实体都是完全参与的情况时,一般采用这种方法。

对于上面的同一个例子,转换后的结果只包含一个关系:

部门_职工(职工编号,职工名,性别,专业,年龄,部门编号,部门名字,开始日期)

上面的例子更适合采用第一种外键法,并不太适合使用合并关系法。

3) 增加关系法

建立第三个关系 R,包含两边实体的主键以及联系上面的属性。

针对上面同一个例子:

第一步,转换实体。

部门(部门编号,部门名字)

职工(职工编号,职工名,性别,专业,年龄)

第二步,为管理联系建立单独的关系,它由部门的主键"部门编号"、职工的主键"职工编号"及管理联系上的属性"开始日期"共同组成,因此,最终转换后的结果为

部门(部门编号,部门名字)

职工(职工编号,职工名,性别,专业,年龄)

管理(部门编号,职工编号,开始日期),其中部门编号和职工编号都可以做主键。而部门编号和职工编号又都是外键。

2. 二元联系 $1:n$ 的转换

$1:n$ 有两种转换规则,一般采用外键法。

1) 外键法

把一端实体的主键直接加入到多端实体对应的关系中,并且还包括联系的属性。主键为多端实体的主键。

例如,部门实体与职工实体之间的所属联系为 $1:n$ 联系,如图 6.4 所示。根据转换规则,转换过程如下。

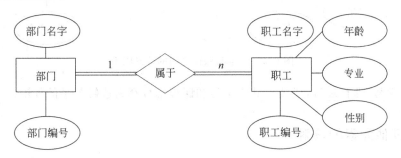

图 6.4 职工部门所属联系

第一步,转换实体。

部门(<u>部门编号</u>,部门名字)

职工(<u>职工编号</u>,职工名字,性别,专业,年龄)

第二步,转换联系,把一端实体部门的主键"部门编号"加入到职工关系中最终转换后的结果为

部门(<u>部门编号</u>,部门名字)

职工(<u>职工编号</u>,职工名字,性别,专业,年龄,<u>部门编号</u>)其中,多端实体的主键"职工编号"为主键,"部门编号"为外键。

2) 增加关系法

建立第三个关系 R,包含两边实体的主键以及联系上面的属性,主键为多端实体的主键。此种方法针对多端实体中只有很少实体参与联系时采用,如果针对此种情况仍然采用第一种转换方法,会造成关系中出现很多 NULL。

上面的例子,转换后的结果为

部门(<u>部门编号</u>,部门名字)

职工(<u>职工编号</u>,职工名字,性别,专业,年龄)

工作(<u>职工编号</u>,<u>部门编号</u>),该关系的主键为多端实体职工的主键"职工编号"。

3. 二元联系 $n:m$ 的转换

为多对多联系创建一个关系 R,其属性由两端实体主键再加联系上的属性构成。主键由两端实体的主键组合而成。

例如,学生与课程之间的选修联系如图 6.5 所示。

根据转换规则,转换后的结果为

学生(<u>学号</u>,姓名,年龄,专业)

课程(<u>课程编号</u>,课程名字)

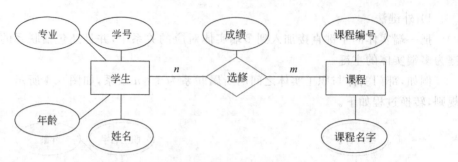

图 6.5 学生与课程之间的选修联系

选修(<u>学号</u>,<u>课程编号</u>,成绩),其中学号和课程编号都为选修关系的外键。

6.1.3 其他元素的映射

1. 三元及多元联系的转换

对于每个三元或者多元联系,创建一个关系 R,包含参与该联系的所有实体的主键以及联系上的属性,主键由所有实体的主键组合而成。根据转换规则,对图 6.6 进行转换。

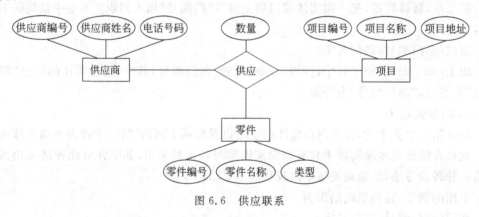

图 6.6 供应联系

第一步,转换实体。

供应商(<u>供应商编号</u>,供应商姓名,电话号码)

项目(<u>项目编号</u>,项目名称,项目地址)

零件(<u>零件编号</u>,零件名称,类型)

第二步,转换联系。

因此,图 6.6 转换后的结果为 4 个关系。

供应商(<u>供应商编号</u>,供应商姓名,电话号码)

项目(<u>项目编号</u>,项目名称,项目地址)

零件(<u>零件编号</u>,零件名称,类型)

供应(<u>供应商编号</u>,<u>项目编号</u>,<u>零件编号</u>,数量),主键由 3 个实体的主键组合而成。

2. 多值属性的转换

对于多值属性 A，单独为它创建一个新关系 R，它包含主实体的主键，以及多值属性本身。主键由主实体的主键及多值属性两者共同组成。

例如，部门实体（图 6.7）的"地址"属性为多值属性，因此需要单独转换。

图 6.7 地址多值属性

转换后的结果为

部门地址(<u>部门编号</u>,<u>地址</u>)，主键由部门编号及地址两者组合而成。

6.2 一个完整的 E-R 模型转换示例

根据前面介绍的规则，转换第 4 章中公司数据库的 E-R 图，结果如图 6.8 所示。

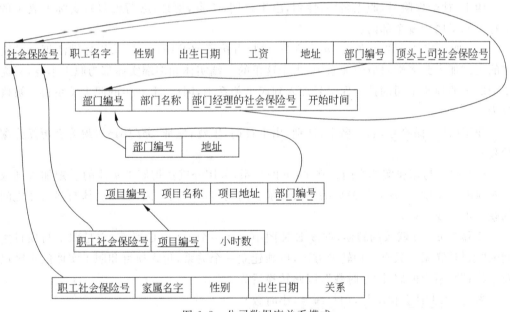

图 6.8 公司数据库关系模式

说明如下。

步骤 1，常规实体的转换。在 E-R 图中有 3 个常规实体：职工、部门、项目，转换如下。

职工(社会保险号,职工名字,性别,出生日期,工资,地址)

部门(部门编号,部门名称)

项目(项目编号,项目名称,项目地址)

步骤2,弱实体的转换。E-R图中的家属是弱实体,转换如下。

家属(<u>职工社会保险号,家属名字</u>,性别,出生日期,关系)

步骤3,1∶1联系的转换。E-R图中只存在一个1∶1联系,它是部门和职工之间的管理联系。根据转换规则适合采用外键法,把职工实体的主键"职工编号"加入到"部门"实体对应的关系中(因为部门实体为完全参与),同时还加入联系上的属性"开始时间"。因此,修改步骤一的部门关系为

部门(<u>部门编号</u>,部门名字,<u>部门经理的社会保险号</u>,开始时间)

管理的联系实际表示的就是每个部门都有一个管理人。

步骤4,1∶n联系的转换,在E-R图中有4个1∶n联系。

(1)部门和项目之间的1∶n的管理联系,采用外键法把一端部门实体的主键"部门编号"加入到多端实体对应的关系"项目"中,因此,步骤1中的项目关系修改为

项目(<u>项目编号</u>,项目名字,项目地址,<u>部门编号</u>),实际上表示的是这个项目由哪个部门管理。

(2)职工与部门之间的"工作"联系,采用外键法把一端实体部门的主键"部门编号"加入到多端实体对应的关系"职工"中,因此步骤一中的职工关系修改为

职工(<u>社会保险号</u>,职工名字,性别,出生日期,工资,地址,<u>部门编号</u>),实际上表示的是每个职工属于哪个部门。

(3)职工实体内部存在1∶n的顶头上司(直接管理者)的联系,采用外键法把一端实体的主键加入到多端对应的关系中,由于这里的一端实体和多端实体都为职工本身,只需要把职工的顶头上司的社会保险号加入到职工关系中,因此,上一步的职工关系再次被修改为

职工(<u>社会保险号</u>,职工名字,性别,出生日期,工资,地址,<u>部门编号,顶头上司社会保险号</u>)

(4)职工与家属实体之间存在1∶n的联系,采用外键法把职工实体的主键加入到家属对应的关系中,发现其转换后的结果和前面的弱实体一致。因此,弱实体与强实体之间的联系不需要转换。

步骤5,n∶m联系的转换,在该E-R图中存在一个n∶m的联系,它是职工与项目之间的"参与"联系。只有一种转换方法,单独建立一个关系,包含项目和职工实体的主键以及"参与"联系上的属性"小时数",因此转换后为

参与(<u>职工社会保险号,项目编号</u>,小时数)

步骤6,多值属性的转换,在E-R图中的部门实体上,存在一个地址的多值属性,单独为它转换为关系:

部门地址(<u>部门编号,地址</u>)

因此,经过6个步骤,该E-R图的最终转换结果为6个关系:

项目(<u>项目编号</u>,项目名字,部门编号)

部门(<u>部门编号</u>,部门名字,<u>部门经理的社会保险号</u>,开始时间)

职工(<u>社会保险号</u>,职工名字,性别,出生日期,工资,地址,<u>部门编号,顶头上司社会保险号</u>)

家属(职工社会保险号,家属名字,性别,出生日期,关系)
参与(职工社会保险号,项目编号,小时数)
部门地址(部门编号,地址)

如图 6.8 所示,下画线实线表示主键,箭头表示外键,指向被参考关系的被参考属性,虚下画线为外键,并且关系部门地址中的部门编号也为外键,参与关系中的职工编号和项目编号分别为外键,家属中的职工社会保险号为外键。

6.3 EER 模型到关系模型的转换

本节将介绍 EER 模型中增加的元素到关系模型的转换规则。EER 模型的转换仅包含两个步骤。

步骤 1:父类与子类的转换。
步骤 2:聚集的转换。

6.3.1 父类与子类的转换

假设父类 $C\{k,a_1,a_2,\cdots,a_n\}$,$k$ 是主键,$a_1,a_2,\cdots,a_n$ 为属性;$S_1,S_2,\cdots,S_m$ 为 m 个子类。父类与子类的转换有多种选择,下面介绍 4 种转换方法。

第一种转换方法:父类子类法,适用于所有的继承情况。

为父类 C 创建一个关系 R,为 $R(k,a_1,a_2,\cdots,a_n)$,关系 R 的主键为 k。为每个子类 S_i 创建一个对应的关系 R_i,$R_i = \{k\} \bigcup \{S_i$ 特有的属性$\}$,关系 R_i 的主键也为 k。

例如,如图 6.9 所示,员工为父类实体,秘书、技术员、工程师为子类实体。

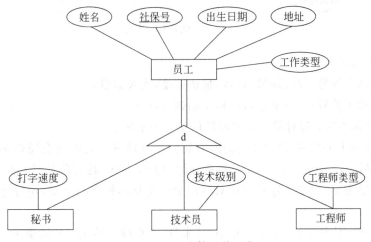

图 6.9 员工实体及其子类

转换后的结果为
员工(社保号,姓名,出生日期,地址,工作类型)
秘书(社保号,打字速度)

技术员(社保号,技术级别)
工程师(社保号,工程师类型)
第二种转换方法:仅子类法。

为每个子类 S_i 创建一个对应的关系 R_i,$R_i = \{k, a_1, a_2, \cdots, a_n\} \bigcup \{S_i$ 特有的属性$\}$,主键为 k,这种映射方法只适合于完全子类化(即每个父类必须至少属于一个子类)。

例如,父类实体车辆,子类实体轿车和卡车,如图 6.10 所示。

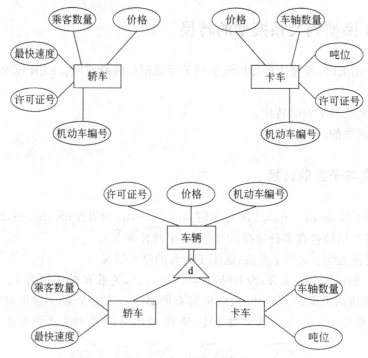

图 6.10 车辆及其子类图

转换后的结果为

轿车(机动车编号,许可证号,价格,最快速度,乘客数量)

卡车(机动车编号,许可证号,价格,车轴数量,吨位)

第三种转换方法:带有单一类型属性的单一关系法。

即只创建一个关系 R,包含父类的所有属性以及所有子类的所有属性再加上一个类别属性 $R = \{k, a_1, a_2, \cdots, a_n\} \bigcup \{S_1$ 特有的属性$\} \bigcup \cdots \bigcup \{S_m$ 特有的属性$\} \bigcup \{t\}$,其中 t 为类别属性,主键为 k。注意:这种方法只适用于子类互不相交的类型,还可能会产生很多空值。

例如,父类实体员工,子类实体秘书、技术员、工程师。转化后的结果为

员工(社保号,姓名,出生日期,地址,工作类型,打字速度,技术级别,工程师类型),其中工作类型为类别属性,用于判断该员工实体属于哪个子类。

第四种转换方法:带有多类型属性的单一关系法。

创建一个关系 R,包含所有父类的属性和子类的属性,并且加上每个子类的类别属

性。$R=\{k,a_1,a_2,\cdots,a_n\}\cup\{S_1$ 特有的属性$\}\cup\cdots\cup\{S_m$ 特有的属性$\}\cup\{t_1,t_2,\cdots,t_m\}$,其中 t_i 为布尔值的类别属性,表示是否属于子类 S_i,主键为 k。这种转换方法适用于子类相叠加类型。

例如,父类实体零件,子类实体制造零件、购买零件,如图6.11所示。

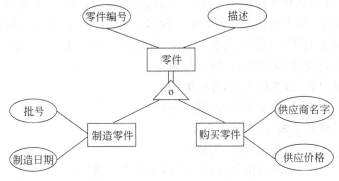

图6.11 零件及子类实体

转换后的结果为

零件(<u>零件编号</u>,描述,是否制造类实体类型,制造日期,批号,是否购买零件类型,供应商名字,供应价格)

6.3.2 聚集的转换

聚集的转换规则如下。
(1) 参与聚集的每个实体单独转换。
(2) 聚集体内的联系的转换。
(3) 聚集联系的转换。

如图6.12所示,由岗位、部门、职工、经理4个实体构成聚集,其中实体岗位、部门、职工构成聚集体,聚集联系为"管理",根据转换规则进行如下转换。

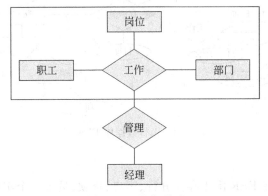

图6.12 聚集联系

(1) 转换聚集中的 4 个实体：岗位、部门、职工、经理。
(2) 转换聚集体内的"工作"联系。
(3) 转换聚集联系"管理"联系，把 3 个实体构成的聚集体看成一个实体，该实体的属性由参与这个聚集体的所有实体的主键构成。

若有岗位实体的属性为岗位编号、岗位名称、岗位待遇；部门实体的属性有部门编号、部门名字、部门地址；职工实体的属性有职工编号、职工名字、性别、年龄；经理也是职工，它有特殊属性"开始日期"表示管理此部门的开始时间。图 6.12 转换后的结果如下。
(1) 岗位(<u>岗位编号</u>,岗位名称,岗位待遇)。
(2) 部门(<u>部门编号</u>,部门名字,部门地址)。
(3) 职工(<u>职工编号</u>,职工名字,性别,年龄)。
(4) 经理(<u>经理职工编号</u>,开始日期)。
(5) 工作(<u>职工编号,部门编号,岗位编号</u>)。
(6) 管理(<u>职工编号,部门编号,岗位编号,经理职工编号</u>)。

6.4 一个完整的 EER 模型转换示例

根据本章介绍的步骤把第 5 章给出的银行数据库转换为关系模型，如图 6.13 所示。

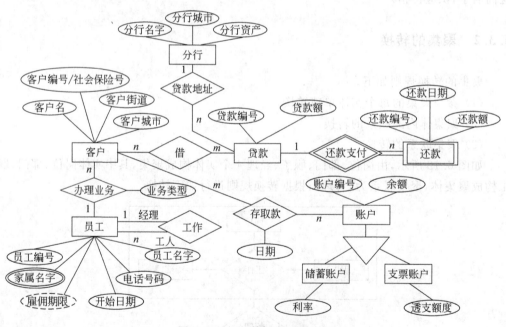

图 6.13 银行数据库 EER 图

步骤如下。
(1) 转换实体。在 EER 图中存在分行、客户、贷款、员工 4 个实体，转换为如下：
分行(分行名字,分行城市,分行资产)
客户(客户编号/社会保险号,客户名,客户街道,客户城市)

贷款(贷款编号,贷款额)

员工(员工编号,员工名字,电话号码,开始日期)

(2) 转换弱实体。在 EER 图中存在一个弱实体还款,它依附于强实体贷款,转换结果如下:

还款(<u>贷款编号,还款编号</u>,还款日期,还款额)

(3) 转换 1∶1 联系。在 EER 图中不存在该类型的联系。

(4) 转换 1∶n 联系。在 EER 图中有 4 个 1∶n 联系。它们是员工和客户之间的 1∶n 联系;分行和贷款之间的 1∶n 联系;员工内部的 1∶n 联系;贷款和还款之间的 1∶n 联系。贷款和还款之间的联系可以不用转换;对 1∶n 的员工客户联系采用增加"客户服务"关系的方法;另外两个联系采用外键法,修改多端实体对应的关系。因此,修改贷款、员工两个关系,结果为

客户服务(<u>客户编号,员工编号</u>,业务类型)

贷款(<u>贷款编号</u>,贷款额,分行名字)

员工(<u>员工编号</u>,员工名字,电话号码,雇佣期限,<u>经理编号</u>)

(5) 转换 n∶m 联系。在 E-R 图中存在两个此类联系。它们是客户和贷款之间的借贷联系;客户和账户之间的存取款联系,分别对该类联系增加一个新的关系:

借贷(<u>客户编号,贷款编号</u>)

存取款(<u>客户编号,账户编号</u>,日期)

(6) 转换多值属性。员工实体上的家属单独转换为

家属(<u>员工编号</u>,家属名字)

(7) 转换多元联系。在该 EER 图中不存在此类联系。

(8) 转换父类与子类。在此 EER 图中,储蓄账户和支票账户是账户的子类,由于父类账户中的每个实体完全子类化,因此采用仅子类法转换为

储蓄账户(<u>账户编号</u>,余额,利率)

支票账户(<u>账户编号</u>,余额,透支额度)

(9) 转换聚集。该 EER 图中不存在此类联系。

因此,该 EER 图的最终转换结果为

分行(<u>分行名字</u>,分行城市,分行资产)

客户(<u>客户编号</u>,客户名,客户街道,客户城市)

还款(<u>贷款编号,还款编号</u>,还款日期,还款额)

贷款(<u>贷款编号</u>,贷款额,<u>分行名字</u>)

员工(<u>员工编号</u>,员工名字,电话号码,雇佣期限,<u>经理编号</u>)

客户服务(<u>客户编号,员工编号</u>,业务类型)

借贷(<u>客户编号,贷款编号</u>)

存取款(<u>客户编号,账户编号</u>,日期)

家属(<u>员工编号</u>,家属名字)

储蓄账户(<u>账户编号</u>,余额,利率)

支票账户(<u>账户编号</u>,余额,透支额度)

6.5 小结

本章详细讨论了 E-R 模型到关系模型的转换规则,以及 EER 模型到关系模型的转换规则。本章通过公司数据库的例子讲述 E-R 模型到关系模型的转换规则;通过银行数据库的例子讲述 EER 模型到关系模型的转换规则。

6.6 习题

1. E-R/EER 模型到关系模型的转换步骤是什么?
2. 第 4 章第 4 题的 E-R 图转换为关系模型,可以转换为多少个关系?请选择一种列出。
3. 把第 4 章第 5 题中的 E-R 图转换为关系模型。
4. 把图 6.14 转换为关系模型。

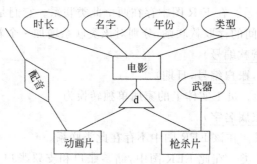

图 6.14 电影关系数据库 EER 图

5. 把第 5 章第 4 题转换为关系模型。

第 7 章 UML 类图建模

统一建模语言(Unified Modeling Language,UML)是面向对象软件的标准化建模语言,它是一个支持模型化和软件系统开发的图形化语言,为软件开发的所有阶段提供模型化和可视化支持,是可视化建模语言的工业标准。

UML 的目标是以面向对象图的方式来描述任何类型的系统,具有广泛的应用领域,成功应用于电信、金融、航天航空、制造与工业自动化、医疗、交通、电子商务等领域。在这些领域中,UML 的建模包括大型、复杂、实时、分布式、集中式数据或者计算,以及嵌入式系统等,而且还用于软件再生工程、质量管理、过程管理、配置管理等方面。

7.1 概述

UML 中包含类图、用例图、状态图、活动图等 9 种图。UML 可为软件开发的所有阶段建模,既可以为系统的动态行为建模,也可以为系统的静态行为建模。本章主要介绍 UML 类图建模。UML 类图建模是对系统静态结构的建模,它和 E-R 图及 EER 图类似,主要用在数据库设计的概念建模阶段。

UML 类图在系统的整个生命周期中都是有效的,是面向对象系统建模中最常见的图,也是用来描述数据对象及对象之间的联系的图,同时还是帮助概念建模的一种有效方法。

7.2 UML 类图表示法

UML 类图具备和 E-R 模型一样的表达能力。在 UML 类图中,用类代替实体,并且在类中还添加了方法。下面依次介绍 UML 类图中的元素。

1. 类

类(Class)与 E-R 图中的实体对应。通常用一个矩形框表示类,矩形框分为三部分:顶部放置类名;中间部分放置类属性,属性冒号后跟随属性的取值范围;底部放置类的方法。例如,E-R 图中的学生实体在 UML 类中的表示如图 7.1 所示。在学生类中有属性学号、姓名、年龄取值为整型、性别取值为"男"或者"女",还包含一个方法"选课",该学生类的学号后面还标注了 PK,表示学号为学生类的主键。在以后的类图中省略方法,只保留类名和属性。

图 7.1 学生类

2. 关联

关联(association)类似于 E-R 模型中的联系,是指类之间的二元联系。在 UML 中没有多元联系的模拟,因此多元联系必须首先转换为二元联系。类之间的关联用一根直线连接,并给出关联的名字。关联的类型用最小最大(min,max)表示法。

如图 7.2 所示,班级和班长之间的关联关系类似于 1:1 的二元联系。班长端的 1..1 表示一个班级最少由一个班长管理,最多也有一个班长管理;班级端的 1..1 表示一个班长最少管理一个班级,最多也管理一个班级。

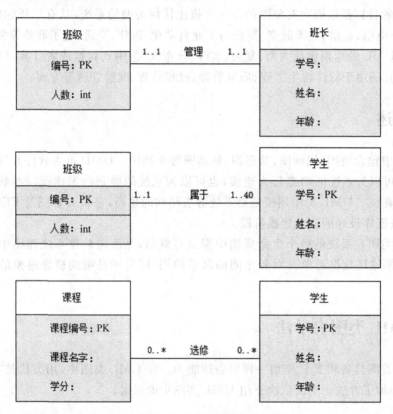

图 7.2 几种关联类型

班级和学生之间的关联关系类似于 1:n 联系。学生端的 1..40 表示一个班级最少有一个学生,最多有 40 个学生;班级端的 1..1 表示一个学生最少属于一个班级,最多也只属于一个班级。

课程和学生之间的关联关系类似于 n:m 联系。课程端的 0..* 表示一个学生可以不选课,也可以选修多门课程,* 表示选修的课程数量无上限;学生端的 0..* 表示一门课程可以没有学生选,也可以由多个学生选。

自关联即自己和自己之间的关联,是发生在同一类内部对象之间的关联。如图 7.3 所示,学生和班长之间的关联就属于自关联。班长也属于学生类中的对象。在自关联中,两端分别用文字表示类在关联关系中担任的角色。学生端为管理的角色,另一端为被管理的角色。

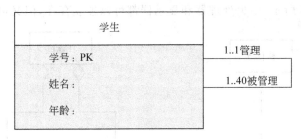

图 7.3 学生类自关联

3. 父类/子类

在 UML 中,子类的表示方法和父类一样,也是用矩形框表示,它们之间的关系用一个三角形表示。学生类、研究生类、本科生类之间的关系如图 7.4 所示,研究生类和本科生类是学生类的子类,研究生具有特殊的属性"研究生学历",本科生具有特殊的属性"本科生学历",三角形是实心的表示子类之间可以相交,否则表示子类之间不可以相交。一个学生不可能既是研究生又是本科生,因此不是实心。

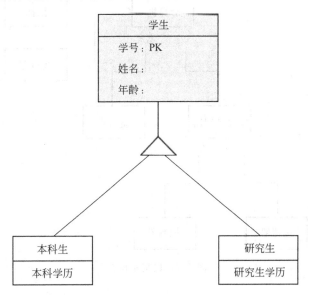

图 7.4 学生类及其子类

在 UML 类图中没有对弱实体、多值属性的专门模拟方式,但在关联关系的类型里增加了聚集和组合,用来表示整体和部分的关系。

4. UML 类图中的聚集

UML 类图中的聚集用来描述两个类之间是整体和部分的关系,其中一个类为整体,它由一个或者多个部分类组成。在聚集中,部分类可以独立存在。UML 中的聚集表示法如图 7.5 所示,用一根带一个菱形框的线连接整体类和部分类,菱形框指向整体类。

例如,如图 7.6 所示,中央处理器和显示器都可以独立存在,但又可以组成计算机。

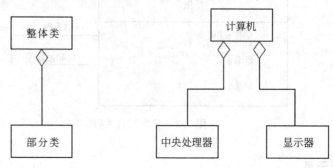

图 7.5　UML 中的聚集表示法　　　　图 7.6　聚集示例一

进一步扩展为图 7.7。

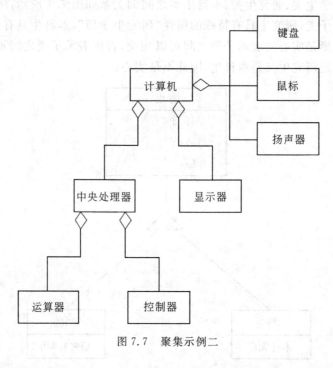

图 7.7　聚集示例二

5. UML 类图中的组合

UML 类图中的组合用来描述两个类之间是整体和部分的关系,其中一个类为整体,由一个或者多个部分类组成。在组合中,部分类不可以独立存在。整体类和部分类用实心菱形框连接,如图 7.8 所示。

例如,数据库组成用 UML 图表示为图 7.9,整体类数据库由部分类表和查询构成,一旦没有数据库,表和查询也不会存在。

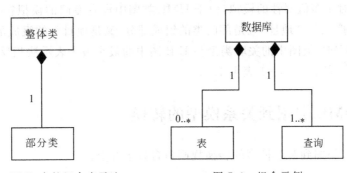

图 7.8 UML 中的组合表示法   图 7.9 组合示例

7.3 示例

采用 UML 类图表示第 4 章的公司数据库,如图 7.10 所示。

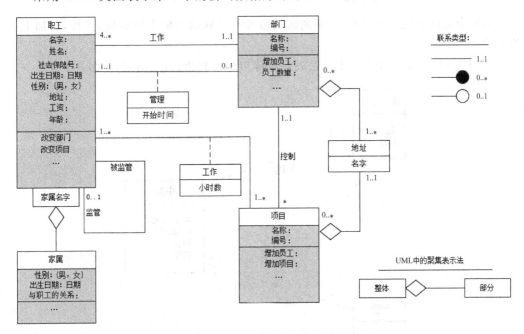

图 7.10 公司数据库 UML 类图

对该 UML 类图,说明如下几点。

(1) 针对公司数据库,模拟出了职工、项目、部门、家属 4 个类。

(2) 把类之间的相互联系模拟成 UML 的关联关系,并用最小最大法进行描述。

(3) 对于弱实体的模拟,由于 UML 类图中没有专门的模拟符号,所以采用聚集方式进行模拟,表示"有"的关联关系。在该 UML 类图中,家属类与职工类之间模拟成部分与整体的关系,表示职工有家属,并用标志性属性"家属名字"放在矩形框里附加在职工类上,以区分不同的家属。

(4) 对于多值属性的模拟,由于 UML 类图中没有专门的模拟符号,所以采用聚集方式进行模拟,表示"地址"既是部门类的组成部分,又是项目类的组成部分。

(5) UML 类图中的关联类型与 E-R 图中的最小最大表示法相反。(比较图 4.26)

(6) ∗ 表示 0..∗,1 表示 1..1。

7.4 UML 类图到关系模型的转换

UML 类图到关系模型的转换规则包含以下 3 点。

1. 类到关系的转换

类到关系的转换方法和实体到关系的转换方法一致。为该类创建一个关系,关系的字段由类的属性组成。

2. 关联到关系的转换

为每个关联创建一个关系,关系的属性由参与关联的类的主键构成,此外,再加上关联上的属性。

如图 7.11 所示,一个电影制片公司数据库里包含制片公司、明星、电影 3 个类。

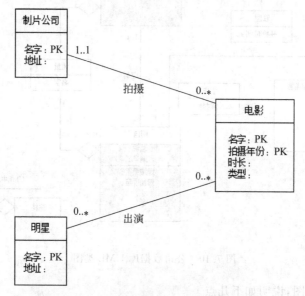

图 7.11 电影制片公司数据库 UML 类图

将该 UML 类图转换为关系模型如下所示,3 个类对应 3 个关系如下:

电影(电影名字,拍摄年份,时长,类型)

明星(明星名字,地址)

制片公司(制片公司名字,地址)

两个关联对应的两个关系如下:

出演(电影名字,拍摄年份,明星名字)
拍摄(制片公司名字,电影名字,拍摄年份)
如图 7.12 所示,学生与课程之间的选修关联转换为如下关系:
学生(学号,姓名,年龄)
课程(课程编号,课程名字,学分)
选修(学号,课程编号,成绩)

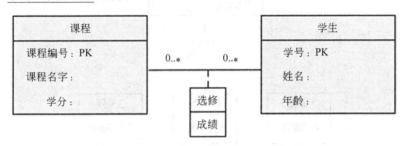

图 7.12　学生选修课程 UML 类图

3. 父类/子类到关系的转换

父类/子类到关系的转换可以参考 E-R 模型中的父类/子类转换方式,有多种转换方法,这里推荐以下 3 种方法。

第一种,为每个类建立一个关系,父类关系包含主键及其属性,子类关系包含主键及子类特有的属性。

第二种,为所有类只建立一个关系,包含主键及所有类的属性。

第三种,为每个子类各建立一个关系,包含所有的公共属性及特有的属性。

员工及其子类的 UML 类图如图 7.13 所示。

有可能在员工中还存在其他岗位类型的职工没有列出来,且所有属性放在一个关系里,容易造成很多空值,因此采用第一种方法,转换后的结果如下:

员工(社保号,姓名,出生日期,地址)
秘书(社保号,打字速度)
技术员(社保号,技术级别)
工程师(社保号,工程师类型)

实际上,UML 类图到关系模型的转换方法和 E-R 图到关系模型的转换方法非常类似,因此可以参考 E-R 图的转换方式,对具体的情况进行分析,采用合适的转换方法。

7.5　数据库设计工具

进行数据库设计时,很多数据库专家都依靠自己的专业知识和经验进行人工设计,但是在有些情况下必须采用辅助工具设计,例如:

(1) 应用环境里经常包含很多复杂的数据、复杂的联系以及约束,而对于同样的信

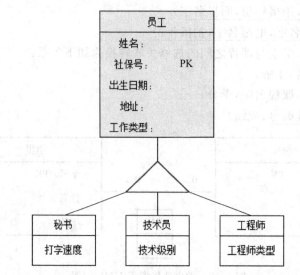

图 7.13 员工及其子类的 UML 类图

息,设计选项和方案有很多,这时可以考虑用数据库辅助设计工具。

(2) 一个应用环境里包含了太多的数据(实体及联系),并且还要求建立元数据库,从而使得人工设计数据库已经不可能。

基于以上因素,市场上产生了很多辅助数据库设计的 CASE 工具,如 Rational Rose、Power Designer、ERwin 等。这些工具都包含以下特点。

(1) 图形化。数据库设计者可以根据软件提供的图形表示法(E-R/EER/UML/ODL)画出概念模型图。

(2) 模型映射。基于第 6 章的转换规则,把概念模型转化为逻辑模型,并且转换到具体 RDBMS(如 Oracle、SQL Server、DB2 等)下的 SQL 文件。

大多数的数据库设计工具都提供物理设计功能(如设置索引),还包含一些性能检测工具。这些数据库辅助设计工具都有易于使用的界面、良好的设计结果展示等。现在人们越来越重视采用工具辅助数据库设计,并且越来越意识到结构化设计和数据库应用设计应该同时进行。

表 7.1 中列出一些自动化的数据库设计辅助工具。

表 7.1 数据库设计辅助工具

公 司	工 具	功 能
Oracle	Developer 2000 and designer 2000	数据建模、应用开发
Rational	Rational Rose	UML 建模、生成 C++ 和 Java 应用程序
Sybase	Enterprise Application Suite	数据建模、商业建模
Visio	Visio Enterprise	数据建模、设计等
Rogue Ware	RW Metro	面向对象到关系模型的转换
Resolution Ltd	XCase	概念模型到代码维护
Embarcadero Technologies	ER Studio	E-R 建模

7.6 小结

本章讲述概念模型设计的 UML 类图表示法(UML 类图表示法包含类、关联、父类/子类等),结合前面的公司数据库例子介绍 UML 类图,并讲述了 UML 类图中各种元素到关系模型的转换方式。

7.7 习题

1. UML 类图中的类、关联表示什么？用什么符号表示？
2. 把图 7.14 所示的 EER 图用 UML 类图表示。

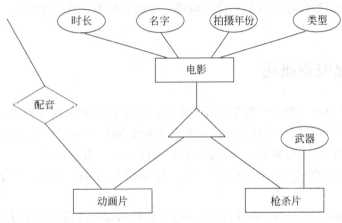

图 7.14　电影父类、子类 EER 图

3. 把第 2 题的 UML 类图转换为关系模型。

第 8 章 关系数据理论

数据库设计方法有多种,可以根据需求分析抽象出概念模型(E-R/EER/UML/ODL),再转换为逻辑模型(关系模型);也可以从需求分析直接定义出关系模型。但是,不管以下哪种情况,初始获得的关系模式都需要改进。

(1) 从 E-R 图到关系模型,因为不好的 E-R 图将导致不好的关系模型。
(2) 直接定义的一个关系里面包含很多属性,显然不是一个好的关系模型。
(3) 验证一个关系是否满足某一级别的规范化程度。

本章主要介绍如何运用规范化理论构建一个良好的关系数据库模式。**规范化理论俗称 3NF 理论**。

8.1 规范化理论概述

为什么需要规范化理论?数据库设计根据需求分析规划出概念模型,把 E-R 图转换为关系模型,是不是数据库设计就完成了呢?下面分别是 3 个学生为高校学生选课设计的关系模式并给出了一些数据,下画线为主键,如表 8.1~表 8.3 所示。

student1(<u>sno(学号)</u>,sdept(所在系),dname(系主任),<u>cname(课程名)</u>,grade(成绩))

student2(<u>sno(学号)</u>,sname(姓名),sage(年龄),sdept(所在系),dname(系主任),<u>cname(课程名)</u>,grade(成绩))

student3(<u>sno(学号)</u>,sname(姓名),sage(年龄),sdept(所在系),dname(系主任),<u>cno(课程号)</u>,cname(课程名),grade(成绩))

表 8.1 student1 表

sno	sdept	dname	cname	grade
160640101	计算机	李宏	数据库	87
160640102	计算机	李宏	数据库	89
160640101	计算机	李宏	数据结构	88
160640102	计算机	李宏	数据结构	85
160640103	计算机	李宏	数据库	84
160640104	计算机	李宏	数据库	80
160640104	计算机	李宏	数据结构	83
160640105	计算机	李宏	数据库	79
160640105	计算机	李宏	数据结构	67
160640105	计算机	李宏	C++	88

表 8.2 student2 表

sno	sname	sage	sdept	dname	cname	grade
160640101	张春花	18	计算机	李宏	数据库	87
160640102	李丽	19	计算机	李宏	数据库	89
160640101	张春花	18	计算机	李宏	数据结构	88
160640102	李丽	19	计算机	李宏	数据结构	85
160640103	刘冬梅	18	计算机	李宏	数据库	84
160640104	崔伟	17	计算机	李宏	数据库	80
160640104	崔伟	17	计算机	李宏	数据结构	83
160640105	陈立	20	计算机	李宏	数据库	79
160640105	陈立	20	计算机	李宏	数据结构	67
160640105	陈立	20	计算机	李宏	C++	88

表 8.3 student3 表

sno	sname	sage	sdept	dname	cno	cname	grade
160640101	张春花	18	计算机	李宏	5	数据库	87
160640102	李丽	19	计算机	李宏	5	数据库	89
160640101	张春花	18	计算机	李宏	3	数据结构	88
160640102	李丽	19	计算机	李宏	3	数据结构	85
160640103	刘冬梅	18	计算机	李宏	5	数据库	84
160640104	崔伟	17	计算机	李宏	5	数据库	80
160640104	崔伟	17	计算机	李宏	3	数据结构	83
160640105	陈立	20	计算机	李宏	5	数据库	79
160640105	陈立	20	计算机	李宏	3	数据结构	67
160640105	陈立	20	计算机	李宏	7	C++	88

很显然,从给出的关系实例来看,这 3 个学生设计的关系模式都存在以下问题。

(1) 数据冗余。如重复存放系名、系主任的名字、学生的名字、课程的名字,导致数据冗余,浪费存储磁盘,并且容易导致存储数据的内容不一致。

(2) 更新异常。由于数据冗余,因此更新数据的时候也有可能会导致数据不一致。例如,当某个学生转系,那么这个学生的所有记录都需要修改;再如,换届选举更改系主任,那么所有记录的系主任信息全部都需要修改,若某些行没有发生修改,则会出现数据不一致的情况。

(3) 插入异常。插入数据时,如果主属性为空,就不能添加数据,如在 student1 和 student2 模式中,主键为学号和课程名,当来了一个新生,如果没有选课,就无法插入数据;如果新成立一个系,尚无学生,就无法将这个系的信息存入数据库;如果新开设一门课程,还没有学生选修,同样也无法将课程信息插入数据库。

(4) 删除异常。当删除数据时,所有的学生信息都没有了,课程信息、系、系主任的信息都随着丢失。这些问题是怎么造成的呢?因为存在数据依赖,即属性之间存在值相互制约、相互影响的关系,某部分属性的值决定其他属性的值,例如,学号的值一旦确定,对应这个学生的姓名也就确定了;又如,系名一旦确定了,我们也就知道谁是这个系的系主任了。

学习数据依赖的理论可以检验一个关系模型设计并做出改进。数据依赖主要包含函数依赖、多值依赖、连接依赖，以及其他一些不常见的依赖（在本章不做介绍，如包含依赖等）。可以利用本章所学的规范化理论对关系模式做相应的分解（即用若干关系代替原关系，这些关系的属性集合包含了原关系的所有属性），消除其中不合适的数据依赖，从而减少数据冗余、消除异常。

例如，将 student1 分解为如下形式。

student11(sno(学号)，cname(课程名)，grade(成绩))

student12(sno(学号)，sdept(所在系))

student13(sdept(所在系)，dname(系主任))

详细情况如表 8.4～表 8.6 所示。

表 8.4　student11 表

sno	cname	grade
160640101	数据库	87
160640102	数据库	89
160640101	数据结构	88
160640102	数据结构	85
160640103	数据库	84
160640104	数据库	80
160640104	数据结构	83
160640105	数据库	79
160640105	数据结构	67
160640105	C++	88

表 8.5　student12

sno	sdept
160640101	计算机
160640102	计算机
160640103	计算机
160640104	计算机
160640105	计算机

表 8.6　student13

sdept	dname
计算机	李宏

将 student2 分解为如下形式。

student21(sno(学号)，sname(姓名)，sage(年龄)，sdept(所在系))

student22(sdept(所在系)，dname(系主任))

student23(sno(学号)，cname(课程名)，grade(成绩))

详细情况如表 8.7~表 8.9 所示。

表 8.7　student21

sno	sname	sage	sdept
160640101	张春花	18	计算机
160640102	李丽	19	计算机
160640103	刘冬梅	18	计算机
160640104	崔伟	17	计算机
160640105	陈立	20	计算机

表 8.8　student22

sdept	dname
计算机	李宏

表 8.9　student23

sno	cname	grade
160640101	数据库	87
160640102	数据库	89
160640101	数据结构	88
160640102	数据结构	85
160640103	数据库	84
160640104	数据库	80
160640104	数据结构	83
160640105	数据库	79
160640105	数据结构	67
160640105	C++	88

将 student3 分解为如下形式。

student31(sno(学号),sname(姓名),sage(年龄),sdept(所在系))

student32(sdept(所在系),dname(系主任))

student33(cno(课程号),cname(课程名))

student34(sno(学号),cno(课程号),grade(成绩))

详细情况如表 8.10~表 8.13 所示。

表 8.10　student31

sno	sname	sage	sdept
160640101	张春花	18	计算机
160640102	李丽	19	计算机
160640103	刘冬梅	18	计算机
160640104	崔伟	17	计算机
160640105	陈立	20	计算机

表 8.11 student32

sdept	dname
计算机	李宏

表 8.12 student33

cno	cname
5	数据库
3	数据结构
7	C++

表 8.13 student34

sno	cno	grade
160640101	5	87
160640102	5	89
160640101	3	88
160640102	3	85
160640103	5	84
160640104	5	80
160640104	3	83
160640105	5	79
160640105	3	67
160640105	7	88

分解后的每个关系模式,其属性间的依赖大大减少,异常问题、冗余问题也大大减少。因此,一个好的关系模式应该具备以下 4 个条件。

(1) 尽可能少的冗余。
(2) 没有插入异常。
(3) 没有删除异常。
(4) 没有更新异常。

由于异常问题、冗余问题一直是影响系统性能的重大问题,所以规范化理论是关系数据库设计的重要部分。当然,对于其他的逻辑数据模型,该规范化理论还需要进一步研究。

8.2 基本概念

在数据依赖中,函数依赖是最常见的一种依赖。它反映属性或者属性组之间相互影响、制约的关系。本节将介绍以下有关函数依赖的几个概念。

1. 函数依赖

定义 8.1 设 $R(U)$ 是一个关系模式,U 是 R 的属性集合,X、Y 是 U 的子集。对于 $R(U)$ 的任意一个可能的关系 r,如果 r 中不存在任意两个元组,它们在 X 上的属性相同,而在 Y 上的属性不同,则称"X 函数决定 Y"或"Y 函数依赖于 X",记作 $X \to Y$。

说明:

(1) 该定义是对 R 中所有关系实例而言的。
(2) 数据库设计者可对关系进行强制规定,如姓名不能同名。

(3) 如 $X \to Y$,则 X 称为决定属性集。

(4) 如 $X \to Y$,并且 $Y \to X$,则记为 $X \longleftrightarrow Y$。

(5) 若 Y 不函数依赖于 X,则记作 $X \not\to Y$。

例如,对于学生关系 student(sno,sname,sex,sage,sdept);sno 为码,则有 sno→sname,sno→sex,sno→sage,sno→sdept;即 sno 函数决定 sname,sno 函数决定 sex,或者 sage 函数依赖于 sno。

2. 非平凡的函数依赖和平凡的函数依赖

定义 8.2 关系模式 $R(U)$ 中,U 是 R 的属性集合,X、Y 是 U 的子集,如果 $X \to Y$,但 Y 不包含于 X,则称 $X \to Y$ 是非平凡函数依赖,若 Y 包含于 X,则称 $X \to Y$ 是平凡函数依赖。

说明:

(1) 对任一关系模式,平凡函数依赖必然成立。

(2) 本节只讨论非平凡函数依赖。

(3) 非平凡函数依赖易产生前面提到的数据冗余及异常问题。

对于关系模式 student(sno,sname,sex,sage,sdept)、sc(sno,cno,grade),存在非平凡的函数依赖,如 sno→sname,(sno,cno)→grade;存在平凡的函数依赖,如(sno,sname)→sno;(sno,sname)→sname;(sno,sage)→sage。

3. 完全函数依赖和部分函数依赖

定义 8.3 在关系模式 $R(U)$ 中,U 是 R 的属性集合,X、Y 是 U 的子集。如果 $X \to Y$,并且对于 X 的任何一个真子集 X_1,都有 $X_1 \not\to Y$,则称"Y 完全函数依赖于 X",记作 $X \xrightarrow{F} Y$。若 $X_1 \to Y$,Y 不完全函数依赖于 X,则称 Y 部分函数依赖于 X,记作 $X \xrightarrow{P} Y$。

说明:

(1) 部分函数依赖易产生前面提到的数据冗余及异常问题。

(2) 完全函数依赖中,X 为决定属性集,Y 为被决定属性集。

对于关系模式 student(sno,sname,sex,sage,sdept,cno,grade),存在完全函数依赖,如(sno,cno)→grade;存在部分函数依赖,如(sno,sname)→sage。

4. 传递函数依赖

定义 8.4 在关系模式 $R(U)$ 中,如果 $X \to Y$,$Y \to Z$,且 $Y \not\subseteq X$,$Y \not\to X$,$Z \not\subseteq Y$,则称"Z 传递函数依赖于 X",记作 $X \xrightarrow{传递} Z$。

对于关系模式 student(sno,sdept,location,cno,grade),其中 location 为宿舍地址,sno→sdept,sdept→location,存在传递函数依赖 sno $\xrightarrow{传递}$ location。

5. 码

设 K 为关系模式 $R(U,F)$ 中的属性或属性组。若 K 完全函数决定 U,则称 K 是一个候选码;若 K 部分函数决定 U,则称 K 为超码;若关系模式 R 有多个候选码,则须选定其中一个为主码。

8.3 范式

关系数据库中的关系是要满足一定要求的,满足不同要求的为不同规范化程度的范式。满足最低要求的为第一范式,简称 1NF;在第一范式中满足进一步要求的为第二范式,简称 2NF;其余的依次类推。

范式：是指符合某一规范化级别的关系模式的集合。

目前主要有 6 种范式：

$$1NF \supset 2NF \supset 3NF \supset BCNF \supset 4NF \supset 5NF$$

6 种范式的规范化程度依次增强,满足后一种范式的关系模式必然满足前一种范式。

关系模式的创始人 E.F.Codd 于 1971 年到 1972 年间提出了 1NF、2NF、3NF。1974 年,E.F.Codd 与 Boyce 合作提出了 BCNF。随后,规范化理论进一步发展,又有其他研究人员相继提出 4NF、5NF。

把一个满足低一级范式的关系模式通过模式分解转化为若干个满足高一级范式的关系模式的集合,这种过程叫作规范化。规范化程度越高,冗余越少,异常也越少。

8.3.1 第一范式

定义 8.5 如果一个关系模式 R 的所有属性是不可再分的基本数据项,则 $R \in 1NF$。表 8.14～表 8.16 都不满足 1NF,是非规范化的关系。要变成规范化的关系,只将复

表 8.14 职工关系表一

职 工 号	姓 名	工 资		
		基本工资	岗位工资	绩效工资
20170201	李书香	1600	980	1200

表 8.15 职工关系表二

职 工 号	姓 名	职 称	性 别	学 历
E001	李鹏举	教授	男	大学生 研究生
E002	刘宏武	副教授	男	研究生

表 8.16 职称表一

院 名 称	高级职称人数	
	教 授	副 教 授
信息学院	8	14
文学院	6	12
理学院	7	10

合属性变成简单属性即可。例如,将表 8.16 转换成表 8.17。

表 8.17 职称表二

院 名 称	教 授 人 数	副教授人数
信息学院	8	14
文学院	6	12
理学院	7	10

满足 1NF 的关系模式并不一定是一个好的关系模式。例如,本章开始 3 个学生设计的关系 student1、student2、student3 都满足 1NF,但是存在数据冗余、更新异常、插入异常、删除异常。这几种问题已在 8.1 节中介绍过。

8.3.2 第二范式

定义 8.6 若关系模式 $R \in 1NF$,并且每个非主属性都完全函数依赖于 R 的码,则称 $R \in 2NF$,即不存在非主属性对码的部分函数依赖。

例如,对学生关系 SDC(sno,sdept,dname,cname,grade),主键为(sno,cname),存在函数依赖如图 8.1 所示。

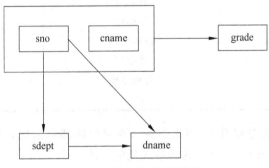

图 8.1 学生关系函数依赖

由于存在非主属性 sdept 对主键的部分依赖,所以属于 1NF。对其进行分解,将违反 2NF 的部分函数依赖单独作为一个关系,如下:

SD(sno,sdept,dname)

SC(sno,cname,grade)

分解为 SD 和 SC,在关系 SC 中就不存在任何非主属性对码的部分函数依赖了,它已经属于 2NF;而 SD 中也不再存在非主属性对码的部分函数依赖,也已经属于 2NF,但是在 SD 中存在函数依赖如图 8.2 所示。

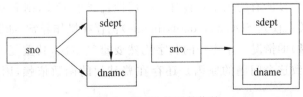

图 8.2 表 SD 的函数依赖

SDC 分解后冗余减少,异常情况减少,分别如表 8.18 和表 8.19 所示。在关系 SD 中,系主任的名字重复的次数比未分解之前大大减少。

表 8.18 关系 SD

sno	sdept	dname
160640101	计算机	李宏
160640102	计算机	李宏
160640103	计算机	李宏
160640104	计算机	李宏
160640105	计算机	李宏

表 8.19 关系 SC

sno	cname	grade
160640101	数据库	87
160640102	数据库	89
160640101	数据结构	88
160640102	数据结构	85
160640103	数据库	84
160640104	数据库	80
160640104	数据结构	83
160640105	数据库	79
160640105	数据结构	67
160640105	C++	88

从以上分解及分析过程看出,消除非主属性对码的部分依赖,可以减少冗余和异常,并可以总结出由 1NF 分解为 2NF 的非形式化的方法。

设关系模式 $R(U)$,主码是 K,R 上还存在函数依赖 $X \rightarrow Y$,其中 Y 是非主属性,并且 $X \subset K$,那么就说明存在 Y 部分依赖于主码 K。可以把 R 分解为两个模式:

$R_1(X,Y)$,关系模式 R_1 的主键为 X。

$R_2(Z)$,其中 $Z=U-Y$(即 U 中除去 Y 后剩下的属性),主键仍然是 K。外键是 X,它在 R_1 中是主键。

利用主键和外键可以使 R_1 和 R_2 连接得到 R。

因此,通过将依赖于主属性的部分函数依赖单独构成新的关系,可将 1NF 分解为 2NF。

推论:如果关系 R 所有的码中只包含一个属性且属于 1NF,则 R 必属于 2NF。

虽然如此,但关系模式 SD(sno,sdept,dname)仍存在操作异常(如冗余大、更新异常、插入异常、删除异常)的情况。系主任的名字仍然要重复多次,其重复的次数和系里的学生人数一样多。导致这个问题的原因是还存在着其他的函数依赖,因此 2NF 不是最优范式。

8.3.3 第三范式

定义 8.7 若关系模式 $R<U,F>$ 中不存在候选码 X、属性组 Y，以及非主属性 $Z(Z$ 不包含于 $Y)$，使得 $X \to Y, Y \to Z$ 和 $Y \nrightarrow X$ 成立，则 $R \in 3NF$。

若 $R \in 3NF$，则 R 的每个非主属性既不部分函数依赖于候选码，也不传递函数依赖于候选码。

在关系 SD(sno,sdept,dname)中，存在非主属性对码的传递依赖，即 sno→sdept，sdept→dname，因此 dname 传递依赖于 sno，该关系不属于 3NF。

对关系 SD(sno,sdept,dname)进一步分解，将违反 3NF 的 dname 对 sno 的传递依赖单独拿出来构成一个关系，分解为

　　　　SS(sno,sdept)　　　DN(sdept,dname)

分解后，SS 和 DN 的函数依赖如图 8.3 所示。SS(sno,sdept)、DN(sdept,dname)都属于 3NF。其数据分别如表 8.20 和表 8.21 所示。

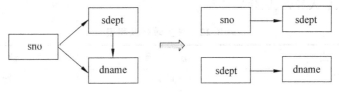

图 8.3　SS 和 DN 的函数依赖

系主任的名字只需保存一次。分解后在一定程度上解决了数据冗余大、更新异常、插入异常、删除异常的问题。

表 8.20　关系 SS

sno	sdept
160640101	计算机
160640102	计算机
160640103	计算机
160640104	计算机
160640105	计算机

表 8.21　关系 DN

sdept	dname
计算机	李宏

从以上分析过程可以得出 2NF 分解为 3NF 的非形式化的方法。

设关系模式 $R(U)$，主键 K，R 上还存在着函数依赖 $X \to Y$，Y 是非主属性，Y 不是 X 的子集(即 $Y \nsubseteq X$)，X 不是候选键，因此 Y 传递依赖于主键 K。把关系 R 分解为两个模式：

$R_1(X,Y)$，主键是 X；

$R_2(Z)$，其中 $Z=U-Y$，主键仍然是 K，外键是 X，而 X 在 R_1 中是主键。

利用主键和外键可以使得 R_1 和 R_2 连接得到 R。

推论：不存在非主属性的关系模式一定属于 3NF。

3NF 并不一定就是一个好的关系模式。因为它并不能完全消除异常情况和数据冗

余。还有可能存在"主属性"部分函数依赖或传递函数依赖于码的情况。

8.3.4 BCNF

定义 8.8 若关系模式 $R<U,F> \in 1NF$,如果对于 R 的每个函数依赖 $X \rightarrow Y$,若 Y 不包含于 X,且 X 必含有候选码,那么 $R \in BCNF$。

即在关系模式 $R<U,F>$ 中,如果每个决定属性都包含候选码,则 $R \in BCNF$。

即在 3NF 的基础上,消除了主属性对码的部分依赖和传递依赖,所有属性都不部分依赖或传递依赖于码。

【例 8.1】 STJ(S,T,J)中,S 表示学生,T 表示教师,J 表示课程。假若每名教师只教一门课,每门课有若干教师教,某一学生选定某门课就确定了一个固定的教师。

STJ 中存在两个候选码(S,J)和(S,T),它存在以下数据依赖:(S,J)→T,(S,T)→J,T→J。该关系不存在非主属性,因此 STJ 属于 3NF。但是,STJ 中存在主属性 J 部分依赖于码(S,T),因此它不属于 BCNF。如表 8.22 所示,该模式仍存在以下情况:数据冗余太大、更新异常、插入异常、删除异常。

表 8.22 学生教师课程表

学 生	教 师	课 程
张伟	何宇	数据库
李飞	何宇	数据库
王冰	何宇	数据库
张伟	郑林	数据结构
李飞	郑林	数据结构
王冰	郑林	数据结构
李飞	王宏伟	计算机网络
王冰	王宏伟	计算机网络

对 STJ 分解,将违反 BCNF 的函数依赖单独组成一个关系,转化为 ST(S,T)和 TJ(T,J),其数据分别如表 8.23 和表 8.24 所示。分解后,消除了上述几种异常情况。

表 8.23 学生与教师的关系

学 生	教 师
张伟	何宇
李飞	何宇
王冰	何宇
张伟	郑林
李飞	郑林
王冰	郑林
李飞	王宏伟
王冰	王宏伟

表 8.24 教师与课程

教 师	课 程
何宇	数据库
郑林	数据结构
王宏伟	计算机网络

BCNF 具有以下 3 个性质。
(1) 所有非主属性都完全函数依赖于每个候选码。
(2) 所有主属性都完全函数依赖于每个不包含它的候选码。
(3) 没有任何属性完全函数依赖于非码的任何一组属性。

推论：如果 R 中只有一个候选码，且 R∈3NF，则必有 R∈BCNF。

3NF 和 BCNF 是以函数依赖为基础的关系模式规范化程度的测度。如果一个关系数据库中的所有关系模式都属于 BCNF，那么在函数依赖范畴内，它已实现了模式的彻底分解，达到了最高的规范化程度。

【例 8.2】 回到本章开始第 3 个学生设计的学生数据库表，对其进行规范化。

student3(sno(学号),sname(姓名),sage(年龄),sdept(所在系),dname(系主任),cno(课程号),cname(课程名),grade(成绩))，姓名有可能重名，假设课程名不存在重名，在该关系中存在两个码(sno,cno)和(sno,cname)，还存在以下函数依赖：

sno→(sdept,sname,sage)

sdept→dname

cno→cname

cname→cno

(sno,cno)→grade

(sno,cname)→grade

根据前面所学的非形式化的方法对它进行分解。

第一步规范化为 1NF，由于该关系模式已经为 1NF，所以不需要再分解。

第二步规范化为 2NF，去除非主属性对码的部分依赖，分解为 2NF。存在非主属性"sdept,sname,sage,dname"对码的部分依赖，因此它们单独组成一个关系 student31。剩下的属性构成一个关系，为 student32。

student31(sno(学号),sname(姓名),sage(年龄),sdept(所在系),dname(系主任))

student32(sno(学号),cno(课程号),cname(课程名),grade(成绩))

第三步规范化为 3NF，去除非主属性对码的传递依赖，分解为 3NF。在 student32 中不存在传递依赖，因此它已经是 3NF。在 student31 中存在非主属性 dname 对码 sno 的传递依赖，单独组成一个关系。因此，student31 转化为 student311 和 student312，转化后的结果如下：

student32(sno(学号),cno(课程号),cname(课程名),grade(成绩))

student311(sno(学号),sname(姓名),sage(年龄),sdept(所在系))

student312(sdept(所在系),dname(系主任))

最后，判断分解后的 3 个关系模式是否属于 BCNF。在 student32 关系中存在 cno↔cname，即主属性对码的部分依赖，因此分解为如下形式：

student321(sno(学号),cno(课程号),grade(成绩))

student322(cno(课程号),cname(课程名))

student311(sno(学号),sname(姓名),sage(年龄),sdept(所在系))

student312(sdept(所在系),dname(系主任))

对以上每个关系进行判断,发现都属于 BCNF,在函数依赖范围内已经达到最高级别。

8.3.5 多值依赖与第四范式

关系模式 TEACH(C,T,B),其中 C 表示课程,T 表示教师,B 表示参考书,如表 8.25 所示。

表 8.25 课程教师参考书

C(课程)	T(教师)	B(参考书)
数学	邓海	高数
数学	邓海	数学分析
数学	邓海	微分方程
数学	陈红	高数
数学	陈红	数学分析
数学	陈红	微分方程
物理	李东	普通物理学
物理	李东	光学
…	…	…

假设某门课由多个教师讲授,一门课使用相同的一套参考书,则存在以下依赖:

数学→[邓海,陈红]→[高数,数学分析,微分方程]

物理→[李东,张强,刘明]→[普通物理学,光学]

该关系模式的码为全码(C,T,B),满足 BCNF,但仍存在数据冗余和 3 种异常。因为该关系的属性间存在一种不同于函数依赖的依赖。这种函数依赖有以下两个特点。

(1) 设 $R(U)$ 中 X 与 Y 有这样的依赖关系,当 X 的值一经确定后,就可以有一组 Y 值与之对应。如确定课程,则有一组教师与之对应;同样,课程和参考书之间也有类似的依赖关系。

(2) 当 X 的值一经确定,就有一组对应的 Y 值,但与 $U-X-Y$ 无关,即对应的一门课程有一组教师与之对应,而与参考书无关;这表示课程与教师有这样的依赖,教师的值确定与 $U-$课程$-$教师$=$参考书无关。

我们称以上这种依赖为多值依赖。

1. 多值依赖

定义 8.9 设 $R(U)$ 是一个属性集 U 上的一个关系模式,X、Y 和 Z 是 U 的子集,并且 $Z=U-X-Y$,多值依赖 $X\rightarrow\rightarrow Y$ 成立当且仅当对 R 的任一关系 r,r 在 (X,Z) 上的每个值对应一组 Y 的值,这组值仅仅决定于 X 值,而与 Z 值无关。

若 $X\rightarrow\rightarrow Y$,而 $Z=\Phi$(Φ 表示空集),则 $X\rightarrow\rightarrow Y$ 为平凡的多值依赖。否则称 $X\rightarrow\rightarrow Y$ 为非平凡的多值依赖。

多值依赖的另一个定义:在关系模式 $R(U)$ 的任一关系中,如果对于任意两个元组 t、s,有 $t[X]=s[X]$,就必存在元组 $w,v\in r$(w 和 v 可以与 s 和 t 相同),使得 $w[X]=v[X]=$

$t[X]$,而 $w[Y]=t[Y]$,$w[Z]=s[Z]$,$v[Y]=s[Y]$,$v[Z]=t[Z]$,即交换 s、t 元组的 Y 值所得的两个新元组必在 r 中,则称 Y 多值依赖于 X,记为 $X \twoheadrightarrow Y$。其中,X 和 Y 是 U 的子集,$Z=U-X-Y$。

多值依赖存在以下性质。

(1) 对称性。即 $X \twoheadrightarrow Y$,则 $X \twoheadrightarrow Z$,其中 $Z=U-X-Y$。

(2) 传递性。即 $X \twoheadrightarrow Y$,$Y \twoheadrightarrow Z$,则 $X \twoheadrightarrow Z$。

(3) 函数依赖可以看作是多值依赖的特殊情况。

(4) 若 $X \twoheadrightarrow Y$,$X \twoheadrightarrow Z$,则 $X \twoheadrightarrow YZ$。

(5) 若 $X \twoheadrightarrow Y$,$X \twoheadrightarrow Z$,则 $X \twoheadrightarrow Y \cap Z$。

(6) 若 $X \twoheadrightarrow Y$,$X \twoheadrightarrow Z$,则 $X \twoheadrightarrow Y-Z$,$X \twoheadrightarrow Z-Y$。

(7) 多值依赖的有效性与属性集的范围有关。

(8) 若函数依赖 $X \to Y$ 在 $R(U)$ 上成立,则对于 Y' 包含于 Y,$X \to Y'$ 并不一定成立,但是如果函数依赖 $X \to Y$ 在 $R(U)$ 上成立,对于任何 Y' 包含于 Y,$X \to Y'$ 必定成立。

2. 4NF

定义 8.10 关系模式 $R(U,F) \in 1NF$,如果对于 R 的每个非平凡多值依赖 $X \twoheadrightarrow Y$(Y 不包含于 X),X 都含有候选码,则 $R \in 4NF$。

对上面的关系模式 TEACH(C,T,B)去掉违反 4NF 定义的多值依赖。

分解为两个关系模式:

CT(C,T)∈4NF

CB(C,B)∈4NF

分解后的两个关系都属于 4NF。

分解是关系规范化的主要手段。

【例 8.3】 关系模式 WPG(W,P,G)中,W 表示仓库,P 表示仓库保管员,G 表示产品。假定每个仓库有若干个保管员,有若干种产品。每个仓库保管员保管所在仓库的所有产品,每种产品被所有仓库保管员保管,判断该关系是否属于 4NF。

在关系 WPG 中,码为全码,且存在 $W \twoheadrightarrow P$,$W \twoheadrightarrow G$ 都是非平凡多值依赖。根据 4NF 的定义,该关系不是 4NF。

*8.3.6 连接依赖与 5NF

连接依赖是有关分解和自然连接的理论,5NF 是有关如何消除子关系的插入异常和删除异常的理论。

1. 连接依赖

定义 8.11 设 $R(U)$ 是属性集 U 上的关系模式,$X_1, X_2, \cdots, X_n$ 是 U 的子集,且 $U = X_1 \cup X_2 \cup \cdots \cup X_n$,如 R 等于 $R(X_1), R(X_2), \cdots, R(X_n)$ 的自然连接,则称 R 在 $X_1, X_2, \cdots, X_n$ 上具有 n 目连接依赖,记作 $\bowtie(R(X_1), R(X_2), \cdots, R(X_n))$。

其中，$R(X_1) = \Pi_{X_1}(R), R(X_2) = \Pi_{X_2}(R), \cdots, R(X_n) = \Pi_{X_n}(R)$。

2. 5NF

定义 8.12 如果关系模式 R 中的每个连接依赖均由 R 的候选码所隐含，则称 $R \in 5NF$。

说明：

(1) 连接时所连接的属性均为候选码。

(2) 多表间的连接应满足 5NF。

8.3.7 规范化小结

分解关系模式的目的是使模式更加规范化，从而减少数据冗余及尽可能地消除异常。规范化的结果实际上就是使得每个关系里的数据单一概念化，也就是说，一个关系里要么保存一个实体的相关数据，要么保存一个联系的相关数据，而不是把实体和联系的数据混合在一起，造成数据冗余。

关系模式的分解过程如图 8.4 所示。从 1NF 到 5NF 是一个从低一级关系模式到规范化程度更高一级关系模式的过程，也是减少数据冗余和消除异常的过程。该分解过程可以根据本章后面的分解算法进行。如果不按照分解算法进行规范化，只能根据人为经验进行规范化。

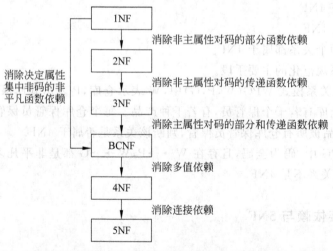

图 8.4 关系模式的分解过程

8.4 Armstrong 公理系统

Armstrong 公理系统是模式分解算法的理论基础，它是由 W. W. Armstrong 于 1974 年总结的一套有效而完备的公理系统。

1. 函数依赖集的逻辑蕴涵

问题：对于给定的一组函数依赖，如何判断其他函数依赖是否成立？例如，关系模式 R 有 $A \to B, B \to C$。函数依赖 $A \to C$ 是否成立？这是函数依赖集的逻辑蕴涵要研究的内容。

定义 8.13 设 F 是关系模式 $R<U, F>$ 的函数依赖集，$X、Y$ 是 R 的属性子集。如果在 $R<U, F>$ 上函数依赖 $X \to Y$ 成立，则称 F 逻辑蕴涵 $X \to Y$。也可以表述为，若从 F 中的函数依赖能够推导出 $X \to Y$，则 F 逻辑蕴涵 $X \to Y$。

2. 函数依赖集的闭包

定义 8.14 在关系模式 $R<U, F>$ 中，F 逻辑蕴涵的函数依赖的全体称为 F 的闭包，记作 F^+。

3. Armstrong 公理

关系模式 $R<U, F>$，有如下推理规则。

A1：自反律（Reflexivity）：若 $Y \subseteq X \subseteq U$，则 $X \to Y$ 为 F 所蕴涵。

简写：若 $Y \subseteq X$，则 $X \to Y$。

A2：增广律（Augmentation）：若 $X \to Y$ 为 F 所蕴涵，且 $Z \subseteq U$，则 $XZ \to YZ$ 为 F 所蕴涵。

简写：若 $X \to Y$，则 $XZ \to YZ$。

A3：传递律（Transitivity）：若 $X \to Y$ 和 $Y \to Z$ 为 F 所蕴涵，则 $X \to Z$ 为 F 所蕴涵。

简写：若 $X \to Y$、$Y \to Z$，则 $X \to Z$。

4. Armstrong 公理的推论

(1) 合并规则：由 $X \to Y, X \to Z$，有 $X \to YZ$。

(2) 分解规则：由 $X \to Y$ 及 $Z \subseteq Y$，有 $X \to Z$。

(3) 伪传递规则：由 $X \to Y, WY \to Z$，有 $XW \to Z$。

有了上述推理规则，对于一个给定的函数依赖集 F，就可以知道哪些函数依赖可由 F 推出，哪些不能由 F 推出，能由 F 推出的函数依赖有多少。

【**例 8.4**】 设关系模式 $R<U, F>$，其中 $U = \{X, Y, Z\}, F = \{X \to Y, Y \to Z\}$，则 F 的闭包 F^+ 是什么？

由自反律可以知道 $X \to \emptyset, Y \to \emptyset, Z \to \emptyset, X \to X, Y \to Y, Z \to Z$；由增广律可以推出 $XZ \to YZ, XY \to Y, X \to XY$；由传递性推出 $X \to Z$。所有的函数依赖（43 个函数依赖）如表 8.26 所示。

表 8.26 F^+

$X \to \emptyset$	$XY \to \emptyset$	$XZ \to \emptyset$	$XYZ \to \emptyset$	$Y \to \emptyset$	$YZ \to \emptyset$	$Z \to \emptyset$
$X \to X$	$XY \to X$	$XZ \to X$	$XYZ \to X$	$Y \to Y$	$YZ \to Y$	$Z \to Z$
$X \to Y$	$XY \to Y$	$XZ \to Y$	$XYZ \to Y$	$Y \to Z$	$YZ \to Z$	$\emptyset \to \emptyset$

续表

$X \to Z$	$XY \to Z$	$XZ \to Z$	$XYZ \to Z$	$Y \to YZ$	$YZ \to YZ$
$X \to XY$	$XY \to XY$	$XZ \to XY$	$XYZ \to XY$		
$X \to XZ$	$XY \to XZ$	$XZ \to XZ$	$XYZ \to XZ$		
$X \to YZ$	$XY \to YZ$	$XZ \to YZ$	$XYZ \to YZ$		
$X \to XYZ$	$XY \to XYZ$	$XZ \to XYZ$	$XYZ \to XYZ$		

5. 属性集的闭包

定义 8.15 设关系模式 $R<U, F>$，$X \subseteq U$，X 关于函数依赖集 F 的闭包为 $X_F^+ = \{ A \mid X \to A$ 能由 F 根据 Armstrong 公理推出$\}$。

对于关系模式 $R<U, F>$，$X \subseteq U$，X_F^+ 的算法如下。

(1) X_F^+ 的初始值为 X。

(2) 对于 F 中的每个函数依赖 $A \to Z$，如果 $A \subseteq X_F^+$，则把 Z 加入到 X_F^+ 中。

(3) 重复步骤(2)，直到没有其他属性可以再添加进来。（一般来说，直到 X_F^+ 的值不再改变时或者 X_F^+ 已经包含全部属性）

【例 8.5】 设 $F = \{AC \to PE, PG \to A, B \to CE, A \to P, GA \to B, GC \to A, PAB \to G, AE \to GB, DP \to H\}$，$X = BG$，求 X_F^+。

初始值为 $X_F^+ := BG$

第一步迭代：在 F 中找出左边是 $\{B, G\}$ 子集的函数依赖，只有 $B \to CE$，因为 B 是 X_F^+ 的子集，其右边属性 CE 可以加入进来。

$X_F^+ := BG \cup CE = BCEG$

由于初始值和第一步迭代结果不相同，因此进入第二步迭代。

第二步迭代：在 F 中找出左边是 $\{B, C, E, G\}$ 子集的函数依赖，只有 $GC \to A$，因为 GC 是 X_F^+ 的子集，其右边属性 A 可以加入进来。

$X_F^+ := BCEG \cup A = ABCEG$

由于第二步迭代和第一步迭代结果不相同，因此进入第三步迭代。

第三步迭代：在 F 中找出左边是 $\{A, B, C, E, G\}$ 子集的函数依赖，$AC \to PE$，$A \to P$，$GA \to B$，$AE \to GB$ 这些函数依赖的右边属性都可以加入进来，只需要把 P 加入其中，其他几个属性已经存在于闭包中。

$X_F^+ := ABCEGP$

由于第三步迭代和第二步迭代结果不相同，因此进入第四步迭代。

第四步迭代：$PG \to A$，$PAB \to G$ 这些函数依赖的右边属性可以加入进来，但是属性 A 及 G 已经在闭包中，因此不需要发生改变，第四步迭代的结果与第三步迭代的结果相同。至此，迭代结束。

结果为：$ABCEGP$。

【例 8.6】 已知关系模式 $R(U, F)$，其中 $U = \{$学号, 姓名, 性别, 所在系, 系主任, 课程编号, 课程名, 成绩$\}$，设 $F = \{$学号 $\to$ 姓名, 学号 $\to$ 性别, 学号 $\to$ 所在系, 所在系 $\to$ 系主任, 课程号 $\to$ 课程名, $\{$学号, 课程号$\} \to$ 成绩$\}$，计算 $\{$学号, 课程号$\}^+$。

初始值为 $X_F^+:=\{学号,课程号\}$。

第一步迭代：在 F 中找出左边是{学号,课程号}子集的函数依赖,有学号→姓名,学号→性别,学号→所在系,{学号,课程号}→成绩。

$X_F^+:=\{学号,课程号\}\cup\{姓名,性别,所在系,成绩\}=\{学号,课程号,姓名,性别,所在系,成绩\}$。由于初始值和第一次迭代结果不相同,因此进入第二次迭代。

第二步迭代：在 F 中找出左边是{学号,课程号,姓名,性别,所在系,成绩}子集的函数依赖,只有所在系→系主任。

$X_F^+:=\{学号,课程号,姓名,性别,所在系,成绩\}\cup\{系主任\}=\{学号,课程号,姓名,性别,所在系,成绩,系主任\}$。

由于已经包含全部属性,所以迭代结束。

结果为$\{学号,课程号\}^+=\{学号,课程号,姓名,性别,所在系,成绩,系主任\}$。

6. 最小覆盖

定义 8.16 若函数依赖集 F 满足下列条件,则称 F 为极小(函数)依赖集,亦称最小(函数)依赖集、最小覆盖。

(1) F 的每个函数依赖的右部仅含有一个属性。

(2) 对 F 中的任一个函数依赖 $X\to A$,都有 F 与 $F-\{X\to A\}$ 不等价。

(3) 对 F 中的任一个函数依赖 $X\to A$,都有 F 与 $(F-\{X\to A\})\cup\{Z\to A\}$ 不等价,其中 Z 是 X 的任一真子集。

求函数依赖的最小覆盖算法如下。

(1) 对于 F 中每个函数依赖,如果其右边属性不是单一属性,则全部分解为单一属性。

(2) 去掉所有冗余的函数依赖,即对于 F 中的某一个函数依赖 $X\to Y$,如果可以由 F 中剩下的函数依赖推导出来,则可以去掉 $X\to Y$。

(3) 去掉每个函数依赖中左边决定属性中多余的属性。对于 F 中的函数依赖 $X\to Y$,如果 X 由两个或者多个属性构成,则需要考虑这些属性是否多余；假定 A 是 X 的真子集,即判断是否存在函数依赖 $A\to Y$。如果存在,则用 $A\to Y$ 代替 $X\to Y$。

【例 8.7】 求下列函数依赖集 F 的极小依赖集。

$F=\{AB\to C, D\to EG, C\to A, BE\to C, BC\to D, CG\to BD, ACD\to B, CE\to AG\}$

第一步,将 F 中的函数依赖的右部分解为单属性,得到

$G=\{AB\to C, D\to E, D\to G, C\to A, BE\to C, BC\to D, CG\to B, CG\to D, ACD\to B, CE\to A, CE\to G\}$。

第二步,去掉 G 中多余的函数依赖。

(1) 判断 $AB\to C$ 是否为多余的函数依赖。

先去掉 G 中的 $AB\to C$,得到 $G1=\{D\to E, D\to G, C\to A, BE\to C, BC\to D, CG\to B, CG\to D, ACD\to B, CE\to A, CE\to G\}$。

因为 $\{AB\}_{G1}^+=\{A,B\}$,C 不属于 $\{AB\}_{G1}^+$,所以不多余。

(2) 判断 $D\to E$ 是否为多余的函数依赖。

先去掉 G 中的 $D \to E$，得到 $G_2=\{AB \to C, D \to G, C \to A, BE \to C, BC \to D, CG \to B, CG \to D, ACD \to B, CE \to A, CE \to G\}$。

因为 $\{D\}_{G_2}^+ = \{D, G\}$，E 不属于 $\{D\}_{G_2}^+$，所以不多余。

(3) 判断 $CE \to A$ 是否为多余的函数依赖。

先去掉 G 中的 $CE \to A$，得到 $G_4=\{AB \to C, D \to E, D \to G, C \to A, BE \to C, BC \to D, CG \to B, CG \to D, ACD \to B, CE \to G\}$。

因为 $\{CE\}_{G_4}^+ = \{A, C, E, G, D, B\}$，$A$ 属于 $\{CE\}_{G_3}^+$，所以多余。自己分析剩下的函数依赖是否多余。

发现 G 中多余的函数依赖 $CE \to A, CG \to B$，去掉这些多余的函数依赖，得到 $H=\{AB \to C, D \to E, D \to G, C \to A, BE \to C, BC \to D, CG \to D, ACD \to B, CE \to G\}$。

第三步，找出函数依赖的左边有多余属性的函数依赖。

函数依赖 $ACD \to B$，因为 $\{CD\}_H^+ = \{C, D, E, G, A, B\}$，所以 $CD \to B$，因此 A 是多余的。同理，可以验证其他函数依赖的左边都不存在多余属性。

把 H 中的 $ACD \to B$ 换成 $CD \to B$，得到 $F_m=\{AB \to C, D \to E, D \to G, C \to A, BE \to C, BC \to D, CG \to D, CD \to B, CE \to G\}$。

7. 函数依赖集的等价与覆盖

定义 8.17 设 F 和 G 都是关系模式 R 上的两个函数依赖集，如果 $F^+ = G^+$，则称 F 与 G 等价（或称 F 覆盖 G，或 G 覆盖 F）。

定理 8.1 每个函数依赖集 F 均等价于一个极小函数依赖集 F_m。此 F_m 称为 F 的最小依赖集。

两个关系模式 $R_1<U, F>$、$R_2<U, G>$，如果 F 与 G 等价，那么 R_1 的关系一定是 R_2 的关系；反过来，R_2 一定是 R_1 的关系。

8.5 关系模式分解

把一个低一级的关系模式分解为若干个高一级的关系模式的方法不唯一。

定义 8.18 关系模式分解的定义，设有关系模式 $R<U, F>$ 的一个分解是指 $\rho=\{R_1<U_1, F_1>, R_2<U_2, F_2>, \cdots, R_n<U_n, F_n>\}$，其中 $U = \bigcup_{i=1}^{n} U_i$，并且没有 $U_i \subseteq U_j$，$1 \leq i, j \leq n$，F_i 是 F 在 U_i 上的投影。函数依赖集合 $\{X \to Y | X \to Y \in F^+ \land XY \subseteq U_i\}$ 的一个覆盖 F_i 叫作 F 在属性 U_i 上的投影。

例如，对于关系模式 SL(sno, sdept, sloc)，可以有多种分解方法，具体如下。

方法一：SN(sno), SD(sdept), SO(sloc)

方法二：NL(sno, sloc), DL(sdept, sloc)

方法三：ND(sno, sdept), NL(sno, sloc)

方法四：ND(sno, sdept), DL(sdept, sloc)

以上 4 种分解方法，哪种方法最合理？

1. 模式分解的等价性

模式分解是将模式分解为一组等价的子模式的过程。等价是指不破坏原有关系模式的数据信息,既可以通过自然连接恢复为原有关系模式,又可以保持原有函数依赖集。

要保证分解后的关系模式与原关系模式等价,有以下3种标准。

(1) 分解具有无损连接性。

(2) 分解要保持函数依赖。

(3) 分解既要保持函数依赖,又要保持无损连接性。

定义 8.19 分解具有无损连接性的定义,设关系模式 $R(U,F)$ 被分解为若干个关系模式 $R_1(U_1,F_1),R_2(U_2,F_2),\cdots,R_n(U_n,F_n)$,(其中 $U=U_1 \bigcup U_2 \bigcup \cdots \bigcup U_n$,且不存在 U_i 包含于 U_j 中,R_i 为 F 在 U_i 上的投影),若 R 与 $R_1,R_2,\cdots,R_n$ 自然连接的结果相等,则称关系模式 R 的分解具有无损连接性。只有具有无损连接性的分解,才能保证不丢失信息。

定义 8.20 保持函数依赖的定义,设关系模式 $R(U,F)$ 被分解为若干个关系模式 $R_1(U_1,F_1),R_2(U_2,F_2),\cdots,R_n(U_n,F_n)$,(其中 $U=U_1 \bigcup U_2 \bigcup \cdots \bigcup U_n$,且不存在 U_i 包含于 U_j 中,R_i 为 F 在 U_i 上的投影),若 F 逻辑蕴涵的函数依赖一定由分解的某个关系模式的函数依赖 F_i 所逻辑蕴涵,则称关系模式 R 的分解保持函数依赖。

2. 无损分解的测试算法

算法 8.1 无损连接性判定算法。

输入:$R<U,F>$ 的一个分解 $\rho=\{R_1(U_1,F_1),\cdots,R_k(U_k,F_k)\}$,

$U=\{A_1,A_2,\cdots,A_n\}$,

$F=\{FD_1,FD_2,\cdots,FD_p\}$,可设 F 为最小覆盖,$FD_i:X_i \rightarrow A_j$。

输出:ρ 是否为无损连接的判定结果。

第一步:构造一个 k 行 n 列的表,第 i 行对应关系模式 R_i,第 j 列对应属性 A_j;若 $A_j \in U_i$,则在第 i 行第 j 列处写入 a_j;否则写入 a_{ij}。

第二步:逐个检查 F 中的每个函数依赖,并修改表中的元素。

对每个 $FD_i:X_i \rightarrow A_j$,在 X_i 对应的列中寻找值相同的行,并将这些行中 A_j(j 为列号)对应的列值全改为相同的值。修改规则为:若其中有 a_j,则全改为 a_j;否则不改。

第三步:判别:若某一行变成 $a_1,a_2,\cdots,a_n$,则算法终止(此时 ρ 为无损分解);否则,比较本次扫描前后的表有无变化,若有,则重复第二步;若无,算法终止(此时 ρ 不是无损分解)。

【例 8.8】 设模式为 $R<U,F>$,$U=\{A,B,C,D,E\}$,$F=\{AB \rightarrow C,C \rightarrow D,D \rightarrow E\}$,分解为 $R_1(A,B,C)$、$R_2(C,D)$、$R_3(D,E)$。求此分解是否为无损连接分解?

第一步:

	A	B	C	D	E
R_1	a_1	a_2	a_3	a_{14}	a_{15}
R_2	a_{21}	a_{22}	a_3	a_4	a_{25}
R_3	a_{31}	a_{32}	a_{33}	a_4	a_5

第二步：存在函数依赖 $C \rightarrow D$，根据规则修改 D 列的值，修改后的结果如下表。

	A	B	C	D	E
R_1	a_1	a_2	a_3	a_4	a_{15}
R_2	a_{21}	a_{22}	a_3	a_4	a_{25}
R_3	a_{31}	a_{32}	a_{33}	a_4	a_5

第三步：存在函数依赖 $D \rightarrow E$，根据规则修改 E 列的值，修改后的结果如下表。

	A	B	C	D	E
R_1	a_1	a_2	a_3	a_4	a_5
R_2	a_{21}	a_{22}	a_3	a_4	a_5
R_3	a_{31}	a_{32}	a_{33}	a_4	a_5

第四步：存在函数依赖 $AB \rightarrow C$，根据规则修改 C 列的值，不需要做任何修改。在上表中，第一行的值变为 a_1, a_2, a_3, a_4, a_5，因此该分解为保持无损连接分解。

3. 函数依赖分解的算法

定义 8.21 若 $F^+ = (\bigcup_{i=1}^{k} F_i)^+$，则 $R<U, F>$ 的一个分解 $\rho = \{R_1(U_1, F_1), \cdots, R_k(U_k, F_k)\}$ 保持函数依赖。

算法 8.2 函数依赖的分解算法。

输入：关系 R 和关系 $R_1 = \Pi_L(R)$，L 是关系 R 的属性组。

输出：关系 R_1 上最小的函数依赖集。

算法如下。

第一步：设 T 是关系 R_1 上的函数依赖集，T 的初始值为空。

第二步：计算 X^+，其中 X 是 R_1 的子集。

第三步：建立 $X \rightarrow A$ 加入到函数依赖集 T 中，其中 A 既是在 X^+ 中的属性，且又是关系 R_1 中的属性。

第四步：计算函数依赖集 T 的最小函数依赖集。

【例 8.9】 关系 $R(A, B, C, D)$，函数依赖集 F 为 $A \rightarrow B, B \rightarrow C, C \rightarrow D$，求关系 $R_1(A, C, D)$ 上的函数依赖集 T。

第一步：设 T 为空。

第二步：

$\{A\}^+ = \{A, B, C, D\}$，去掉其中的 B，因为不在关系 R_1 中，因此 $T: A \rightarrow C, A \rightarrow D$。

$\{C\}^+ = \{C, D\}$，因此对函数依赖集 T 增加 $C \rightarrow D$。

$\{D\}^+ = \{D\}$。

$\{C, D\}^+ = \{C, D\}$。

因此函数依赖集 $T: A \rightarrow C, A \rightarrow D, C \rightarrow D$。其最小函数依赖集为 $A \rightarrow C, C \rightarrow D$。

这里由于属性 $\{A\}^+ = \{A, B, C, D\}$，因此任何 A 的超集的闭包都不需要再计算。只需计算 $\{C, D\}^+$，再对函数依赖进行最小化处理。

例如,对关系模式 SL(sno,sdept,sloc)进行分解。

方法一:SN(sno),SD(sdept),SO(sloc)。

丢失了很多有用的信息,分解不能保持函数依赖,不具有无损连接性。

方法二:NL(sno,sloc),DL(sdept,sloc)。

分解能保持函数依赖,但不具有无损连接性。

方法三:ND(sno,sdept),NL(sno,sloc)。

分解具有无损连接性,但不能保持函数依赖。

方法四:ND(sno,sdept),DL(sdept,sloc)。

分解既能保持函数依赖,又具有无损连接性。

*8.6 模式分解算法

下面是关于模式分解的几点重要内容。

(1) 若要求分解保持函数依赖,那么模式分离中可以达到 3NF,但是不一定能达到 BCNF。

(2) 若要求分解既保持函数依赖,又具有无损连接性,则可以达到 3NF,但是不一定能达到 BCNF。

(3) 若要求分解具有无损连接性,则可达到 4NF。

算法 8.3 把一个关系模式分解为 3NF,且使它保持函数依赖。

输入:关系模式 $R<U,F>$。

输出:R 的一个分解 $\rho=\{R_1,R_2,\cdots,R_k\}$,每个 R_i 均为 3NF,且 ρ 保持函数依赖。

(1) 极小化:对 F 进行极小化处理(处理后的函数依赖集记为 G)。

(2) 最小函数依赖集 G 中左边决定属性相同的为一组,每一组形成新的关系 R_i(其中 i 为 $1,2,3,\cdots,k-1$)。

(3) 出现在属性集 U 中而没有出现在 G 中的属性组成一个关系模式 R_k。

【**例 8.10**】 设关系模式 $R(A,B,C,G,H,R,S,T)$,
$$F=\{C \to T, CS \to G, HT \to R, HR \to C, HS \to R\}$$

求:(1) R 的一个候选关键字。(2) 将 R 分解为 3NF,并且保持函数依赖性。

答:(1) R 的一个候选关键字为 ABCSH。

(2) 求最小函数依赖集 G 就是 F。

得到一个分解为 $R_1(CT),R_2(CSG),R_3(HTR),R_4(HRC),R_5(HSR),R_6(AB)$。

算法 8.4 转换为 3NF 既保持函数依赖,又具有无损连接性的分解算法在算法 8.3 分解的基础上,增加一个模式,该模式以原模式的一个关键字作为属性组,使该模式起到正确连接其他各模式的作用。

算法思想如下。

(1) 用算法 8.3 将 R 分解为 $\rho=\{R_1(U_1),R_2(U_2),\cdots,R_k(U_k)\}$。

(2) 求 R 的一个关键字 X。

(3) 若 X 是某个 U_i 的子集,则输出分解 $\tau=\rho$;否则,输出 $\tau=\rho\cup\{R(X)\}$;算法结束。

【例8.11】 关系 $R(A,B,C,D)$，其最小依赖集 $F=\{A \to B, C \to D\}$，按算法8.3得到的分解是 $\rho_1=\{AB,CD\}$，ρ_1 不具有无损连接性。R 的关键字是 AC，分解成 $\rho_2=\{AB, CD, AC\}$ 既保持函数依赖，又具有无损连接性。

算法8.5 分解为 BCNF，且具有无损连接。

输入：关系模式 $R(U,F)$。

输出：关系 R 分解为一组 BCNF，且具有无损连接。

算法如下。

第一步：判断 R 是否为 BCNF，如果是，算法结束，否则执行第二步。

第二步：对于某个关系模式 R_0，假设存在违反 BCNF 的函数依赖 $X \to Y$，计算 X^+，$R_1=X^+$ 构成一个关系模式，R_2 由属性 X 及那些不在 X^+ 中而在 R_0 中的属性构成。

第三步：分别计算 R_1 及 R_2 上的函数依赖集。

第四步：重复执行第二步及第三步，直到所有的关系模式为 BCNF。

算法8.6 分解为 4NF，且具有无损连接性。

输入：关系模式 $R(U,F)$。

输出：分解为一组 4NF，并且保持无损连接。

算法如下。

第一步：判断 R 是否为 4NF，如果是，算法结束，否则执行第二步。

第二步：对于某个关系模式 R_0，假设存在违反 4NF 的非平凡多值函数依赖 $X \twoheadrightarrow Y$，把 R_0 分解为 $R_1=R_0-Y$（R_0 去掉属性组 Y）和 R_2 为 X 和 Y 的并集。

第三步：分别计算 R_1 及 R_2 上的函数依赖集。

重复执行第二步及第三步，直到所有的关系模式为 4NF。

8.7 规范化应用

假设某建筑公司设计了一个数据库，其中包含如下业务规则。

公司承担多个工程项目，每一项工程有工程号、工程名称、施工人员等；公司有多名职工，每名职工有职工号、姓名、职务（工程师、技术员）等；公司按照员工参与项目的工时和小时工资率支付工资，小时工资率由职工的职务决定（例如，技术员的小时工资率与工程师的小时工资率不同）。

根据以上要求，公司定期制定一个工资报表 Salary，如表8.27所示。该工资报表包含很多冗余，并可能导致各种异常。现在要求将该工资报表规范化到 3NF。

表8.27 Salary 表一

工程号	工程名称	职工号	姓名	职务	小时工资率	工时	实发工资
A1	花园大厦	1001	齐光明	工程师	65	13	845
		1002	李思奇	技术员	60	16	960
		1004	葛宇红	律师	60	19	1140

续表

工程号	工程名称	职工号	姓名	职务	小时工资率	工时	实发工资
A2	立交桥	1001	齐光明	工程师	65	15	975
A2	立交桥	1003	鞠明亮	工人	55	17	935
A3	临江饭店	1002	李思奇	技术员	60	18	1080
A3	临江饭店	1004	葛宇红	律师	60	14	840

通过分析,存在以下函数依赖。

工程号→工程名称

职工号→姓名,职务,小时工资率,实发工资

工程号,职工号→工时

职务→小时工资率

因此,Salary 表的码为"职工号+工程号",主属性为职工号和工程号。

第一种方法:根据范式的定义,采用非形式化的方法结合经验对该关系进行分解。

第一步:判断该工资表是否属于 1NF,1NF 要求不能出现表中有表。对该关系规范化到 1NF,如表 8.28 所示。

表 8.28 Salary 表二

工程号	工程名称	职工号	姓名	职务	小时工资率	工时	实发工资
A1	花园大厦	1001	齐光明	工程师	65	13	845
A1	花园大厦	1002	李思奇	技术员	60	16	960
A1	花园大厦	1004	葛宇红	律师	60	19	1140
A2	立交桥	1001	齐光明	工程师	65	15	975
A2	立交桥	1003	鞠明亮	工人	55	17	935
A3	临江饭店	1002	李思奇	技术员	60	18	1080
A3	临江饭店	1004	葛宇红	律师	60	14	840

第二步:判断该工资表是否为 2NF。

由于存在非主属性对码的部分依赖,因此不为 2NF。把违反 2NF 的函数依赖单独组合成一个关系,分解为

S1(工程号,职工号,工时)

S2(工程号,工程名称)

S3(职工号,姓名,职务,小时工资率,实发工资)

经过分析,S1、S2、S3 均为 2NF。

第三步:判断 S1、S2、S3 是否为 3NF。

其中 S1 和 S2 为 3NF,不存在非主属性对码的传递依赖。在 S3 中存在职工号→职务,职务→小时工资率,因此 S3 不为 3NF。

第四步:分解 S3,把违反 3NF 的传递依赖单独组合成一个关系,因此 S3 分解为

S31(职工号,姓名,职务,实发工资)

S32(职务,小时工资率)

Salary 表最终分解为

S1(工程号,职工号,工时)

S2(工程号,工程名称)

S31(职工号,姓名,职务,实发工资)

S32(职务,小时工资率)

第二种方法：采用算法 8.4 分解。

第一步：找出 Salary 表的码。

Salary 表的码为"职工号＋工程号"。

第二步：求该工资表的最小函数依赖集。

工程号→工程名称

职工号→姓名

职工号→职务

职工号→小时工资率

职工号→实发工资

工程号,职工号→工时

职务→小时工资率

第三步：决定属性相同的为一组形成一个新的关系,因此有：

"工程号→工程名称"构成 S1(工程号,工程名称)。

"职工号→姓名,职务,小时工资率,实发工资"构成 S2(职工号,姓名,职务,小时工资率,实发工资)。

"工程号,职工号→工时"构成 S3(工程号,职工号,工时)。

"职务→小时工资率"构成 S4(职务,小时工资率)。

8.8 小结

本章首先通过关系模式存在的异常问题引出数据依赖的概念。数据依赖包括函数依赖、多值依赖、连接依赖。然后介绍了 1NF、2NF、3NF、BCNF、4NF、5NF 及其相关概念,引入数据依赖的公理系统。关系模式的规范化理论是解决异常问题的途径。关系模式规范化级别越高,其存在的异常问题越少,同时也指出并不是规范化程度越高,模式越好。之后讨论了关系模式分解理论,主要是通过投影运算将一个低一级规范化程度的关系模式分解为一组高一级规范化程度的关系模式,分解后的关系模式通过自然连接与分解之前的关系模式等价。最后介绍了模式分解的算法。

8.9 习题

1. 给定关系模式 $R(A,B,C,D,E,F)$,其函数依赖集合 F 包含以下函数依赖 $AB \rightarrow C, BC \rightarrow AD, D \rightarrow E, CF \rightarrow B$。求 $\{A,B\}^+$。

2. 给定关系模式 $R(A,B,C,D,E,F)$，其函数依赖集合 F 包含以下函数依赖 $AB \to C, BC \to AD, D \to E, CF \to B$，求 $AB \to D$ 是否为函数依赖集 F 所蕴涵，$D \to A$ 又是否为函数依赖集 F 所蕴涵？

3. 给定关系模式 $R(A,B,C)$，存在函数依赖 $A \to BC, B \to AC, C \to AB$，求此函数依赖集的最小覆盖。

4. 给定关系模式 $R(A,B,C,D)$，存在函数依赖 $A \to B, B \to C, C \to D$，假设分解出一个关系模式 $R_1(A,C,D)$，求此关系模式 R_1 上存在的函数依赖。

5. （1）给定关系模式 $R(A,B,C,D)$ 及其函数依赖集 $AB \to C, C \to D, D \to A$，求此关系模式所有的码。

（2）给定关系模式 $S(A,B,C,D)$ 及其函数依赖集 $A \to B, B \to C, B \to D$，求此关系模式所有的码。

（3）给定关系模式 $T(A,B,C,D)$ 及其函数依赖集 $AB \to C, BC \to D, CD \to A, AD \to B$，求此关系模式所有的码。

（4）给定关系模式 $U(A,B,C,D)$ 及其函数依赖集 $A \to B, B \to C, C \to D, D \to A$，求此关系模式所有的码。

6. 给定关系模式 $R(A,B,C,D)$ 及函数依赖集 $A \to B, B \to C, CD \to A$，关系模式 R 分解为 $S_1=\{A,D\}, S_2=\{A,C\}, S_3=\{B,C,D\}$，关系模式 R 的初始表格如下所示。此分解保持无损连接吗？

A	B	C	D
a	b_1	c_1	d
a	b_2	c	d_2
a_3	b	c	d

7. 给定关系 $R(A,B,C,D)$ 及函数依赖集 $B \to AD$，分解为关系 $R_1\{A,B\}, R_2\{B,C\}$ 和 $R_3\{C,D\}$，关系模式 R 的初始化数据如下所示，此分解保持无损连接吗？

A	B	C	D
a	b	c_1	d_1
a_2	b	c	d_2
a_3	b_3	c	d

8. 给定关系 $R(A,B,C,D,E)$ 及函数依赖集 $AB \to C, C \to B, A \to D$，把此关系模式分解为 3NF，并保持函数依赖及无损连接。

9. 判断 $F=\{A \to C, AC \to D, E \to AD, E \to H\}$ 与 $G=\{A \to CD, E \to AH\}$ 两个函数依赖集是否等价。

10. 设有函数依赖集 $F=\{B \to C, C \to A, C \to B, A \to B, A \to C, BC \to A\}$，求与 F 等价的最小函数依赖集。

11. 给定关系模式 $R=\{A,B,C,D,E\}$ 及函数依赖集 $A \to BC, CD \to E, B \to D, E \to A$，把此关系模式 R 分解为既保持无损连接，又保持函数依赖的 3NF，并判断分解模式 $R_1\{A,B,C\}, R_2\{A,D,E\}$ 是否保持无损连接。

第 9 章　关系数据库标准语言 SQL

结构化查询语言(Structured Query Language,SQL)是当前关系数据库的标准操作语言,也是一个通用的、功能极其强大的关系数据库语言。其功能包含数据库模式的定义,数据库数据的增、删、改、查,以及数据库安全性、完整性的定义与维护等功能。

9.1　SQL 概述

1. SQL 介绍

1974 年,SQL 由 Boyce 和 Chamberlin 提出,并于 1979 年在 IBM 公司的 RDBMS 原型 System R 上实现了该语言,此后,主要由一些非营利性机构(ISO、ANSI)组织编写了 SQL 标准,其版本有 SQL-86(SQL1)、SQL-89、SQL-92(SQL2)、SQL-99(SQL3)、SQL 2003、SQL 2008、SQL 2011,其中的数字为发布标准的年份,如表 9.1 所示。每一版本的内容都在上一版的基础上进行扩展。SQL-99 在 SQL-92 的版本上进行修订完善,并扩充了新的功能,如增加了对象的概念,支持大数据类型的存储。SQL-99 包含一个核心规范及一些可选的标准,所有的 RDBMS 都支持核心规范,可选标准包含数据挖掘、空间数据库、时序数据库、多媒体数据库、在线分析处理、数据仓库等应用。SQL 2003 在 SQL-99 的基础上扩充了新的数据类型和新的函数等。本教材主要讲述 SQL-99 的用法。

表 9.1　SQL 标准发展历史

标　准	大致页数	发布日期	标　准	大致页数	发布日期
SQL-86(SQL1)		1986 年 10 月	SQL 2003	3600	2003 年
SQL-89	120	1989 年	SQL 2008	3777	2008 年
SQL-92(SQL2)	622	1992 年	SQL 2011		2011 年
SQL-99(SQL3)	1700	1999 年			

自从 SQL 成为标准后,应用非常广泛,市场上大部分的关系型数据库管理系统都支持 SQL。不仅著名的大型商用数据库产品(如 Oracle、DB2、Sybase、SQL Server)支持 SQL,很多开源的数据库产品(如 PostgreSQL、MySQL)也支持它,甚至一些小型的产品(如 Access)也支持 SQL。近几年,蓬勃发展的 NoSQL 系统最初宣称不再需要 SQL,后来也不得不修正为 Not Only SQL,与 SQL 衔接。

目前,虽然各个数据库厂商都分别推出了支持 SQL 标准的产品,但是没有一个数据库系统能支持 SQL 标准中的所有概念,大部分数据库系统能支持 SQL-92 中的大部分功能及 SQL-99、SQL 2003 的部分新概念。而且为了提高竞争力,还在不同程度上对 SQL 标准进行了扩充和修改,支持标准以外的一些内容,因此,现在的 RDBMS 的 SQL 风格各不相同。也就是说,标准 SQL 与实际数据库产品中的 SQL 并不完全一致。本书不介绍完整的 SQL 标准，只介绍基本概念和基本功能，因此在使用时请查阅各标准及各产品手册。

由于 SQL 成为关系数据库标准语言，当数据库应用系统中需要改变所使用的 RDBMS 时，不需要花费太多的精力，因为这些 RDBMS 都遵循同样的 SQL 标准。

2. SQL 对三级模式结构的支持

SQL 对关系数据库模式的支持，如图 9.1 所示。外模式对应视图，模式对应基本表，内模式对应存储文件。

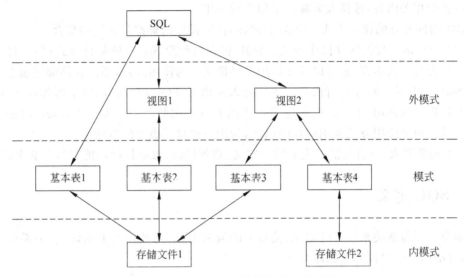

图 9.1 SQL 对关系数据库模式的支持

一个关系对应一个基本表，里面包含实实在在的数据，是独立存在的。一个或者多个表对应保存在一个存储文件中，一个存储文件可能包含多个表，也可能只包含一个表，一个表带若干索引，索引也存放在存储文件中。

存储文件的结构组成了数据库的内模式，其内部结构对终端用户是屏蔽的。

视图是从一个或几个基本表导出的虚拟的表。它本身不独立存在于数据库中，数据库中只存放视图的定义，不存放数据，是虚拟的表。

3. SQL 的内容

SQL 主要关键字如表 9.2 所示，它主要由数据定义语言（DDL）、数据查询语言（DQL）、数据操纵语言（DML）、数据控制语言（DCL）4 部分构成，涉及 9 个关键字。

表 9.2 SQL 主要关键字

数据定义语言 DDL	CREATE、DROP、ALTER
数据查询语言 DQL	SELECT
数据操纵语言 DML	INSERT、UPDATE、DELETE
数据控制语言 DCL	GRANT、REVOKE

4. SQL 的特点

(1) 集 DDL、DML、DCL、DQL 于一体。SQL 集 DDL、DML、DCL、DQL 于一体,可以完成数据库生命周期中的全部活动,包括建立数据库,定义关系模式,对数据及模式的增、删、改、查,数据库的维护、重构,数据库的安全性和完整性控制,为数据库应用系统开发提供了良好的基础。

(2) 高度非过程化。SQL 进行数据操作,用户只需提出"做什么",而不用说明"怎么做",其操作过程由系统自动完成。用户无须了解存取路径、存取路径的选择、操作过程等执行过程的相关内容,这样大大减轻了用户的负担。

(3) 面向集合的操作方式。SQL 的操作对象、操作结果都是元组的集合。

(4) 一种语法提供两种操作方式。SQL 包含两种形式:一种是自含式;另一种是嵌入式。作为自含式语言,它可以独立地用于联机交互的使用方式,用户在终端键盘上直接键入 SQL 命令对数据库进行操作。作为嵌入式语言,SQL 嵌入到高级语言程序中,供程序员设计程序时使用,进行数据库应用系统的开发。在两种使用方式下,SQL 语法结构基本一致。两种使用方式采用同样的语法,为用户提供了极大的方便。

(5) 功能强大,语言简洁。完成数据定义、数据操纵、数据控制功能只需要 9 个动词。

9.2 SQL 定义

本节主要包括关系模式的定义、关系中的数据类型、完整性约束的定义、关系模式的修改,并给出一个具体的数据库举例。

9.2.1 数据定义和数据类型

1. DDL

SQL 的 DDL 可以定义表结构、索引、视图、模式等,也可以对这些数据库对象进行修改和删除。它主要包含表 9.3 所示的 SQL DDL 语句。

表 9.3 SQL DDL 语句

数据库对象	创 建	删 除	修 改
表	CREATE TABLE	DROP TABLE	ALTER TABLE
视图	CREATE VIEW	DROP VIEW	ALTER VIEW
索引	CREATE INDEX	DROP INDEX	ALTER INDEX

在早期的数据库系统中,所有的数据库对象都属于一个数据库,只有一个命名空间,现代的 RDBMS 提供了一个层次化的命名空间,一个数据库服务器(实例)中可以创建多个数据库,每个数据库下面有可能有多个模式,每个模式下面通常包含多个数据库对象,如表、视图、索引。

本章以 Microsoft SQL Server 作为实验环境,所有的语句都在此环境下成功运行,该实验环境不区分大小写。

（1）创建数据库，其语句如下：

CREATE DATABASE 数据库名;

【例 9.1】 创建学生数据库。

CREATE DATABASE student;

（2）创建模式。从 SQL2 开始增加了模式的概念。必须有相应的权限，才可以创建模式。

创建模式的语句如下：

CREATE SCHEMA <模式名>AUTHORIZATION <用户名>;

定义模式实际上是定义了一个命名空间，在这个空间中包含表、视图、索引等数据库对象。

【例 9.2】 创建模式 student_tom。

CREATE SCHEMA student_tom;

【例 9.3】 为用户 huang 创建 student_tom 模式。

CREATE SCHEMA student_tom AUTHORIZATION huang;

可以在定义模式的同时定义表、视图、索引等数据库对象。

在 SQL 中，删除模式的语句如下：

DROP SCHEMA <模式名><CASCADE|RESTRICT>;

CASCADE 表示删除模式的同时删除模式中的所有对象，RESTRICT 表示如果模式中存在对象，则拒绝删除该模式。

【例 9.4】 删除模式 student_tom。

DROP SCHEMA student_tom CASCADE;

（3）创建表。模式创建完毕后，就可以在其中创建表了。

创建表的语法格式如下：

CREATE TABLE　　<表名>(
<列名>　<数据类型>　[列完整性约束条件]
[,<列名>　<数据类型>　[列完整性约束条件]]
　　⋮
[,<表级完整性约束条件>]);

【例 9.5】 建立学生表 student。

CREATE TABLE student
(
　　sno CHAR(5),

```
    sname CHAR(20),
    ssex CHAR(2),
    sage INT,
    sdept CHAR(30)
);
```

2. 数据类型

不同的 RDBMS 环境下有不同的数据类型，SQL 支持的常用数据类型如表 9.4 所示。

表 9.4 SQL 支持的常用数据类型

数据类型		说明符	解释
数值型	大整型	BIGINT	整数值，一般用 8 个字节存储
	整型	INT,INTEGER	整数值，一般用 4 个字节存储
	小整型	SMALLINT	整数值，一般用 2 个字节存储
	定点数值型	DECIMAL(P,[S])	表示定点数。P 表示总的数字位数。S 表示小数点后的位数
	定点数值型	NUMERIC(P,[S])	同 decimal
	浮点数值型	REAL	取决于机器精度的浮点数
	浮点数值型	DOUBLE	取决于机器精度的双精度浮点数
	浮点数值型	FLOAT(n)	浮点数，一般精度至少为 n 位数字
字符串型	定长字符串	CHAR(n),CHARACTER(n)	长度为 n 的定长字符串
	变长字符串	VARCHAR(n),CHARACTERVARYING(n)	最大长度为 n 的变长字符串
位串型	位串	BIT(n)	表示长度为 n 的二进制位串
	变长位串	BIT VARYING(n)	表示长度为 n 的变长二进制位串
日期时间型	日期型	DATE	表示日期值年、月、日，表示为 YYYY-MM-DD
	时间型	TIME	表示时间值时、分、秒，表示为 HH:MM:SS
	日期时间型	DATETIME	表示日期时间值年、月、日、时、分、秒，表示为 YYYY-MM-DD HH:MM:SS
逻辑型	布尔值		其值为 true 或者 false，表示真或者假
大对象	字符型大对象	CLOB	字符串大对象
	二进制型大对象	BLOB	二进制大对象
时间戳型		TIMESTAMP	由日期、时间、6 位秒精度、时区构成，如 '2017-08-30 08:00:00 648302'

字符数据类型的数据放在单引号里面,区分大小写;按照字母表顺序,如果一个字符串 str1 出现在另一个字符串 str2 前面,则认为 str1 小于 str2。字符串连接符号为"||",例如'abc'||'xyz',其结果为'abcxyz'。

日期、时间、时间戳能够被转换成字符串类型并进行比较。

9.2.2 定义约束

可以在创建表的同时,指定完整性约束,也可以在表创建好后再添加完整性约束。完整性约束被保存到数据字典中。一旦对数据库中的数据进行操作,DBMS 会自动根据定义的完整性约束检查数据是否满足条件,而采取相应的拒绝和接受操作。

1. 主键约束

主键约束的关键字是 PRIMARY KEY。

【例 9.6】 定义学生表中的学号为主键。

```
CREATE TABLE student(
sno CHAR(10),
sname VARCHAR(20),
sage INT,
sdept CHAR(20),
sex CHAR(2),
PRIMARY KEY(sno)
);
```

【例 9.7】 定义课程表中的课程号为主键。

```
CREATE TABLE course(
cno INT PRIMARY KEY,
cname VARCHAR(50),
credit DECIMAL(2,1),
cpno INT
);
```

【例 9.8】 在选课表中将学号及课程号定义为组合主键。

```
CREATE TABLE sc(
sno CHAR(10),
cno INT,
grade DECIMAL(3,1),
PRIMARY KEY(sno,cno)
)
```

定义主键约束时,如果主键由单一属性构成,则可以在属性定义后直接定义主键,如课程表,也可以在创建表语句的末尾定义,如学生表;如果主键是组合属性,则主键必须在所有的属性定义完后再进行定义,如选课表。

定义主键约束时,还可以通过系统提供的CONSTRAINT关键字来实现。

【例9.9】 对课程表的定义,还可以有如下两种表示方式。

```
CREATE TABLE course(
cno INT,
cname VARCHAR(50),
credit DECIMAL(2,1),
cpno INT,
CONSTRAINT pk_cno PRIMARY KEY(cno)
);
```

或者

```
CREATE TABLE course(
cno INT CONSTRAINT pk_cno PRIMARY KEY(cno),
cname VARCHAR(50),
credit DECIMAL(2,1),
cpno INT
);
```

2. 外键约束

外键约束的关键字为FOREIGN KEY。

【例9.10】 创建选课表,并添加外键。

```
CREATE TABLE sc(
sno CHAR(10),
cno INT,
grade DECIMAL(3,1),
PRIMARY KEY(sno,cno),
FOREIGN KEY(sno)REFERENCES student(sno),
FOREIGN KEY(cno)REFERENCES course(cno)
);
```

选课表中的学号是外键,其值参考学生表中学号的值;选课表中的课程号是外键,其值参考课程表中课程号的值。

【例9.11】 创建课程表,并给cpno添加外键,它参考本表中课程号的值。

```
CREATE TABLE course(
cno INT PRIMARY KEY,
cname VARCHAR(50),
credit DECIMAL(2,1),
cpno INT,
FOREIGN KEY(cpno)REFERENCES course(cno)
);
```

同样，也可以通过系统提供的CONSTRAINT关键字来实现外键约束。

【例9.12】 对选课表定义外键约束。

```
CREATE TABLE sc(
sno CHAR(10),
cno INT,
grade DECIMAL(3,1),
PRIMARY KEY(sno,cno),
CONSTRAINT fk_sno FOREIGN KEY(sno)REFERENCES student(sno),
CONSTRAINT fk_cno FOREIGN KEY(cno)REFERENCES course(cno)
);
```

通过参照完整性就把学生表和选课表两个表相应的元组联系起来了。加入外键约束后，DBMS对增、删、改数据操作采取一定的策略。

考虑以下情况：

（1）对选课表新增加一行数据时，其新增加的学号值不是学生表中存在的学生。

（2）对选课表修改学号值时，其修改后的学号值不是已存在的学生表中的学生。

（3）修改学生表的学号值，造成选课表的某些元组的学号值在学生表中找不到对应的元组。

（4）删除学生表的数据，造成选课表的某些元组的学号值在学生表中找不到对应的元组。

当以上情况发生时，系统可以采用如下策略之一。

（1）拒绝执行（关键字NO ACTION）该操作，一般是系统的默认策略。

（2）级联操作（关键字CASCADE），即修改和删除被参照表的被参照属性值时，相应的参照表的外键的值也跟着相应变化。如删除学生表中的某个学生时，其在选课表中的相应选课记录同时被删除。

（3）设置为空值（关键字SET NULL），即修改和删除被参照表的被参照属性值时，相应的参照表的外键的值设置为空值。

【例9.13】 对选课表定义外键约束，并设置相应的策略。

```
CREATE TABLE sc(
sno CHAR(10),
cno INT,
grade DECIMAL(3,1),
PRIMARY KEY(sno,cno),
CONSTRAINT fk_sno FOREIGN KEY(sno)REFERENCES student(sno)
ON DELETE CASCADE
ON UPDATE CASCADE,
CONSTRAINT fk_cno FOREIGN KEY(cno)REFERENCES course(cno)
ON DELETE NO ACTION
ON UPDATE NO ACTION
);
```

该例子对选课表的外键sno设置成级联删除和级联修改，当有学生表中的学生被删除或者修改时,其对应的选课记录分别级联删除或者级联修改。对外键 cno 的策略则设置成拒绝执行,即当有课程表的课程被删除或者修改时,系统会禁止执行该操作,因为选课表引用了该课程记录。

3. 用户自定义约束

用户自定义约束多种多样,一般是根据用户需求或者应用环境需求进行设置的,包含默认约束(DEFAULT)、检查约束(CHECK)、非空约束(NOT NULL)、唯一约束(UNIQUE)等。

【例 9.14】 创建 student 表,添加用户自定义约束,年龄在某个范围之内,专业默认为 cs。

```
CREATE TABLE student(
sno CHAR(10),
sname VARCHAR(20),
sage int CHECK(sage<=35 AND sage>=15),
sdept CHAR(20) DEFAULT 'cs',
sex CHAR(2),
PRIMARY KEY(sno)
);
```

可以写成如下语句。

```
CREATE TABLE student(
sno CHAR(10),
sname VARCHAR(20),
sage INT,
sdept CHAR(20) DEFAULT 'cs',
sex CHAR(2),
PRIMARY KEY(sno),
CHECK(sage<=35 AND sage>=15)
);
```

或者采用关键字 CONSTRAINT 来引导约束。

```
CREATE TABLE student(
sno CHAR(10),
sname VARCHAR(20),
sage INT CONSTRAINT ck_sage CHECK(sage<=35 AND sage>=15),
sdept CHAR(20) DEFAULT 'cs',
sex CHAR(2),
PRIMARY KEY(sno)
);
```

【例 9.15】 创建 course 表,课程名唯一且必须输入值。

```
CREATE TABLE course(
```

```
cno INT PRIMARY KEY,
cname VARCHAR(50)UNIQUE NOT NULL,
credit DECIMAL(2,1),
cpno INT
);
```

前面所学的实体完整性约束由 UNIQUE 和 PRIMARY KEY 实现;参照完整性约束由 FOREIGN KEY 实现;用户自定义约束由 CHECK、DEFAULT、NOT NULL 等实现。

完整性约束对象可以是列、元组、关系 3 类。列级约束主要限制单个属性取值,如对属性的取值范围、属性取值的格式、属性取值的精度等。元组约束定义几个属性值之间的联系,如工资表中包含应发工资、实发工资等列,要求实发工资不能大于应发工资。表级约束定义多个表之间的联系,以及多个元组之间的联系,如外键约束。

9.2.3 模式修改语句

1. 修改表结构

修改表结构的语句格式:

```
ALTER TABLE <表名>
[ADD [COLUMN] <新列名><数据类型>[列完整性约束条件]]
[ADD<表级完整性约束>]
[DROP[COLUMN]<列名>[CASCADE|RESTRICT]]
[DROP CONSTRAINT <完整性约束名>[CASCADE|RESTRICT]]
[ALTER[COLUMN]<列名><数据类型>];
```

【例 9.16】 在 student 表结构中增加一个电话号码(stel)属性。

```
ALTER TABLE student ADD stel CHAR(20)NOT NULL;
```

【例 9.17】 删除 student 表的 stel 属性。

```
ALTER TABLE student DROP stel;
```

【例 9.18】 修改 student 表的 stel 列的属性。

```
ALTER TABLE student ALTER stel CHAR(12);
```

2. 添加约束

可以在表创建好后,对表添加约束。
假设学生表、课程表及选课表上没有约束,可对其添加约束。

【例 9.19】 对学生表 student 添加主键约束。

```
ALTER TABLE student
ADD CONSTRAINT pk_sno PRIMARY KEY(sno);
```

【例9.20】 对选课表sc添加外键约束。

```
ALTER TABLE sc
ADD CONSTRAINT fk_sno FOREIGN KEY(sno)REFERENCES student(sno);
```

【例9.21】 对学生表student添加check约束。

```
ALTER TABLE student
ADD CONSTRAINT ck_sage CHECK(sage<=35 AND sage>=15);
```

3. 删除数据库表对象

语句格式：

```
DROP TABLE <表名>;
```

删除表结构时，表中的数据也一并删除。因此，删除表要慎重！

【例9.22】 删除课程表course。

```
DROP TABLE course;
```

9.2.4 应用举例

定义第2章中公司示例数据库的6个表，并定义相关的约束。

```
CREATE TABLE employee
(
name CHAR(20)NOT NULL UNIQUE,
ssn CHAR(9)PRIMARY KEY,
bdate DATETIME,
address CHAR(50),
ssex CHAR(2)CHECK(ssex='男'OR ssex='女'),
salary INT,
superssn CHAR(9),
dno INT
);
CREATE TABLE department(
dname CHAR(20),
dnumber INT PRIMARY KEY,
mgrssn CHAR(9),
mgrstartdate DATETIME,
FOREIGN KEY(mgrssn)REFERENCES employee(ssn)
);
CREATE TABLE dept_locations(
dnumber INT,
dlocation CHAR(50),
PRIMARY KEY(dnumber,dlocation),
```

```
CONSTRAINT fk_dnumber FOREIGN KEY(dnumber)REFERENCES department(dnumber)
);
CREATE TABLE project(
pname CHAR(20)CONSTRAINT not_null_pname NOT NULL,
pnumber INT,
plocation CHAR(50),
dnum INT,
CONSTRAINT pk_pnumber PRIMARY KEY(pnumber),
FOREIGN KEY(dnum)REFERENCES department(dnumber)
);
CREATE TABLE works_on(
essn CHAR(9),
pno INT,
hours DECIMAL(3,1),
PRIMARY KEY(essn,pno),
FOREIGN KEY(essn)REFERENCES employee(ssn)
ON DELETE CASCADE
ON UPDATE CASCADE,
FOREIGN KEY(pno)REFERENCES project(pnumber)
ON DELETE CASCADE
ON UPDATE CASCADE,
CONSTRAINT ck_hours CHECK(hours>0 AND hours<40)
);
CREATE TABLE dependent(
essn CHAR(9),
dependent_name CHAR(20),
ssex CHAR(2),
bdate DATETIME,
relationship CHAR(10),
CONSTRAINT ck_sex CHECK(ssex IN('男','女')),
CONSTRAINT pk_essn PRIMARY KEY(essn,dependent_name),
CONSTRAINT fk_essn FOREIGN KEY(essn)REFERENCES employee(ssn)
ON DELETE NO ACTION
ON UPDATE NO ACTION
);
ALTER TABLE employee
ADD CONSTRAINT fk_dno FOREIGN KEY(dno)REFERENCES department(dnumber);
ALTER TABLE employee
ADD CONSTRAINT fk_superssn FOREIGN KEY(superssn)REFERENCES employee(ssn);
```

9.3 查询

数据查询是数据库系统最常用的一项操作。DBMS 必须提供强大而完善的数据查询功能。对于关系数据库，查询有时可能需要从多个表中取得数据。SQL 只用 SELECT

就能完成各种查询。数据查询涉及单表查询、多表查询、嵌套查询、集合查询等内容。

1. 查询语句的一般语法格式

查询语句的一般语法格式如下：

```
SELECT [ALL|DISTINCT] <目标列表达式>[别名] [,<目标列表达式>[别名] ]…
FROM <表名或视图名>[,<表名或视图名>…]|(<SELECT 语句>) [AS]<别名>
[WHERE <条件表达式>]
[GROUP BY <列名 1>[HAVING <条件表达式>]]
[ORDER BY <列名 2>[ASC|DESC]];
```

其语法格式说明如下。
(1) 目标列表达式可以有以下格式。

① *
② <表名>.*
③ COUNT([ALL|DISTINCT] *|属性列名)
④ [<表名>.]<属性列名表达式>[别名]

(2) WHERE 条件表达式非常灵活。

(3) GROUP BY 表示按列名 1 的值分组。HAVING ＜条件表达式＞ 表示符合条件的组才输出。

(4) [ORDER BY ＜列名 2＞[ASC｜DESC]]：表示查询结果按列名 2 升序或者降序排序。

2. SQL 语句的含义

整个 SQL 语句的含义是，根据 WHERE 子句的条件表达式从 FROM 子句指定的基本表、视图、派生表中找出满足条件的元组，再按 SELECT 子句中的目标列表达式选出元组中的属性值形成结果表。

如果 SQL 语句中有 GROUP BY 子句，则查询结果按＜列名 1＞进行分组，该属性列值相等的元组为一个组。通常会在每组中使用聚集函数。如果 GROUP BY 子句后带有 HAVING 短语，则只有满足指定条件的组才会输出。

如果 SQL 语句中有 ORDER BY 子句，则查询结果将按＜列名 2＞进行升序或者降序排序。

9.3.1 单表查询

单表查询即简单查询，仅涉及一个表的查询。

1. 查询输出选择若干属性列

查询结果可以输出指定列、输出全部列、输出经过计算的列。

1）输出指定列

【例 9.23】 查询全体学生的姓名。

```
SELECT sname
FROM student;
```

【例 9.24】 查询全体学生的学号及姓名。

```
SELECT sno,sname
FROM student;
```

2）输出全部列

【例 9.25】 查询学生的所有基本信息,用 * 表示所有字段,或者列出所有的属性名。

```
SELECT *
FROM student;
```

3）给列设置别名

【例 9.26】 给输出列设置别名,如 sno 的别名为学号。

```
SELECT sno 学号,sname 姓名
FROM student;
```

4）输出经过计算的列

【例 9.27】 输出列表达式。

(1)
```
SELECT sno+sname AS 学号姓名
   FROM student;
```

(2)
```
SELECT sno,sage-1
   FROM student;
```

5）比较关键字 ALL 与 DISTINCT 的区别

ALL 表示列出该列的所有值,DISTINCT 表示列出此列所有不同的值,默认情况下列出所有的值(省略 ALL)。

【例 9.28】 查询学生的年龄,有以下 3 种表示方法,第一种和第二种表示方法的结果相同,第三种表示方法的结果与前两种表示方法的结果不同。

(1)
```
SELECT sage
   FROM student;
```

(2)
```
SELECT ALL sage
   FROM student;
```

(3)
```
SELECT DISTINCT sage
   FROM student;
```

2. 查询输出满足条件的行

查询输出满足条件的行,其中条件包括:比较大小、确定范围、确定集合、字符匹配、

空值、多重条件等,主要用 WHERE 关键字来引导条件表达式。WHERE 条件表达式相当灵活,可以表示很多复杂的条件,主要有以下表达方式,如表 9.5 所示。

表 9.5 WHERE 条件表达式

查询条件	谓 词
比较大小	=,>,<,>=,<=,!=,<>,!<,!>;NOT 加上述符号
确定范围	BETWEEN AND,NOT BETWEEN AND
确定集合	IN,NOT IN
字符匹配	LIKE(%,_),NOT LIKE(%,_)
空值	IS NULL,IS NOT NULL
多重条件	AND,OR,NOT

(1) 查询条件为确定范围、比较大小、确定集合、多重条件。

【例 9.29】 查询年龄为 19 岁的学生信息。

```
SELECT *
FROM student
WHERE sage=19;
```

【例 9.30】 查询姓名为刘佳的信息。

```
SELECT *
FROM student
WHERE sname='刘佳';
```

【例 9.31】 查询年龄为 18 岁或者 19 岁的学生姓名。以下 3 种表示方法都可以,分别用关系运算符、范围表示以及 OR 条件实现。

① ```
SELECT sname
FROM student
WHERE sage<=19 AND sage>=18;
```

② ```
SELECT sname
FROM student
WHERE sage BETWEEN 18 AND 19;
```

③ ```
SELECT sname
FROM student
WHERE sage=18 OR sage=19;
```

【例 9.32】 查询姓名为孙晋和张慧的信息。

```
SELECT *
FROM student
WHERE sname IN('孙晋','张慧');
```

(2) 查询条件为字符串匹配。

字符串模糊匹配采用关键字 LIKE,其中涉及通配符%及_,通配符%表示任意长度
```

的字符串;通配符_表示任意一个字符。

【例 9.33】 查询姓何的学生信息。

SELECT sno,sname
FROM student
WHERE sname LIKE'何%';

【例 9.34】 查询姓名中包含"佳"的学生信息。

SELECT *
FROM student
WHERE sname LIKE '%佳%';

【例 9.35】 查询课程名称以 c 开头,第二个字符为任意字符,以 design 结尾的课程信息。

SELECT *
FROM course
WHERE cname LIKE'c_design';

如果查询的内容本身含有%或者_字符,就需要使用转义字符,即使用关键字 ESCAPE。

【例 9.36】 查询课程名称为 c_design 的信息,有以下两种表示方法,转义字符可以是任意字符。这里,(1)中的左斜线为转义字符,(2)中的右斜线为转义字符。

(1) SELECT *
    FROM course
    WHERE cname LIKE 'c_design' ESCAPE'\';

(2) SELECT *
    FROM course
    WHERE cname LIKE'c/_design' ESCAPE'/';

3. 使用聚集函数

在查询的输出列表达式中可以使用**聚集函数**。聚集函数包括如下。
COUNT([DISTINCT| ALL] *):统计元组个数。
COUNT([DISTINCT| ALL] <列名>):统计一列中值的个数。
SUM([DISTINCT| ALL] <列名>):计算一列值的总和。
AVG([DISTINCT| ALL] <列名>):计算一列值的平均值。
MAX([DISTINCT| ALL] <列名>):计算一列值的最大值。
MIN([DISTINCT| ALL] <列名>):计算一列值的最小值。

【例 9.37】 查询学生的人数,有以下两种表示方法。

(1) SELECT COUNT(sno)
    FROM student;

(2) SELECT COUNT(*)

FROM student;

4. 分组

(1) 对查询结果进行分组,采用关键字 GROUP BY。一般来说,分组语句和聚集函数结合起来使用。

【例 9.38】 查询男生和女生的人数。

```
SELECT ssex,COUNT(sno)
FROM student
GROUP BY ssex;
```

【例 9.39】 查询男生及女生的平均年龄。

```
SELECT ssex,AVG(sage)
FROM student
GROUP BY ssex;
```

【例 9.40】 查询每个系学生的平均年龄。

```
SELECT sdept,AVG(sage)
FROM student
GROUP BY sdept;
```

【例 9.41】 查询每个系最大的学生年龄。

```
SELECT sdept,MAX(sage)
FROM student
GROUP BY sdept;
```

【例 9.42】 查询每门课程的选课人数。

```
SELECT cno,COUNT(sno)
FROM sc
GROUP BY cno;
```

【例 9.43】 查询每个学生的选课门数。

```
SELECT sno,COUNT(cno)
FROM sc
GROUP BY sno
```

【例 9.44】 查询每门课的平均成绩。

```
SELECT cno,AVG(grade)
FROM sc
GROUP BY cno;
```

(2) 对分组设置限定条件用关键字 HAVING 表示,满足条件的分组才在结果中列出。

【例 9.45】 查询至少有 2 个学生选修的课程。

```
SELECT cno,COUNT(sno)
FROM sc
GROUP BY cno HAVING COUNT(sno)>=2;
```

【例 9.46】 查询至少选修了 2 门及 2 门以上课程的学生。

```
SELECT sno,COUNT(cno)
FROM sc
GROUP BY sno HAVING COUNT(cno)>=2;
```

5. 对查询结果排序

对查询结果进行排序,采用关键字 ORDER BY。

【例 9.47】 查询学生信息,结果按照姓名升序输出。以下两种方法结果相同。

(1)
```
SELECT sno,sname
    FROM student
    ORDER BY sname;
```

(2)
```
SELECT sno,sname
    FROM student
    ORDER BY sname ASC;
```

【例 9.48】 查询学生信息,结果按照姓名降序输出。

```
SELECT sno,sname
FROM student
ORDER BY sname DESC;
```

9.3.2 多表查询

当查询涉及多个表时,这些表就需要进行笛卡儿积或者进行连接才可以获得正确答案。本节的内容是关系代数操作理论中讲述过的笛卡儿积、内连接、外连接的 SQL 实现内容。

当查询涉及两个表时,一般格式如下所示。

[表名1.]列名1　比较运算符　[表名2.]列名2

以上语句完整的表现形式为

```
SELECT [ALL | DISTINCT] <目标列表达式>[别名] [,<目标列表达式>[别名] ]…
FROM <表名1或视图名>[,<表名2或视图名>…]|(<SELECT 语句>)[AS]<别名>
[WHERE [表名1.]列名1 比较运算符 [表名2.]列名2 [and|or]条件表达式…]
[GROUP BY <列名1>[HAVING <条件表达式>]]
[ORDER BY <列名2>[ASC | DESC]];
```

该语句的功能是为多个表进行笛卡儿积,选出满足比较运算符条件的那些行。

1. 笛卡儿积

【例 9.49】

```
SELECT student.*,sc.*
FROM student,sc;
```

该查询的结果实际是没有意义的,它是由学生表和选课表进行笛卡儿积,结果如表 9.6 所示。

表 9.6 笛卡儿积结果

sno	sname	ssex	sage	sdept	sno	cno	grade
160610101	刘佳	女	19	physics	160610101	1	91
160610101	刘佳	女	19	physics	160610101	2	87
160610101	刘佳	女	19	physics	160610101	3	88
160610101	刘佳	女	19	physics	160610102	2	90
160610101	刘佳	女	19	physics	160610102	3	81
160610102	何鹏	男	20	network	160610101	1	91
160610102	何鹏	男	20	network	160610101	2	87
160610102	何鹏	男	20	network	160610101	3	88
160610102	何鹏	男	20	network	160610102	2	90
160610102	何鹏	男	20	network	160610102	3	81
160610103	孙晋	男	18	computer	160610101	1	91
160610103	孙晋	男	18	computer	160610101	2	87
160610103	孙晋	男	18	computer	160610101	3	88
160610103	孙晋	男	18	computer	160610102	2	90
160610103	孙晋	男	18	computer	160610102	3	81
160610105	张慧	女	19	database	160610101	1	91
160610105	张慧	女	19	database	160610101	2	87
160610105	张慧	女	19	database	160610101	3	88
160610105	张慧	女	19	database	160610102	2	90
160610105	张慧	女	19	database	160610102	3	81

1) 等值连接

【例 9.50】 查询刘佳同学选修的所有课的课程号。

```
SELECT cno
FROM student,sc
WHERE sc.sno=student.sno
AND sname='刘佳';
```

此查询中涉及学生表和选课表,这两个表进行笛卡儿积后,选出刘佳所选的课程,即选出同时满足两个条件的那些行。第一个条件是学生表的学号值和选课表的学号值相等的那些行;第二个条件是与刘佳同学的学号相同的那些行,结果如下。

cno
1
2
3

【例 9.51】 查询选修了数据库这门课程的学生的学号。

```
SELECT sno
FROM course,sc
WHERE course.cno=sc.cno AND cname='数据库';
```

此查询中涉及课程表和选课表,这两个表进行笛卡儿积后,选出同时满足两个条件的那些行。第一个条件是课程表的课程号值和选课表的课程号值相等的那些行;第二个条件是选出课程号值与数据库的课程号相同的那些行。

【例 9.52】 查询学校开设课程的选修情况。

```
SELECT sc.*,course.*
FROM sc, course
WHERE sc.cno=course.cno;
```

此查询中涉及课程表和选课表,这两个表进行笛卡儿积后,选出课程表中课程号值与选课表中的课程号相同的那些行,结果如表 9.7 所示。

表 9.7 课程的被选情况

sno	cno	grade	cno	cname	cpno	ccredit
160610101	1	91	1	数据库	5	4
160610101	2	87	2	数学		2
160610101	3	88	3	信息系统	1	4
160610102	2	90	2	数学		2
160610102	3	81	3	信息系统	1	4

2) 不等值连接

【例 9.53】 比较不同学生同一科目之间成绩的高低,其结果如表 9.8 所示。

```
SELECT DISTINCT sc1.*, sc2.*
FROM sc sc1,sc sc2
WHERE sc1.grade <=sc2.grade AND sc1.sno!=sc2.sno AND sc1.cno=sc2.cno;
```

表 9.8 不同学生同一科目之间成绩的高低结果

sc1.sno	sc1.cno	sc1.grade	sc2.sno	sc2.cno	sc2.grade
160610101	2	87	160610102	2	90
160610102	3	81	160610101	3	88

2. 内连接

内连接的关键字为 INNER JOIN,完整的 SQL 语句表现形式为

```
SELECT [ALL | DISTINCT] <目标列表达式>[别名] [,<目标列表达式>[别名]]…
FROM <表名 1 或视图名>[,INNER JOIN <表名 2 或视图名>
ON <表名 1.列名 1=|其他比较运算符 表名 2.列名 2>…
[WHERE <条件表达式>]
[GROUP BY <列名 1> [HAVING <条件表达式>]]
[ORDER BY <列名 2> [ASC | DESC]];
```

【例 9.54】 查询刘佳同学选修的所有课的课程号。

```
SELECT cno
FROM student INNER JOIN sc
ON sc.sno=student.sno
WHERE sname='刘佳';
```

此查询中涉及学生表和选课表,这两个表在学号这一列上进行等值连接后,选出姓名为刘佳的那些行。

【例 9.55】 查询选修了数据库这门课程的学生的学号。

```
SELECT sno
FROM course INNER JOIN sc
ON course.cno=sc.cno AND cname='数据库';
```

此查询中涉及课程表和选课表,这两个表在课程号上进行等值连接后,选出课程名为数据库的那些行。

【例 9.56】 查询学校开设课程的选修情况。

```
SELECT sc.*,course.*
FROM sc INNER JOIN course
ON sc.cno=course.cno;
```

此查询中涉及课程表和选课表,这两个表在课程号上进行等值连接。

自然连接是在等值连接的基础上去掉重复的属性列。

【例 9.57】 查询学生的选课情况。

第一种实现方式,如表 9.9 所示。

```
SELECT student.*,sc.*
FROM student INNER JOIN sc
ON sc.sno=student.sno;
```

表 9.9 学生的选课情况一

sno	sname	ssex	sage	sdept	sno	cno	grade
160610101	刘佳	女	19	physics	160610101	1	91
160610101	刘佳	女	19	physics	160610101	2	87
160610101	刘佳	女	19	physics	160610101	3	88
160610102	何鹏	男	20	network	160610102	2	90
160610102	何鹏	男	20	network	160610102	3	81

第二种实现方式,如表 9.10 所示。

```
SELECT student.*,cno,grade
FROM student INNER JOIN sc
ON sc.sno=student.sno;
```

表 9.10 学生的选课情况二

sno	sname	ssex	sage	sdept	cno	grade
160610101	刘佳	女	19	physics	1	91
160610101	刘佳	女	19	physics	2	87
160610101	刘佳	女	19	physics	3	88
160610102	何鹏	男	20	network	2	90
160610102	何鹏	男	20	network	3	81

其中第二种实现方式就是自然连接,它是在第一种实现方式等值连接结果中去掉重复的属性列 sno。

3. 外连接

全外连接的关键字为[FULL]OUTER JOIN,左外连接的关键字为 LEFT OUTER JOIN,右外连接的关键字为 RIGHT OUTER JOIN。外连接的完整 SQL 语句表现形式为

```
SELECT [ALL | DISTINCT] <目标列表达式>   [别名] [,<目标列表达式>[别名]]…
FROM <表名 1 或视图名>[,LEFT|RIGHT|FULL OUTER JOIN <表名 2 或视图名>
ON <表名 1.列名 1=| 其他比较运算符 表名 2.列名 2>…
[WHERE <条件表达式>]
[GROUP BY <列名 1>[HAVING <条件表达式>]]
[ORDER BY <列名 2 >[ASC | DESC]];
```

【例 9.58】 查询所有学生的基本信息及选了课的学生的选课情况,结果如表 9.11 所示。

```
SELECT student.*,sc.*
FROM student LEFT OUTER JOIN sc
ON student.sno=sc.sno;
```

在此查询中,要求查询结果既包含选了课的学生信息,又包含没有选课的学生信息,因此用到左外连接。

表 9.11 所有学生的基本信息及选了课的学生的选课情况

sno	sname	ssex	sage	sdept	sno	cno	grade
160610101	刘佳	女	19	physics	160610101	1	91
160610101	刘佳	女	19	physics	160610101	2	87
160610101	刘佳	女	19	physics	160610101	3	88

续表

sno	sname	ssex	sage	sdept	sno	cno	grade
160610102	何鹏	男	20	network	160610102	2	90
160610102	何鹏	男	20	network	160610102	3	81
160610103	孙晋	男	18	computer			
160610105	张慧	女	19	database			

【例 9.59】 查询所有课程的基本信息及被选修的情况,结果如表 9.12 所示。

```
SELECT sc.*,course.*
FROM sc RIGHT OUTER JOIN course
ON sc.cno=course.cno;
```

在此查询中,要求查询结果既包含被选修了的课程信息,又包含没有被选修的课程信息,因此用到右外连接。

表 9.12 所有课程的基本信息及被选情况

sno	cno	grade	cno	cname	cpno	ccredit
160610101	1	91	1	数据库	5	4
160610101	2	87	2	数学		2
160610101	3	88	3	信息系统	1	4
160610102	2	90	2	数学		2
160610102	3	81	3	信息系统	1	4
			4	操作系统	6	3
			5	数据结构	7	4
			6	计算机网络	4	3
			7	C语言	6	4
			8	大学物理	2	4

4. 自身连接

自身连接即同一个表与自己进行连接,是多表查询中的一种特殊情况。

【例 9.60】 求出每门课程的直接先修课程。

第一种实现方式(笛卡儿积):

```
SELECT c1.cname,c2.cname
FROM course c1,course c2
WHERE c1.cpno=c2.cno;
```

第二种实现方式(内连接):

```
SELECT c1.cname,c2.cname
FROM course c1 INNER JOIN course c2
ON c1.cpno=c2.cno;
```

在该查询中,课程表和自己进行等值连接,这时需要为每个表设置一个别名,表示存在两个一模一样的课程表,只是名字分别为 c1 和 c2,选出的 c1 表的先修课程号值与 c2 表的课程号值相同的那些行就是查询结果。

【例 9.61】 查询和刘佳同学在同一个系的学生姓名。

```
SELECT s2.sname
FROM student s1,student s2
WHERE s1.sdept=s2.sdept AND s1.sname='刘佳'
AND s2.sname!='刘佳';
```

5. 多表连接(3 个及 3 个以上的表)

查询涉及 3 个及 3 个以上的表时,两两表之间进行等值连接。

【例 9.62】 查询出刘佳同学选修的所有课的课程名。

```
SELECT cname
FROM sc,student,course
WHERE student.sno=sc.sno AND sc.cno=course.cno
AND sname='刘佳';
```

或者

```
SELECT cname
FROM sc INNER JOIN student
ON student.sno=sc.sno INNER JOIN course on sc.cno=course.cno
AND sname='刘佳';
```

9.3.3 嵌套查询

嵌套查询指的是一个查询块(SELECT-FROM-WHERE)嵌入到另一个查询块中。被嵌套的查询叫**父查询**或者**外查询**,嵌套的查询叫**子查询**或**内查询**。嵌套查询分为两类:相关的嵌套查询和不相关的嵌套查询。

不相关的嵌套查询可以采用以下方式引导子查询。
- 用 IN 谓词引导子查询。
- 用比较运算符引导子查询。
- 用 ANY、SOME、ALL 引导子查询。

而相关子查询除了可以用以上方式引导子查询外,还可以用 EXISTS 引导子查询。

1. 不相关的嵌套查询

不相关的嵌套查询指的是查询的执行过程是由内到外的顺序,即先执行内查询,再执行外查询。内查询的查询结果作为外查询的查询条件,而且内查询和外查询都只执行一次。

1) 用比较运算符引导子查询

用比较运算符引导子查询是指父查询与子查询之间用比较运算符进行连接,当内查询返回的是单个值时,可以用>=、<=、<、>、=、!=或者<>去连接子查询。

【例9.63】 查询刘佳同学选修的课程号。

```
SELECT cno
FROM sc
WHERE sno=
    (SELECT sno
     FROM student
     WHERE sname='刘佳');
```

该查询首先在内查询中找出刘佳同学的学号,外查询再根据这个学号值找出相应的课程号。但是,如果学生中叫刘佳的多于1个,则此查询就是错误的,应该改为如下语句。

```
SELECT cno
FROM sc
WHERE sno IN
    (SELECT sno
     FROM student
     WHERE sname='刘佳');
```

2)用IN谓词引导子查询

如果子查询返回的值是多个时,就只能用IN,而不能用=,IN后面接的是集合,而=后面是一个具体的值。

【例9.64】 查询选修了数据库这门课程的学生的学号。

```
SELECT sno
FROM sc
WHERE cno IN
    (SELECT cno
     FROM course
     WHERE cname='数据库');
```

在该查询中可以用=代替IN,因为课程名字为数据库的只有一门。

嵌套查询允许多层嵌套。

【例9.65】 查询选修了数据库这门课程的学生姓名。

```
SELECT sname
FROM student
WHERE sno IN
    (SELECT sno
     FROM sc
     WHERE cno IN
        (SELECT cno
         FROM course
         WHERE cname='数据库')
    );
```

3) 用 ANY、SOME、ALL 引导子查询

>ANY	大于子查询结果中的某个值
>ALL	大于子查询结果中的所有值
<ANY	小于子查询结果中的某个值
<ALL	小于子查询结果中的所有值
>=ANY	大于等于子查询结果中的某个值
>=ALL	大于等于子查询结果中的所有值
<=ANY	小于等于子查询结果中的某个值
<=ALL	小于等于子查询结果中的所有值
=ANY	等于子查询结果中的某个值
=ALL	等于子查询结果中的所有值
!=ANY 或者<>ANY	不等于子查询结果中的某个值
!=ALL 或者<>ALL	不等于子查询结果中的任何一个值

【例 9.66】 查询非 database 系中，比 database 系任何一个学生年龄小的学生姓名和年龄。

```
SELECT sname,sage
FROM student
WHERE sage<ANY(
        SELECT sage
        FROM student
        WHERE sdept='database'
        )
AND sdept<>'database';
```

或者

```
SELECT sname,sage
FROM student
WHERE sage< (SELECT MAX(sage)
        FROM student
        WHERE sdept='database'
        )
AND sdept<>'database';
```

【例 9.67】 查询非 database 系中，比 database 系所有学生年龄小的学生姓名和年龄。

```
SELECT sname,sage
FROM student
WHERE sage<ALL(
        SELECT sage
        FROM student
        WHERE sdept='database'
        )
```

```
            AND sdept<>'database';
```

或者

```
SELECT sname,sage
FROM student
WHERE sage<(
            SELECT MIN(sage)
            FROM student
            WHERE sdept='database'
              )
     AND sdept<>'database';
```

2. 相关的嵌套查询

相关的嵌套查询是指内查询里引用了外查询的某个属性，其执行过程为双层循环的过程，分为两类。

（1）不带 exists 的相关嵌套查询，其执行过程如下。

第一步：把外查询中第一行数据中被引用的属性值传入内查询。

第二步：内查询根据此属性值计算查询结果。

第三步：外查询根据内查询的结果判断第一行数据是否保留，满足条件则保留在查询结果中，否则丢弃。

对外查询的每行数据重复执行以上 3 个步骤，直到外查询的所有行数据判断完毕。

【例 9.68】 查询每个学生高出自己所有科目平均成绩的那些课程及成绩。

```
SELECT sno,cno,grade
FROM sc s2
WHERE grade >(
        SELECT AVG(grade)
        FROM sc s1
        WHERE s1.sno=s2.sno
);
```

（2）带 exists 的相关嵌套查询，其执行过程如下。

第一步：把外查询中第一行数据中被引用的属性值传入内查询。

第二步：内查询根据此属性值计算查询结果。

第三步：外查询根据内查询的结果判断第一行数据是否保留，如果内查询有结果，则返回 true 给外查询，外查询当前行数据保留在结果中，否则返回 false 给外查询，外查询当前行数据丢弃。

对外查询的每行数据重复执行以上 3 个步骤，直到外查询的所有行数据判断完毕。

【例 9.69】 查询选修了 2 号课程的学生的姓名。

```
SELECT sname
FROM student
```

```
WHERE EXISTS(
    SELECT *
    FROM sc
    WHERE student.sno=sc.sno AND cno=2
);
```

【例 9.70】 查询没有选修 2 号课程的学生的姓名。

```
SELECT sname
FROM student
WHERE NOT EXISTS(
    SELECT *
    FROM sc
    WHERE student.sno=sc.sno AND cno=2
);
```

【例 9.71】 查询选修了全部课程的学生的姓名。

```
SELECT sname
FROM student
WHERE NOT EXISTS
    (SELECT cno
    FROM course
    EXCEPT
    SELECT cno
    FROM sc
    WHERE sno=student.sno);
```

【例 9.72】 用相关嵌套查询数据库这门课程的直接先修课程。

```
SELECT c2.cname
FROM course c1,course c2
WHERE c1.cpno=c2.cno AND c1.cname='数据库';
```

以上自连接可改为如下相关嵌套查询语句。

```
SELECT c2.cname
FROM course c2
WHERE EXISTS(
    SELECT c1.*
    FROM course c1
    WHERE c1.cpno=c2.cno AND c1.cname='数据库'
    );
```

9.3.4 集合查询

并、交、差集合运算的 SQL 实现分别采用关键字 UNION、INTERSECT、EXCEPT、实际上是对 SQL 语句的查询结果进行的运算。有些 RDBMS 不一定支持所有的集合运算，而且采用的关键字可能有所不同。

1. 并运算

【例 9.73】 查询所在系为 database 的学生，与年龄小于 20 岁的学生的并集。

```
SELECT student.*
FROM student
WHERE sdept='database'
UNION
SELECT student.*
FROM student
WHERE sage<20;
```

该 SQL 语句也可以写成如下形式：

```
SELECT student.*
FROM student
WHERE sdept='database' OR sage<=19;
```

但是如果写成以下形式，该语句将出现语法错误。因为并、交、差运算要求两个 SQL 语句的结果具有相同的列数。

```
SELECT sno
FROM student
WHERE sdept='cs'
UNION
SELECT student.*
FROM student
WHERE sage<=19;
```

2. 交运算

【例 9.74】 查询所在系为 database 的学生，与年龄小于 20 岁的学生的交集。

```
SELECT student.*
FROM student
WHERE sdept='database'
INTERSECT
SELECT student.*
FROM student
WHERE sage<20;
```

3. 差运算

【例 9.75】 查询所在系为 database 的学生，与年龄小于 20 岁的学生的差集。

```
SELECT student.*
FROM student
WHERE sdept='database'
EXCEPT
SELECT student.*
FROM student
WHERE sage<20;
```

9.3.5 基于派生表的查询

子查询不仅可以出现在 WHERE 子句中,也可以出现在 SELECT 子句中,还可以出现在 FROM 子句中。这时子查询生成临时的派生表。

1. 子查询出现在 SELECT 子句中

【例 9.76】 查询每个学生的基本信息及平均成绩。

```
SELECT student.*,
(
    SELECT AVG(grade)
    FROM sc
    WHERE sno=student.sno
    GROUP BY sno
    )AS avg_grade
FROM student;
```

子查询的结果作为 SELECT 列表中的属性列时,要为其定义别名。

2. 子查询出现在 FROM 子句中

【例 9.77】 查询学生平均年龄在 20 岁以下的系及平均年龄。

```
SELECT *
FROM (SELECT sdept,AVG(sage)
      FROM student
      GROUP BY sdept
     )AS s_age(sdept,avg_age)
WHERE avg_age<20;
```

当子查询的结果作为派生表时,需要给派生表定义表名和列名。

9.3.6 应用举例

针对公司示例数据库,做如下查询。
(1) 查询 5 号部门工资在 40000 以下的男员工的基本信息。

```
SELECT *
FROM employee
WHERE dno=5 AND salary<40000 AND ssex='男';
```

（2）查询所有员工的地址。

```
SELECT address
FROM employee;
```

（3）查询所有员工的姓名及地址。

```
SELECT name, address
FROM employee;
```

（4）查询姓名中有"思"字的员工信息。

```
SELECT *
FROM employee
WHERE name LIKE '%思%';
```

（5）查询不姓"郑"的员工信息。

```
SELECT *
FROM employee
WHERE name NOT LIKE '郑%';
```

（6）查询每个部门员工的人数。

```
SELECT dno, COUNT(*)
FROM employee
GROUP BY dno;
```

（7）查询4号部门员工的平均工资。

```
SELECT AVG(salary)
FROM employee
WHERE dno=4;
```

（8）查询部门人数在3人以上的部门编号。

```
SELECT dno, COUNT(*)
FROM employee
GROUP BY dno HAVING COUNT(*)>3;
```

（9）查询其顶头上司为333445555的那些员工的信息。

```
SELECT *
FROM employee
WHERE superssn='333445555';
```

（10）查询每个部门的最高工资。

```
SELECT dno,MAX(salary)
FROM employee
GROUP BY dno;
```

(11) 查询女员工的信息,并按工资升序排序。

```
SELECT *
FROM employee
WHERE ssex='女'
ORDER BY salary;
```

(12) 查询"张宏"所在的部门名。

①
```
SELECT dname
   FROM employee e,department d
   WHERE e.dno=d.dnumber AND name='张宏';
```

②
```
SELECT dname
   FROM employee e INNER JOIN department d
   ON e.dno=d.dnumber
   WHERE namo='张宏';
```

③
```
SELECT dname
   FROM department
   WHERE dnumber IN(select dno
   FROM employee
   WHERE name='张宏');
```

(13) 查询"行政管理"部门的经理名字。
同样可以采取多种方式实现该查询,下面只列出一种方法。

```
SELECT name
FROM employee e,department d
WHERE e.ssn=d.mgrssn AND dname='行政管理';
```

(14) 查询工资在 40000 以下的那些员工所在的部门名字。

```
SELECT dname
FROM employee e,department d
WHERE e.dno=d.dnumber AND salary<40000;
```

(15) 查询"李丽"的顶头上司的名字。

```
SELECT e2.name
FROM employee e1,employee e2
WHERE e1.superssn=e2.ssn AND e1.name='李丽';
```

(16) 查询地址为"长沙"的部门信息。

```
SELECT d1.*
```

```
FROM department d1, dept_locations d2
WHERE d1.dnumber=d2.dnumber AND dlocation='长沙';
```

(17) 查询"郑敏"参与的所有项目编号。

```
SELECT pno
FROM employee e,works_on w
WHERE e.ssn=w.essn AND e.name='郑敏';
```

(18) 查询"郑敏"参与的所有项目信息。

```
SELECT p.*
FROM employee e,works_on w,project p
WHERE e.ssn=w.essn AND w.pno=p.pnumber AND e.name='郑敏';
```

(19) 查询所有员工及其所在的部门名。

```
SELECT e.*,dname
FROM employee e,department d
WHERE e.dno=d.dnumber;
```

(20) 查询所有的部门信息及每个部门的员工信息。

```
SELECT d.*,e.*
FROM department d LEFT OUTER JOIN employee e
ON e.dno=d.dnumber;
```

(21) 查询每个员工在所参与的所有项目上工作的总时间。

```
SELECT essn,SUM(hours)
FROM works_on
GROUP BY essn;
```

(22) 查询参与项目数在3个及3个以上的员工编号。

```
SELECT essn,COUNT(pno)
FROM works_on
GROUP BY essn HAVING COUNT(pno)>=3;
```

(23) 查询参与项目数在3个及3个以上的员工编号。

```
SELECT essn,COUNT(pno)
FROM works_on,employee
WHERE wroks_on.essn=employee.ssn
GROUP BY essn HAVING COUNT(pno)>=3;
```

(24) 查询参与了2号项目的员工信息。

```
SELECT employee.*
FROM employee,works_on
WHERE employee.ssn=works_on.essn AND pno=2;
```

(25) 查询参与了所有项目的员工信息。

```
SELECT employee.*
FROM employee
WHERE NOT EXISTS
    (
    SELECT pnumber
    FROM project
    EXCEPT
    SELECT pno
    FROM works_on
    WHERE essn=ssn
    );
```

(26) 查询没有家属的员工信息。

```
SELECT *
FROM employee
WHERE ssn IN
(SELECT ssn
FROM employee
EXCEPT
SELECT essn
FROM dependent);
```

(27) 查询员工"王湘"参与的项目名。

```
SELECT pname
FROM employee e,works_on w,project p
WHERE e.ssn=w.essn AND w.pno=p.pnumber AND name='王湘';
```

(28) 查询员工"王湘"所在的部门地址。

```
SELECT dlocation
FROM employee e,dept_locations d2
WHERE e.dno=d2.dnumber AND name='王湘';
```

(29) 查询"行政管理"部门管理了哪些项目。

```
SELECT pnumber
FROM department,project
WHERE dname='行政管理' AND dnumber=dnum;
```

(30) 查询比 4 号部门所有员工工资都高的那些员工信息。

```
SELECT employee.*
FROM employee
WHERE salary >(SELECT MAX(salary)
FROM employee
```

```
            WHERE dno=4)
            AND dno!=4;
```
或者
```
            SELECT employee.*
            FROM employee
            WHERE salary >ALL(SELECT salary
            FROM employee
            WHERE dno=4)
            AND dno<>4;
```

9.4 数据更新

数据更新操作包含 3 种：向表中添加若干行数据（插入数据）、修改表中的数据（修改数据）、删除表中若干行数据（删除数据）。

9.4.1 插入数据

SQL 语句中，向表中插入数据的关键字为 INSERT，可以一次向表中插入单行（元组）数据，也可以一次向表中插入多行（元组）数据。

1. 插入单行数据

插入单行数据的格式为

```
INSERT INTO <表名>[(<属性列 1>[,<属性列 2>]…)]
VALUES(<值 1>[,<值 2>]…);
```

该语句的功能是对指定的表插入一行新的数据，属性列 1 的值对应值 1，属性列 2 的值对应值 2……如果不指定任何列名，则表示按顺序对指定表的所有属性列都插入对应的值。

【例 9.78】 向学生表 student 插入一个新学生的信息。

```
INSERT INTO student
VALUES('160610106','周圆圆','女',20,'computer');
```

该语句向学生表插入数据时没有指定列名，表示按顺序对学生表的每个属性列都插入值，其属性列的顺序与建立学生表时的顺序一致，插入值的数据类型必须对应属性列定义的数据类型。如果插入的是字符串类型的数据，则需要用单引号括起来。

【例 9.79】 向学生表 student 插入一个新学生的部分信息。

```
INSERT INTO student(sname,sage,sno)
VALUES('孙斌',19,'160610107');
```

该语句指定了要插入的属性列名。该新生的姓名为孙斌,年龄为 19 岁,学号为 160610107。值的顺序与属性列的顺序一致,而不是创建表时的顺序。对于学生表中未列出的属性,自动赋空值,如孙斌的性别和系都为空值。

2. 插入多行数据

对指定表一次插入多行数据,一般是插入子查询的结果。其语句格式如下:

INSERT
INTO <表名> [(<属性列 1> [,<属性列 2>…])]
子查询;

【例 9.80】 创建一个表 student2,其结构和学生表 student 一致,然后将学生表 student 中的数据全部插入 student2 表中。

INSERT INTO student2
SELECT * FROM student;

【例 9.81】 创建一个新表 student3,用来存放所有学生的姓名及所在系名。

CREATE TABLE student3
(
sname CHAR(20),
sdept CHAR(50)
)

向表 student3 插入数据。

INSERT
INTO student3(sname,sdept)
SELECT sname,sdept
FROM student;

9.4.2 修改数据

修改操作又称为更新操作,其关键字为 UPDATE,其语法格式为

UPDATE<表名>
SET <列名>=<表达式>[,<列名>=<表达式>]…
[WHERE<条件>];

根据 WHERE 子句中给出的条件修改指定行中指定列的值。当没有 WHERE 子句时,表示修改指定表的所有行的指定列的数据。

1. 修改若干行数据

【例 9.82】 将所有学生的所在系改为 physics。

```
UPDATE student
SET sdept='physics';
```

【例 9.83】 将学号为 160610101 学生的年龄改为 18。

```
UPDATE student
SET sage=18
WHERE sno='160610101';
```

【例 9.84】 将 database 系的所有学生的年龄加 1。

```
UPDATE student
SET sage=sage+1
WHERE sdept='database';
```

2. 带子查询的修改语句

类似地,可以在修改语句的 WHERE 子句中嵌套子查询,用来设置修改条件。

【例 9.85】 将所有女学生的成绩加 5 分。

```
UPDATE sc
SET grade=grade+5
WHERE sno IN
(
    SELECT sno
    FROM student
    WHERE ssex='女'
);
```

9.4.3 删除数据

删除数据的关键字为 DELETE,其语法格式如下。

```
DELETE
FROM<表名>
[WHERE<条件>];
```

该语句的功能是删除指定表中满足 WHERE 子句条件的行。如果不带 WHERE 子句,则表示删除指定表中的所有行。

1. 删除若干元组

【例 9.86】 删除"刘佳"的信息。

```
DELETE
FROM student
WHERE sname='刘佳';
```

【例9.87】 删除全体学生的信息。

```
DELETE FROM student;
```

【例9.88】 删除physics系年龄在30岁以上的学生信息。

```
DELETE
FROM student
WHERE sdept='physics' AND sage>30;
```

2. 带子查询的删除语句

同样,也可以在删除语句的WHERE子句中嵌套子查询,用以设置删除的条件。

【例9.89】 删除所有数据库的选课记录。

```
DELETE
FROM sc
WHERE cno=
(    SELECT cno
     FROM course
     WHERE cname='数据库'
);
```

9.4.4 应用举例

(1) 向employee表插入一个新的员工。

```
INSERT INTO employee
VALUES('李鑫','147258369','1983-01-24','上海','男',60000,'987987987',1);
```

(2) 向employee表插入一个新的员工(周圆圆,345345345,北京,女)。

```
INSERT INTO employee(name,ssn,address,ssex)
VALUES('周圆圆','345345345','北京','女');
```

(3) 把所有员工的每个项目参与时间加2个小时。

```
UPDATE works_on
SET hours=hours+2;
```

(4) 把员工"王安"参与的所有项目时间加1个小时。

```
UPDATE works_on
SET hours=hours+1
WHERE essn=(
      SELECT ssn
      FROM employee
      WHERE name='王安'
```

);

(5) 删除员工"郑敏"的项目参与记录。

```
DELETE
FROM works_on
WHERE essn=(
    SELECT ssn
    FROM employee
    WHERE name='郑敏'
);
```

(6) 删除所有家属的信息。

```
DELETE FROM dependent;
```

9.5 视图

所有的数据库管理系统基本都提供了视图,**视图**是从一个或者几个表(视图)导出的表,它是虚拟的表,在 DBMS 中,只保存视图的定义,视图中的数据仍然保存于基表中。因此,一旦基表中的数据发生变化,视图中查询出的数据也跟着变化,视图就像一个窗口,透过它可以看到数据库中自己感兴趣的数据及其变化。

视图一经定义,就可以像操作表一样操作它。可以像查询表一样查询视图中的数据,其操作语法与表相同。但是,对视图进行插入、删除、修改数据则受到一定的限制。

9.5.1 定义视图

1. 创建视图

在 SQL 中创建视图的关键字为 CREATE VIEW,其一般格式为

```
CREATE VIEW <视图名>[(<列名1>[,<列名2>]…)]
AS<子查询>
[WITH CHECK OPTION];
```

其中的列名是指创建的视图的列名。视图的列名要么都指定,要么都不指定。如果都不指定,则视图中的列名与子查询中的目标列名相同。但出现下面情况时,所创建视图的列名必须指定。

(1) 视图中目标列不是单纯属性,而是来自表达式、函数。
(2) 查询子句基于多个表,不同表中具有相同的列名,并且这些列名出现在视图中。
(3) 需要为视图中某个列启用新的更合适的名字。

子查询语句是一个定义视图的 SELECT 语句,可以是任何合法的查询语句,但是不同的 DBMS 对子查询是否允许含有 ORDER BY 子句和 DISTINCT 短语有不同的规定。

WITH CHECK OPTION 选项表示对视图进行修改、插入和删除操作时,元组必须满足子查询中 WHERE 子句设置的条件。

创建视图分为以下几类。

1）在单表上建立视图

【例 9.90】 建立 computer 系学生的视图。

```
CREATE VIEW v_com_student
AS
SELECT *
FROM student
WHERE sdept='computer';
```

可以在该视图上进行任意的增、删、改、查操作,也可以插入非 computer 系的学生。但是,在上面的定义语句上添加 WITH CHECK OPTION 之后,该视图只允许插入 computer 系的学生,而且修改之后的数据也必须是 computer 系的学生。该视图包含了 student 表的所有列。

2）在多表上建立视图

【例 9.91】 建立 computer 系学生选课情况视图。

```
CREATE VIEW v_com_grade(sno,sname,sage,grade)
AS
SELECT student.sno,sname,sage,grade
FROM student,sc
WHERE student.sno=sc.sno AND sdept='computer';
```

必须为该视图指定列名,因为视图中包含的学号同时存在于 student 表和 sc 表中。

3）建立带聚集函数或者表达式的视图

【例 9.92】 为每个系的学生及其平均年龄建立视图。

```
CREATE VIEW v_avg_age(sdept,avg_age)
AS
SELECT sdept,avg(age)
FROM student
GROUP BY sdept;
```

必须指定该视图的列名,因为在子查询的目标列中使用了聚集函数。无法对该视图进行插入数据、更新数据及删除数据操作,只能查询该视图。

【例 9.93】 定义一个反映学生出生年份的视图。

```
CREATE VIEW v_birth(sno,sname,birthday)
AS
SELECT sno,sname,2017-sage
FROM student;
```

必须指定该视图的列名,因为在子查询的目标列中使用了表达式。无法对该视图进行插入数据、更新数据操作。

2. 修改视图

修改视图实际上就是修改视图的定义,用新的子查询代替原来视图定义中的子查询。其语法如下:

```
ALTER VIEW <视图名>
AS <子查询语句>;
```

【例 9.94】 把例 9.90 定义的 computer 系学生的视图改为 network 系学生的视图。

```
ALTER VIEW v_com_student
AS
SELECT *
FROM student
WHERE sdept='network';
```

3. 删除视图

其语法格式为

```
DROP VIEW <视图名>;
```

【例 9.95】 删除视图 v_birth。

```
DROP VIEW v_birth;
```

删除视图只是删除视图的定义,其中的数据仍然在基表中。

9.5.2 查询视图

用户可以像查询基本表一样查询视图,其语法格式一样。

【例 9.96】 在 computer 系学生的视图中找出所有女学生的信息。

```
SELECT *
FROM v_com_student
WHERE ssex='女';
```

实际上,对视图的查询都转换为对基表的查询,它把视图定义和用户查询结合起来,转换为对基表的查询。因此,这个查询转化为

```
SELECT *
FROM student
WHERE sdept='computer' AND ssex='女';
```

【例 9.97】 在 v_avg_age 视图中,查询平均年龄在 20 岁以下的系和平均年龄。

```
SELECT *
```

```
FROM v_avg_age
WHERE avg_age<20;
```

将本例中的查询语句与定义 v_avg_age 视图的子查询相结合,转化为对基表的查询。

9.5.3 更新视图

由于视图的数据来自基表,因此对视图的更新(插入、删除、修改)操作,最终转换为对基表数据的更新。

1. 插入

【例 9.98】 向 computer 系学生视图 v_com_student 中插入一个新的学生信息。

```
INSERT
INTO v_com_student
VALUES('160610107', '何敏', '男', 20, 'computer');
```

实际上,它将转换为对基表的插入操作。

```
INSERT
INTO student
VALUES('160610107', '何敏', '男', 20, 'computer');
```

2. 修改

【例 9.99】 将 computer 系学生视图 v_com_student 中学号为 160610103 的学生姓名改为张雷。

```
UPDATE v_com_student
SET sname='张雷'
WHERE sno='160610103';
```

类似地,它将转换为对基表的修改操作。

```
UPDATE student
SET sname='张雷'
WHERE sno='160610103';
```

3. 删除

【例 9.100】 删除 computer 系学生视图 v_com_student 中学号为 160610103 的学生信息。

```
DELETE
FROM v_com_student
WHERE sno='160610103';
```

同样,转换为对基表的删除操作。

```
DELETE
FROM student
WHERE sno='160610103';
```

对前面建立的每个系的学生及其平均年龄视图 v_avg_age 进行插入、删除、修改数据的操作,发现这些操作都无法进行。

因此,并不是所有视图都可以进行更新,只有简单视图才可以。

目前,市场上的 DBMS 对视图的更新操作有不同的规定。

例如,DB2 规定:

(1) 如果视图是在几个表上建立的,则此视图不允许更新。
(2) 若视图的字段由表达式或者常数组成,则只能进行 DELETE 操作。
(3) 若视图的字段由聚集函数构成,则不允许更新。
(4) 若视图定义中含有 GROUP BY 子句、DISTINCT 短语,则此视图不允许更新。

9.5.4 视图的优点

使用视图有以下几个优点。

(1) 可以简化用户的操作。

通过定义视图使得查询更加简单,当一个查询涉及几个表时,视图可以将几个表的连接操作隐蔽起来。这样,用户只对一个虚表做简单的查询操作即可。

【例 9.101】 查询"刘佳"所选的所有课及其成绩。

```
SELECT student.*,sc.*,course.*
FROM student,sc,course
WHERE student.sno=sc.sno AND sc.cno=course.cno AND sname='刘佳';
```

但是如果在这 3 个表上建立视图,

```
CREATE VIEW s_c_grade(sno,sname,cno,cname,grade)
AS
SELECT student.sno,sname,sc.cno,course.cname,grade
FROM student,sc,course
WHERE student.sno=sc.sno AND sc.cno=course.cno;
```

查询"刘佳"的成绩就变为

```
SELECT * FROM s_c_grade WHERE sname='刘佳';
```

这个查询较之前的查询简单了。

(2) 视图可以使用户以多种角度看待同一数据。

在同一个数据库上可以为多个不同的用户从不同的角度定义视图。

例如,在学校里面,有人关注学生成绩,有人关注学生是否缴费,有人关注学生心理是否健康,有人关注学生宿舍分配等。

(3) 视图可以提供数据的逻辑独立性。

在数据库的三级模式结构中,视图属于外模式,当模式发生变化时,可以不修改数据库应用程序,只修改视图定义,从而保证数据的逻辑独立性。

【例9.102】 将学生关系 student(sno,sname,ssex,sage,sdept)分为 s1(sno,sname,sage)和 s2(sno,ssex,sdept)两个关系。这时原表为 s1 和 s2 的自然连接结果。如果建立一个视图 student:

```
CREATE VIEW student(sno,sname,ssex,sage,sdept)
AS SELECT s1.sno,sname,sage,ssex,sdept
FROM s1,s2
WHERE s1.sno=s2.sno;
```

这样,尽管数据库的逻辑结构发生了改变,但应用程序仍然可以不用修改,因为新建立的视图定义为用户原来的关系,使得用户的外模式不发生变化,应用程序仍然可以通过视图查找到原来的数据。

(4) 视图能够提高数据的安全性。

为不同的用户建立不同的视图,可以对不必要的用户屏蔽敏感数据,并且视图中数据的更新、删除、插入操作是有限制条件的。

例如,对于学生课程数据库,可以为教师用户建立视图,既可以查询学生的基本信息,又可以查询自己教授课程的学生的成绩信息;而为学生用户建立的视图除了可以查看学生的基本信息之外,只能查看自己的成绩。

9.5.5 应用举例

对公司数据库建立合适的视图,并进行更新操作。

(1) 为每个部门及其平均工资建立视图。

```
CREATE VIEW v_dep_salary(dno,dname,avg_salary)
AS
SELECT employee.dno,dname,AVG(salary)
FROM department,employee
WHERE department.dnumber=employee.dno
GROUP BY department.dnumber;
```

(2) 为参与项目的员工及其在所有项目上的总工作时间建立视图。

```
CREATE VIEW v_pro_hours(ssn,sum_hours)
AS
SELECT essn,sum(hours)
FROM works_on
GROUP BY essn;
```

(3) 给关系为配偶的家属建立视图。

```
CREATE VIEW v_dependent(ssn,d_name,dsex)
AS
SELECT essn,dependent_name,ssex
FROM dependent
WHERE relationship='配偶';
```

(4) 查询部门平均工资在 40000 以上的部门编号。

```
SELECT dno
FROM v_dep_salary
WHERE avg_salary>40000;
```

(5) 查询部门平均工资在 40000 以上的部门编号、部门名及部门经理。

```
SELECT dno,dname,mgrssn
FROM v_dep_salary v,department d
WHERE v.dno=d.dnumber AND avg_salary>40000;
```

9.6 索引

索引是 RDBMS 的内部实现技术，属于内模式范畴。目前，在 SQL 的标准中没有涉及索引，但是在市场上的数据库管理系统一般都支持索引。

如果一个表中包含的数据量比较大时，查询会非常耗时，通过建立索引可以加快查询速度。

当查询某本书中的某个知识点时，如果通过一页一页翻一行一行查找，速度会非常慢，但是如果首先查找目录（目录实际上就是书的索引），再找对应知识点所在的页，就可快速找到要查找的内容。同样，如果对表中的数据查询，一行一行查找扫描，效率也会非常低下，但是对表建立相应的目录（即索引），通过首先查找目录获取地址，再根据地址查找相应的数据，速度将会大大提高。

书的目录由主题及主题对应的页码构成，类似地，索引可以看成是键-值对，其中的键为属性，值为地址，实际上索引就是属性-值对。在某个属性上建立索引，可以查找到该属性值对应的地址。

例如，学生表中有 10 万条学生数据，如果要查找"数学系"的学生，就需要对学生表进行整表扫描。而如果在学生表的"所在系"上建立了索引，那么就可以直接根据"数学系"找到相应数据存放的地址，再根据地址获取数学系的学生，这样速度就会大大提高。

但是，索引是数据库中额外创建的对象，需要占用一定的存储空间，对数据的更新操作，必然引起对索引的维护，加重数据库的负担，加大系统开销，从而影响系统性能。因此，当系统中查询操作比较多时可以考虑建立索引，当更新操作比较多时则需慎重考虑是否创建索引。

索引有很多分类，包括唯一索引、聚簇索引等，不同生产厂家的 RDBMS 支持的索引类型不同,实现技术也不相同。

1. 创建索引

创建索引的关键字为 CREATE INDEX,其语法格式为

```
CREATE [UNIQUE][CLUSTER] INDEX<索引名>
ON<表名>(<列名>[次序][,<列名>[<次序>]]…);
```

索引可以建立在一列上或多列上,列之间用逗号分隔,每个列后还可以用 ASC 或 DESC 指定升序或者降序,默认为升序(ASC)。

关键字 UNIQUE 表示建立唯一索引,表示每个索引值只对应唯一的数据记录。

关键字 CLUSTER 表示建立聚簇索引,表示记录的索引顺序与其物理顺序相同,因此,一个关系只能建立一个聚簇索引,聚簇索引也可称为聚集索引。

【例 9.103】 在学生表的所在系上创建索引。

```
CREATE INDEX index_sdept
ON student.sdept ASC;
```

2. 删除索引

删除索引后,系统自动回收索引占用的空间。删除索引的格式为

```
DROP INDEX <索引名>;
```

【例 9.104】 将创建的 index_sdept 删除。

```
DROP INDEX index_sdept;
```

9.7 其他的相关理论

1. 数据字典

数据字典是 RDBMS 中的一组系统表,记录了数据库中所有的定义信息,包括关系定义、视图定义、索引定义、完整性定义、用户操作权限定义、其他的数据库对象定义以及统计信息等。在 RDBMS 中执行 SQL 定义语句时,实际上就是更新数据字典系统表中的相应信息。进行查询优化和查询处理时,必须访问数据字典系统表里的信息。

2. 查询表的执行过程

RDBMS 执行对表查询时,首先进行查询分析,判断是否存在语法错误,接着对没有语法错误的查询语句进行语义检查,检查语句中的关系名、属性名是否存在以及是否有效,并根据数据字典中的用户权限和完整性约束进行检查,如果有相应的权限,则转换成内部表示,即转换为等价的关系代数表达式。每个查询的执行会有多种策略和算法,选择最高效的策略执行查询,最后送回结果。

3. 查询视图的执行过程

RDBMS 执行对视图查询时，首先进行语法及有效性检查，检查查询中涉及的视图、表是否存在。如果存在，则从数据字典中提取视图的定义，把定义中的查询语句和用户的查询语句结合起来，转化为对基表的查询，这一过程叫作视图的消解。

4. 带索引查询的执行过程

每个查询的执行会有多种策略和算法，例如，简单的全表扫描算法、索引扫描算法等。查询优化器会根据优化策略选择存在的合适的索引扫描算法完成查询。

9.8 小结

本章首先详细介绍了 SQL 标准中的 DDL 语句、DQL 语句、DML 语句，用 DDL 语句创建关系模式、视图、索引、完整性约束，修改关系模式、视图、完整性约束。DQL 语句只包含 SELECT 关键字，详细阐述了单表查询、多表查询、嵌套查询、集合查询的写法及应用，其次详细说明了对数据的 INSERT、DELETE、UPDATE 操作，最后探讨了视图对象的用法，研究了索引的使用。每一部分内容都给出了公司数据库的综合运用举例。

9.9 习题

1. 什么是基本表？什么是视图？两者的区别是什么？
2. 是不是所有的视图都可以更新？哪些视图可以更新？哪些视图不可以更新？
3. 视图的优点是什么？
4. 图书管理系统数据库包含如下关系：

图书(ISBN,图书名字,价格,出版社,类型,存量)

读者(读者ID,读者名字,学号,专业)

借阅(ISBN,读者ID,借阅日期)

试做以下查询：

(1) 查询《颜氏家训》的 ISBN、存量、价格。
(2) 查询讲述数据库相关知识的图书。
(3) 查询借阅了《颜氏家训》的读者 ID。
(4) 查询借阅了《颜氏家训》的读者名字。
(5) 查询"计算机科学与技术"专业借阅了《颜氏家训》的读者 ID。
(6) 查询"计算机科学与技术"专业借阅了《颜氏家训》的读者名字。
(7) 查询"计算机科学与技术"专业借阅了"古典文学"类型的读者 ID。
(8) 查询"计算机科学与技术"专业借阅了"古典文学"类型的读者名字。

第 10 章　数据库编程

前面的章节主要是关注数据库的定义，数据库对象的增、删、改、查，大多数的数据库管理系统都提供了一个交互接口，执行 SQL 命令进行交互，如 Oracle 中通过在 SQL PLus 中输入命令进行交互，SQL Server 中通过在查询编辑器中输入命令进行交互。本章的数据库编程主要介绍应用程序或者数据库应用程序访问数据库。这些应用程序主要提供给终端用户使用，如学生管理系统、机票预订系统、酒店管理系统、鲜花在线销售系统、手机在线销售系统等都是这样的数据库应用程序。可以通过机票预订系统预订机票，通过手机在线销售系统购买手机。

10.1　编程介绍

数据库编程技术主要包括以下 3 个方面。

（1）嵌入式 SQL(Embedded SQL)，这种方式主要通过将 SQL 语句嵌入到宿主语言（如 C 语言等其他开发语言）中。在嵌入式 SQL 中，所有的 SQL 语句都必须加上前缀，如宿主语言为 C 语言时，用 EXEC SQL 表示前缀。预编译处理程序对源程序进行扫描，识别出嵌入式 SQL 语句，把它们转换成宿主语言的调用语句，以使主语言编译程序能识别它们，然后再编译成目标程序。

（2）数据库编程语言，除了进行增、删、改、查等 SQL 命令，还增加了常量变量，扩充了数据类型，增加了循环、条件分支等结构，实现了数据库的模块化程序，它既有实现数据库的命令操作功能，又有实现业务处理能力，这些模块化的程序可以永久保存在数据库中，如 SQL Server 的 T-SQL 编程、Oracle 的 PL/SQL 编程等。

（3）应用编程接口(Application Programming Interface，API)，一般的开发语言中都包含一些专门处理数据库的函数，程序开发语言通过这些函数可以与数据库进行连接，执行增、删、改、查等 SQL 命令，通过这些 API 函数访问数据库。

在本章中，10.2 节介绍嵌入式 SQL；10.3 节介绍数据库编程语言；10.4 节介绍 ADO.NET 编程和 JDBC 编程。

10.2　嵌入式 SQL

SQL 有两种形式：一种是**自主式 SQL**，即 SQL 作为独立的数据语言，以交互方式使用；另一种是**嵌入式 SQL**(Embedded SQL)，即 SQL 嵌入到其他高级语言中，在其他高级语言中使用。被嵌入的高级语言（如 C/C++、Ada、COBOL、Java 等）称为宿主语言（或主语言）。

将 SQL 嵌入到高级语言中使用，既可以使 SQL 借助高级语言来实现本身难以实现的复杂的业务操作问题，如与用户交互、图形化显示、复杂数据的计算和处理等，又可以克服高级语言对数据库操作的不足，从而获得数据库的处理能力。嵌入式 SQL 与高级语言之间的交互与通信需要解决以下问题。

（1）如何区分 SQL 语句与高级语言语句。

（2）SQL 如何与高级语言进行信息传递，即 SQL 如何将处理结果传递给高级宿主语言，宿主语言又如何将参数传递给 SQL。

嵌入式 SQL 的语法结构与自主式 SQL 的语法结构基本相同，一般是给嵌入式 SQL 加入一些前缀和结束标志。对于不同的高级宿主语言，格式上略有不同。以 C 语言为例，格式如下：

```
EXEC SQL
<SQL 语句>
;
```

说明：在 C 语言中嵌入 SQL 语句，以 EXEC SQL 为开始标志，以";"为结束标志。

高级宿主语言与 SQL 之间的通信主要通过主变量和 SQL 通信区两种方式进行交互。

1. 主变量

主变量即宿主变量，是宿主语言中定义的变量，可以在嵌入式 SQL 中引用，用于嵌入式 SQL 与宿主语言之间的数据交流，即通过主变量可以由宿主语言向 SQL 传递参数，又可以将 SQL 语句处理结果传回给宿主语言。主变量在使用前需要定义，C 语言中主变量的定义格式如下：

```
EXEC SQL BEGIN DECLARE SECTION;
    ⋮                          //主变量定义语句
EXEC SQL END DECLARE SECTION;
```

【例 10.1】 定义几个主变量。

```
EXEC SQL BEGIN DECLARE SECTION;
    CHAR stu_sno[10];
    CHAR stu_name[20];
    INT sage
EXEC SQL END DECLARE SECTION;
```

在嵌入式 SQL 中引用主变量时，需要在这些被引用的主变量前加上"："，而在宿主语言中使用主变量则不需要添加冒号。

【例 10.2】 主变量的使用。

```
EXEC SQL
SELECT sname INTO:stu_sname
FROM student
WHERE sno=:stu_sno;
```

根据主变量传入的学号值 stu_sno,获取相应的学生的姓名并保存在主变量 stu_sname 中。

2. SQL 通信区

SQL 通信区(SQL communication area)反映 SQL 语句的执行状态信息,如数据库连接状态、执行结果、错误信息等。它是一个全局的数据结构,里面存放了一个重要的变量 SQLCODE,SQLCODE 包含每个嵌入式 SQL 语句执行后的结果码。SQLCODE=0 表示 SQL 语句执行成功;SQLCODE<0 表示 SQL 语句执行失败;SQLCODE=1 表示 SQL 语句已经执行,但出现了异常。

10.3 数据库编程语言

在数据库管理系统中,一般都有过程化的 SQL 编程语言,如 SQL Server 中的 Transact-SQL(T-SQL)、Oracle 中的 PL/SQL。基本的 SQL 是高度的非过程化语言。嵌入式 SQL 将 SQL 语句嵌入程序设计语言中,借助高级语言的控制功能实现过程化。过程化 SQL 是对 SQL 的扩展,使其增加了过程化语句功能。过程化 SQL 程序的基本结构是块。这些块之间可以相互嵌套。

10.3.1 基本语法

一般而言,过程化的 SQL 编程结构由如下要素组成。
(1) 注释。
(2) 常量、变量。
(3) 流程控制语句。
(4) 错误和消息的处理。
基本块的构成类似如下形式。

定义部分 $\begin{cases} \text{DECLARE} & \text{//定义的变量、常量只能在该基本块中使用} \\ \text{变量、常量、游标、异常等} & \text{//当基本块结束时,定义的变量就不再存在} \end{cases}$

执行部分 $\begin{cases} \text{BEGIN} \\ \quad \text{SQL 语句、流程控制语句} \\ \text{END}; \end{cases}$

1. 变量

变量对于语言来说是必不可少的部分。T-SQL 中有两类变量:一类是用户自定义的局部变量;另一类是系统定义的全局变量。局部变量以@开头;全局变量以@@开头。
定义语句为

```
DECLARE @variable DATATYPE;
```

变量赋值：

```
SET @variable=expression;
SELECT @variable=expression;
```

【例 10.3】 在学生管理系统中定义一个变量，用来保存学生的人数，并显示出来。

```
USE student;
GO
DECLARE @rowsreturn INT;
SET @rowsreturn=(SELECT COUNT(*)FROM student);
SELECT @rowsreturn;
```

上例中除了可以用 SET 赋值，也可以改成用 SELECT 赋值，如下所示。

```
USE student;
GO
DECLARE @rowsreturn INT;
SELECT @rowsreturn=COUNT(*)FROM student;
SELECT @rowsreturn;
```

【例 10.4】 定义一个变量，用来保存性别值，查询出相应性别的学生情况。

```
USE student;
GO
DECLARE @sex CHAR(2);
SET @sex='女';
SELECT * FROM student WHERE ssex=@sex;
```

2. 语句块

BEGIN…END 将多个 T-SQL 语句组合成一个语句块，并将语句块看作是一个单元来处理，在一个 BEGIN…END 中也可以嵌套另外的语句块。其语法为

```
BEGIN
<命令行或程序块>
END
```

用 BEGIN…END 改写例 10.3，结果如下。

```
DECLARE @rowsreturn INT;
BEGIN
SET @rowsreturn=(SELECT COUNT(*)FROM student);
SELECT @rowsreturn;
END
```

3. 条件分支语句

IF 语句

```
IF boolean_expression
    {sql_statement1}
ELSE
    {sql_statement2}
```

如果布尔表达式 boolean_expression 为真,则执行语句块 sql_statement1,否则执行语句块 sql_statement2。

【例 10.5】 在学生成绩管理系统中,学号为 201015121 的学生的平均成绩如果大于等于 60 分,则输出 PASS,否则输出 NOT PASS。

```
IF(SELECT AVG(grade)FROM sc WHERE sno='201015121' GROUP BY sno)>=60
BEGIN
  PRINT 'PASS'
END
ELSE
BEGIN
  PRINT 'NOT PASS'
END
```

4. 多分支语句

```
CASE input_expression
WHEN when_expression_1 THEN result_expression_1
  ⋮
WHEN when_expression_m THEN result_expression_m
ELSE result_expression_n
END
```

当表达式 input_expression 的值为 when_expression_1 时,则执行相应的 result_expression_1。

当表达式 input_expression 的值为 when_expression_m 时,则执行相应的 result_expression_m。

如果 input_expression 的值都不满足时,则执行 result_expression_n。

【例 10.6】 在学生管理系统中,查询输出学生的选课信息,根据学生的课程号显示相应的课程名称,根据考试分数显示相应的成绩等级。

```
SELECT sno AS 学号,课程名称=CASE cno
                WHEN 1 THEN '数据库'
                WHEN 2 THEN '数学'
                WHEN 3 THEN '信息系统'
                WHEN 4 THEN '操作系统'
                WHEN 5 THEN '数据结构'
                END,
        考试等级=CASE
```

```
               WHEN grade>=90 THEN '优秀'
               WHEN grade>=80 THEN '良好'
               WHEN grade>=70 THEN '中'
               WHEN grade>=60 THEN '及格'
               ELSE '不及格'
             END
FROM sc;
```

运行结果如图 10.1 所示。

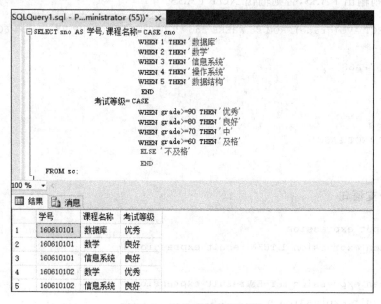

图 10.1 学生成绩等级结果

5. 循环语句

```
WHILE boolean_expression
{sql_statement}
```

当条件表达式 boolean_expression 为真时,循环执行语句块 sql_statement。

【例 10.7】 创建一个 test 表,并给这个表插入 1000 行数据。

```
CREATE TABLE test(id INT IDENTITY(1,1),sname CHAR(10));
    GO
    DECLARE @i INT;
    SET @i=1;
    WHILE @i<=1000
    BEGIN
    INSERT INTO test(sname) VALUES('tom');
    SET @i=@i+1;
    END
```

运行结果如图 10.2 所示。

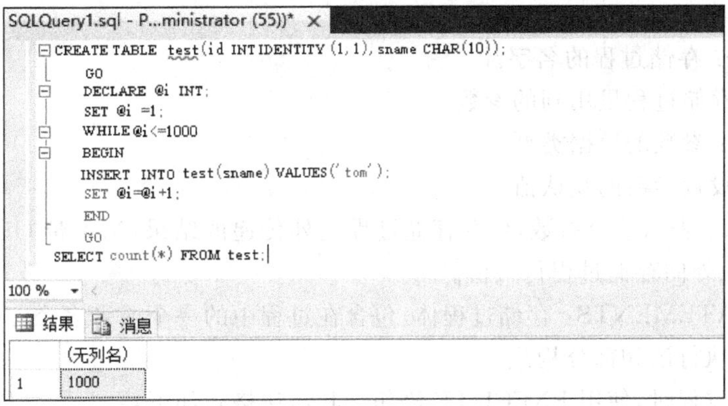

```
SQLQuery1.sql - P...ministrator (55))* ×
CREATE TABLE test(id INT IDENTITY (1,1), sname CHAR(10));
GO
DECLARE @i INT;
SET @i =1;
WHILE @i<=1000
BEGIN
    INSERT INTO test(sname) VALUES('tom');
    SET @i=@i+1;
END
GO
SELECT count(*) FROM test;
```

	(无列名)
1	1000

图 10.2 插入 1000 行数据运行结果

10.3.2 存储过程与函数

在数据库中的程序块主要有两种类型：一种为命名块；一种为非命名块。存储过程为命名块，这类程序块被编译后持久保存在数据库中，可以被反复执行，运行效率高，安全性高。由于程序块已经编译好，因此使用时只需调用就可以了。

存储过程是一组编译好的存储在数据库服务器上，完成某一特定功能的程序代码块，它可以有输入参数和返回值。存储过程分为系统提供的存储过程和用户自定义的存储过程。其中，系统存储过程可以在数据库中随时调用，主要用来进行系统信息的获取，系统信息的设置、管理、安全性的设置等。使用存储过程有以下优点。

（1）由于执行存储过程时保存的是已经编译好的代码块，所以可直接调用执行，这样效率更高。

（2）像函数一样，模块化的编程，可以反复调用执行。

（3）使用存储过程降低了客户机和服务器之间的通信量，客户端只通过网络向服务器发送调用存储过程的名字和参数，就可以调用执行，而不需要发送程序本身，这样大大减少了程序量。

（4）由于从客户端传输到服务器端的仅仅是存储过程的名字和参数，保存在服务器端的是已经编译过的存储过程，并且只有具备相应权限的用户才可以执行，因此，其安全性更高。

以 SQL Server 为例，创建用户自定义的存储过程的语法如下。

```
CREATE PROC | PROCEDURE pro_name
[{@参数 数据类型} [=默认值] [OUTPUT],
 {@参数 数据类型} [=默认值] [OUTPUT],
 ⋮
]
AS
```

```
<SQL_STATEMENTS>
```

说明：

pro_name：存储过程的名字。

@参数：存储过程里用到的参数。

数据类型：参数的数据类型。

默认值：设置参数的默认值。

OUTPUT：表示输出参数，保存存储过程向外传递的结果，当不带 OUTPUT 时，表示输入参数，由外向存储过程传入值。

SQL_STATEMENTS：存储过程体，包含在过程中的一个或者多个 T-SQL 语句，由声明部分和可执行语句部分构成。

执行存储过程时，使用 EXECUTE 语句。其语法格式如下：

```
EXEC[UTE] {[@整型变量=]<存储过程名>}[[@参数名=]
[{值|@变量[OUTPUT]|[DEFAULT]}[,…n]]
```

说明：

@整型变量用于保存存储过程中 RETURN 语句的返回值。

@参数名是指在存储过程中定义的参数，@变量选项用来保存参数值，OUTPUT 选项是指输出参数，DEFAULT 选项是指该参数将使用定义时提供的默认值。

1. 创建不带参数的存储过程

【例 10.8】 在学生管理系统中创建一个查看学生基本信息的存储过程。

```
IF(EXISTS(SELECT * FROM sys.objects WHERE name='proc_get_student'))
DROP PROC proc_get_student
go
CREATE PROC proc_get_student
AS
SELECT * FROM student;
```

调用、执行存储过程的命令如下：

```
EXEC proc_get_student;
```

2. 创建带输入参数的存储过程

【例 10.9】 在学生管理系统中创建一个存储过程，用来向学生表插入一行数据，该存储过程设置了 5 个输入参数。

```
CREATE PROC insertstu
@sno CHAR(10),
@sname CHAR(20),
@ssex CHAR(2),
@sage INT,
```

@sdept CHAR(20)
AS
BEGIN
INSERT INTO student VALUES(@sno,@sname,@ssex,@sage,@sdept)
END

执行该存储过程的代码如下：

EXECUTE insertstu @sno='201715128',@sname='hxh',@ssex='f',@sage=20,@sdept='cs';
SELECT * FROM student;

执行结果如图10.3所示，第5行为调用存储过程插入的数据。

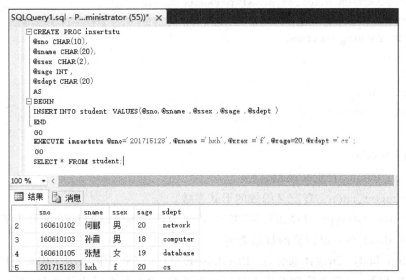

图10.3 带输入参数存储过程及运行结果

3. 创建带输出参数的存储过程

【例10.10】 在学生管理系统中创建一个存储过程，根据输入学生的学号，输出该学生的年龄。

CREATE PROC selecstudent
@sno CHAR(10),
@sage INT OUTPUT
AS
SELECT @sage=sage FROM student WHERE sno=@sno;

执行该存储过程的命令如下：

DECLARE @sage1 INT;
EXECUTE selecstudent '201015121',@sage1 OUTPUT;
SELECT @sage1;

删除存储过程的语法如下：

DROP{PROC|PROCEDURE}{procedure_name}

procedure_name：要删除的存储过程的名字。

删除前面的存储过程 proc_get_student。

DROP PROCEDURE proc_get_student;

在数据库编程中，函数是另一类命名程序块，它完成某一特定功能可以持久保存。函数分为系统函数和用户自定义函数，系统函数可以直接调用。函数的定义和存储过程类似，但是函数必须指定返回类型。其语法格式如下：

```
CREATE FUNCTION function_name(@parameter_name
[AS] parameter_datatype[=DEFAULT][,…n])
RETURNS return_datatype
AS
BEGIN
function_body
RETURN expression
END
```

参数说明如下。

function_name：自定义函数名称。

@parameter_name：自定义函数的形式参数。

parameter_datatype：参数的数据类型，可以为形式参数设置 DEFAULT 默认值。

return_datatype：返回值的数据类型。

function_body：函数体部分，由 BEGIN…END 括起来，RETURN 用来返回函数值。

【例 10.11】 在学生管理系统中编写一个函数，输入某个学生的学号，查询该学生的年龄。

```
CREATE FUNCTION fun_age(@stu_no char(20))
RETURNS INT
AS
BEGIN
DECALARE @stu_age int
SET @stu_age=(SELECT age FROM student WHERE sno=@stu_no)
RETURN @stu_age
END
```

删除函数的命令为

DROP FUNTION function_name;

删除例子中的 fun_age 函数，其命令为

DROP FUNCTION fun_age;

10.3.3 触发器

触发器(trigger)实际上也是一类特殊的存储过程,但是它不像存储过程那样由用户直接调用执行,而是当满足一定条件时,由系统自动触发执行。它可以实现比约束更为灵活和复杂的数据限制规则,用来实施复杂的用户自定义完整性约束,使得数据库中的数据满足一定要求。

触发器也称作事件-条件-动作规则。具体说明如下。

(1) 当事件发生时,触发器被激活。

(2) 当满足触发条件时,执行触发器里定义的动作;当不满足触发条件时,不做任何事情。

其中,事件一般是对某个表的插入、删除、修改操作(DML 语句)或者 DDL 定义语句;而动作主要是指任何一组数据库操作语句。

触发器的作用如下。

(1) 触发器可以实现比约束更为复杂的数据约束规则,在数据库中的数据完整性约束行为一般使用 CHECK 约束来实现,但是 CHECK 约束一般只能引用本表的列,不能引用其他表中的属性列或者其他的数据库对象,而触发器却可以;除此之外,触发器还可以完成比较复杂的逻辑。例如,当一个订单产生时,检查库存表中是否有足够的库存产品。

(2) 触发器可以实现对相关表的级联修改。

(3) 可以修改其他表里的数据。

(4) 对于视图的插入、删除、修改操作,可以转化为对基本表的操作。

(5) 可以在触发器中调用一个或者多个存储过程。

(6) 可以更改原本要操作的 SQL 语句。例如,对某表执行一条删除 SQL 语句,而该表里的数据非常重要,不允许删除,那么通过触发器,可以不执行该删除操作;同样,还可以防止数据表结构更改或者数据表被删除。

在 SQL Server 中创建触发器的语法如下:

```
CREATE TRIGGER trigger_name
ON <table_name|view_name>
{FOR |AFTER| INSTEAD OF}
{[INSERT][,][UPDATE][,][DELETE ][,]}
AS
sql_statement
```

有关语句说明如下:

trigger_name:触发器的名字。

table_name|view_name:要建立触发器的表或者视图。

AFTER:表示指定的触发事件发生之后,触发器才被激活。而 FOR 为指定的触发事件操作之前触发器就被触发。

INSTEAD OF：替代触发器。指不执行相应的指定操作,而执行触发器里的内容。

{［INSERT］[,］[UPDATE］[,］[DELETE］[,]}：激发触发器的事件,三者任选,顺序不限定。

AS：引导后面的触发器程序体。

sql_statement：触发器触发时,执行的操作语句。

【例 10.12】 在学生管理系统中的 student 表上创建一个触发器,当对 student 表插入数据时引发,显示"该表将会执行插入操作"。

```
CREATE TRIGGER tri_ins_stu
ON student
FOR insert
AS
PRINT 'the table will be inserted'
```

然后运用如下插入命令验证触发器的执行,如图 10.4 所示。

```
INSERT INTO student (sno,sname) VALUES ('01','tom')
```

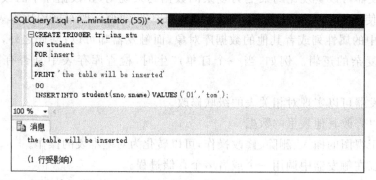

图 10.4 创建触发器

【例 10.13】 在学生管理系统中删除 student 表中的数据时引发触发器,禁止删除表中的数据。

```
CREATE TRIGGER forbidden_delete
ON student
FOR DELETE
AS
BEGIN
RAISERROR('未授权',10,1)
ROLLBACK
END
```

删除触发器的命令为

```
DROP TRIGGER trigger_name
```

10.3.4 游标

SQL 语句的执行结果只能整体处理,不能一次处理一行,而当查询返回多行记录时,只能通过游标对结果集中的每行进行处理。**游标**类似程序设计语言中的指针。可以对 SQL 语句建立游标。游标的操作一般分为以下几个步骤。

(1) 定义游标,游标在使用之前必须先定义。游标一般定义在 SQL 语句上。
(2) 打开游标,游标定义后,在使用它之前需要先打开,使其指向第一条 SQL 记录。
(3) 推进游标,移动游标指针,可以遍历游标里的所有记录,进行逐行处理。
(4) 关闭游标,释放游标占用的资源。

在 SQL Server 中建立游标的语法如下:

```
DECLARE cursor_name CURSOR [ LOCAL | GLOBAL ]
[ FORWARD_ONLY | SCROLL ]
[ STATIC | KEYSET | DYNAMIC | FAST_FORWARD ]
[ READ_ONLY | SCROLL_LOCKS | OPTIMISTIC ]
[ TYPE_WARNING ]
FOR select_statement
[ FOR UPDATE [ OF column_name [ ,…n ] ] ]
[;]
```

语法说明如下。

cursor_name:游标的名字。

select_statement:建立游标的 SQL 语句。

【例 10.14】 在学生成绩管理系统中创建一个简单的游标,按一定的格式输出 student 表中所有学生的学号和姓名。由于每行数据都以一定的格式输出,因此需要使用游标,代码如下。

```
DECLARE cstudent CURSOR SCROLL FOR          //声明游标
SELECT sno,sname FROM student
OPEN cstudent                               //打开游标
DECLARE @sno CHAR(10)                       //声明局部变量
DECLARE @sname CHAR(20)
FETCH NEXT FROM cstudent INTO @sno,@sname   //获取游标第一行数据,保存到变量
WHILE @@FETCH_STATUS=0        //根据状态变量 FETCH_STATUS 循环显示游标中每行的值
BEGIN
PRINT '学号'+@sno
PRINT '姓名'+@sname
FETCH NEXT FROM cstudent INTO @sno,@sname
END
CLOSE cstudent
```

运行结果如图 10.5 所示。

数据库原理及应用

```
SQLQuery1.sql - P...ministrator (55))* ×
DECLARE cstudent CURSOR SCROLL FOR
SELECT sno,sname FROM student
OPEN cstudent
DECLARE @sno CHAR(10)
DECLARE @sname CHAR(20)
FETCH NEXT FROM cstudent INTO @sno,@sname
WHILE @@FETCH_STATUS=0
BEGIN
    PRINT '学号'+@sno
    PRINT '姓名'+@sname
    FETCH NEXT FROM cstudent INTO @sno,@sname
END
CLOSE cstudent
```

消息
学号160610101
姓名刘佳
学号160610102
姓名何鹏
学号160610103
姓名孙晋
学号160610105
姓名张慧

图 10.5　创建游标输出 student 表中的信息

10.4　数据库接口及访问技术

通过一个数据库接口可以实现编程开发语言与数据库的连接。而数据库标准接口可以实现开发语言与多种不同数据库进行连接。这样的接口有 ODBC、JDBC、OLEDB、ADO、ADO.NET 等。其中，ODBC、OLEDB、ADO、ADO.NET 都是由微软公司开发的，用于连接微软的开发语言与数据库。而 JDBC 接口是 Java 语言用来进行数据库连接的接口。采用 ODBC、JDBC、ADO.NET 接口的体系架构如图 10.6 所示。

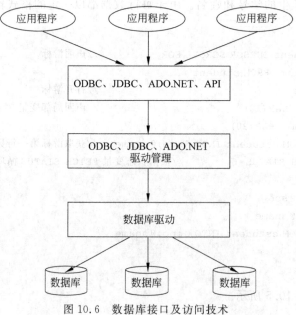

图 10.6　数据库接口及访问技术

数据库访问技术包括 C/S 和 B/S 两种访问数据库结构。C/S 结构的用户通过客户端访问数据库服务器；B/S 结构的用户通过浏览器访问数据库。目前比较受欢迎的网页编程语言有 JSP、ASP.NET、PHP。

10.4.1 ADO.NET 编程

ASP.NET 的访问技术的体系结构如图 10.7 所示。

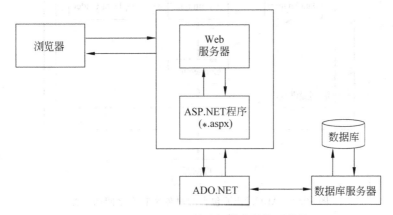

图 10.7　ASP.NET 的访问技术的体系结构

在微软公司的 ASP.NET 技术体系结构中，与数据库进行交互需要用到编程接口 ADO.NET(ActiveX Data Objects.NET)，它是.NET 平台内用于访问数据源的一组类，是 ADO 的后续版本，通过 ADO.NET 就能在数据库中执行 SQL 语句或存储过程。ADO.NET 数据库连接需要用到以下 3 个命名空间。

System.Data.SqlClient：用来连接本地 SQL 服务器。

System.Data.OleDb：用来连接 OLE-DB 数据源。

System.Data：用于数据库的高层访问。

ADO.NET 的类主要由两部分组成：数据提供(Data Provider)程序和数据集(DataSet)。前者负责与物理数据源连接，后者代表实际的数据。ADO.NET 包含的对象及它们之间的交互如图 10.8 所示。

数据提供程序主要包括 Connection 对象、Command 对象、DataReader 对象、DataAdapter 对象。数据集对象主要指 DataSet 记录内存中的数据。

数据库连接分为以下几个步骤。

(1) 建立连接，通过 SqlConnection 类与数据库建立连接。

(2) 执行 SQL 命令，通过 SqlCommand 类执行 SQL 语句。

(3) 获取 SQL 执行结果，通过 DataAdapter 或者 DataReader 和 DataSet 对象获取数据。

(4) 关闭数据库连接。

例如，在开发环境 Visual Studio 2015 中，采用 ASP.NET 技术访问 SQL Server 2014，输出学校的通知公告信息，显示在页面的 GridView 控件中，其源代码如下所示。

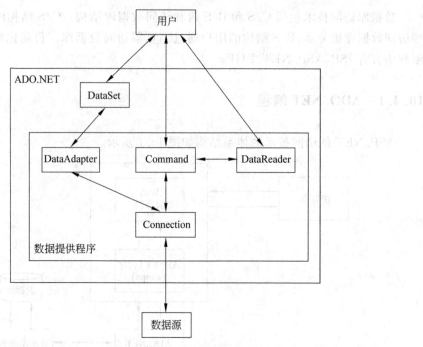

图 10.8　ADO.NET 包含的对象及它们之间的交互

```
SqlConnection  cn=
new SqlConnection ( " server = localhost; database = chengji; user = sa; password =
123456");
SqlCommand cmd=new SqlCommand("SELECT * FROM tongzhi",cn);
SqlDataAdapter da=new SqlDataAdapter(cmd);
DataSet ds=new DataSet();
da.Fill(ds,"tongzhi");
GridView1.DataSource=ds.Tables[0].DefaultView;
GridView1.DataBind();
```

在 Visual Studio 中执行以上代码，结果如图 10.9 所示。

图 10.9　ASP.NET 技术访问 SQL Server 2014 结果

变量 cn 是一个 SqlConnection 对象,用来连接数据源,其连接字符串"server＝localhost;database＝chengji;user＝sa;password＝123456"由一组关键字和值组成,有固定的格式,一般用双引号或者单引号括起来。连接字符串的值说明需要连接的数据库所在的地址及连接用户,localhost 表示在本地服务器,目标数据库为 chengji,连接用户为 sa,密码为 123456。Connection 对象的常用方法是 open()和 close(),表示打开连接和关闭连接。这两个方法可以显示调用,或由 DataAdapter 对象和 Command 对象自动调用。

变量 cmd 是一个 Command 对象,用来执行存储过程或者增、删、改、查语句,该对象的两个参数值分别表示执行的 SQL 语句和连接对象,这里执行查询语句"SELECT * FROM tongzhi"。

SqlDataAdapter 数据适配器对象在数据集 DataSet 对象和数据库数据之间起到桥梁的作用,它接收来自 Connection 对象连接的数据库中的数据并保存在内存表中,再传递给数据集 ds,反过来,也可以将数据集的变化传给数据源。SqlDataAdapter 对象支持 Fill 方法,把数据从数据源加载到数据集中,代码中的语句 da.Fill(ds,"tongzhi")实现了此功能;支持 Update 方法把数据从数据集加载到数据源中。

数据集对象为数据表的集合,数据表包含了实际的数据。代码中的语句 ds.Tables[0].DefaultView 表示数据集对象 ds 的第一个数据表,并通过 DefaultView 属性设置输出格式。

设置控件 GridView1 的数据源为数据集 ds 中的数据表。SqlDataAdapter 对象能自动调用打开和关闭数据库连接的 Open()方法和 Close()方法。

10.4.2 JDBC 编程

JDBC(Java DataBase Connectivity)是 Java 语言访问各种数据库的一组标准的 Java API,既可以访问数据库 MySQL、SQL Server,也可以访问数据库 Oracle。Java API 通过相应的 JDBC 驱动程序访问具体的数据库,如图 10.10 所示。

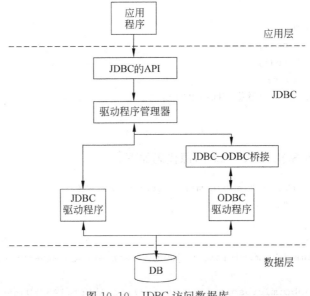

图 10.10 JDBC 访问数据库

JDBC驱动程序分为4类,而对于具体的数据库系统,一般需要从该数据库提供商那里获得相应的JDBC驱动程序。例如,访问MySQL数据库,需要使用MySQL的JDBC驱动程序,而访问SQL Server数据库,需要使用SQL Server的JDBC驱动程序。JDBC访问数据库的过程如下。

第一步:加载JDBC驱动程序,建立数据库连接。

第二步:执行SQL语句。

第三步:处理SQL语句执行结果。

第四步:关闭数据库连接。

例如,Java连接SQL Server 2005,源代码如下。

```java
import java.sql.*;                    //导入JDBC相关的类
  public class test_java{
    public static void main(String[] args)throws Exception{
        String id=null,name=null;
        String sql="SELECT * FROM authors";
        try{
        Class.forName("com.microsoft.jdbc.sqlserver.SQLServerDriver");
        Connection conn=
        DriverManager.getConnection("jdbc:microsoft:sqlserver://hxh:1433;
        DatabaseName=pubs","sa","");   //连接字符串说明连接数据库的地址、用户、密码
        Statement stmt=conn.createStatement();
        ResultSet rs=stmt.executeQuery(sql);
        while(rs.next()){              //循环处理查询结果集中的内容
            id=rs.getString(1);
            name=rs.getString(2);
            System.out.println("id   "+id);
            System.out.println("name   "+name);
        }
        rs.close();
        stmt.close();
        conn.close();
    }catch(Exception e){
    System.out.println("数据访问结束");}
    }
  }
```

例如,JSP连接SQL Server 2005,源代码如下。

```jsp
<%@page contentType="text/html;charset=gb2312"%>
<%@page import="java.sql.*"%>
    <html>
    <body>
<%Class.forName("com.microsoft.jdbc.sqlserver.SQLServerDriver").newInstance();
String url="jdbc:microsoft:sqlserver://localhost:1433;DatabaseName=pubs";
```

```
//pubs 为数据库
String user="sa";
String password="";
Connection conn=DriverManager.getConnection(url,user,password);
Statement stmt=
conn.createStatement(ResultSet.TYPE_SCROLL_SENSITIVE,ResultSet.CONCUR_
UPDATABLE);
String sql="SELECT * FROM test";
ResultSet rs=stmt.executeQuery(sql);
while(rs.next()){%>
        您的第一个字段内容为:<%=rs.getString(1)%><br>
        您的第二个字段内容为:<%=rs.getString(2)%><br>
    <%}%>
    <%out.print("数据库操作成功,恭喜你");%>
    <%rs.close();
stmt.close();
conn.close();
%>
</body>
</html>
```

以上两个程序分别给出了 Java 和 JSP 通过 JDBC 访问数据库的简单例子,以上两段代码非常类似,主要由建立连接、执行 SQL、获取执行结果、关闭连接 4 个步骤组成。代码 Class.forName("com.microsoft.jdbc.sqlserver.SQLServerDriver");加载 SQL Server 数据库驱动器程序类,之后可以获取对 SQLServerDriver 数据库驱动器类的引用。通过 Connection 对象建立对数据库的连接,连接字符串的值设置数据库的 URL 以及用户名和密码;由当前数据库连接生成数据库操作对象 stmt;用该操作对象执行数据库查询操作 stmt.executeQuery(sql);ResultSet 结果集对象存储查询结果;关闭结果集 rs.close();关闭操作对象 stmt.close();关闭数据库连接 conn.close()。

10.5 小结

本章讨论了数据库编程相关的内容,包括嵌入式 SQL、数据库编程语言 T-SQL、应用编程接口 ADO.NET 和 JDBC,并分别给出了具体的实例。嵌入式 SQL 介绍了把 SQL 语句嵌入到高级语言中,以及如何与高级语言进行交互的相关内容。数据库编程语言 T-SQL 部分包含基本语法、存储过程、函数、触发器、游标的内容,阐述了数据库编程接口及访问技术,简单介绍了 JDBC 和 ADO.NET 接口,并给出连接数据库的应用案例。

10.6 习题

选择你所熟悉的任一种编程开发语言及相应的编程接口,访问你所熟悉的数据库中的数据。

第 11 章　数据库设计

数据库是数据库应用系统的核心内容,因此,数据库设计也是数据库应用系统设计开发中的核心内容。到底什么是数据库设计呢？它实际上是指给定具体的应用环境,给出合适优质的数据库设计方案,并建立数据库及开发出数据库应用系统。数据库的设计涉及多门计算机学科知识,需要具备一定的经验和业务知识,并与用户紧密联系,才可以开发出符合要求的数据库应用系统。

11.1　数据库设计概述

本节内容主要包括数据库设计的目标及任务、数据库设计的方法和步骤。

数据库设计的任务,从狭义上来说,是为给定的应用环境设计数据库本身,设计优化的数据库结构并建立数据库,实现数据的存取,满足用户对数据的需求,稳定有效地支持整个数据库应用系统的运行。本书的重点是从狭义上讲述数据库设计,它是数据库应用系统的设计基础,一个好的数据库应用系统的开发离不开一个好的数据库设计,它们是紧密联系在一起的。从广义上来说,数据库设计任务既包括数据库本身的设计,也包括数据库应用系统的设计,即包括数据库的结构设计和数据库的行为设计。数据库的行为设计主要指的是数据库应用系统的功能需求、业务需求的设计。数据库应用系统的行为设计和结构设计是紧密结合在一起的。

数据库设计的目标是设计一个完整的、规范的数据库模型,使它能够有效地存储和管理数据,满足各用户的应用需求,包括信息管理要求和数据操作要求。具体要达到以下要求。

(1) 减少有害的数据冗余,提高程序共享。
(2) 消除异常插入、更新、删除。
(3) 保证数据的独立性、可修改、可扩充。
(4) 访问数据库的时间要尽可能短。
(5) 数据库的存储空间要小。
(6) 保证数据的完整性、安全性。
(7) 易于维护。

11.1.1　数据库设计方法

数据库设计在没有形成一套规范化的方法之前,主要依赖于设计者的经验,而这样设计出来的数据库既耗费时间,也不能很好地满足用户需求,质量也得不到保证,导致数据库设计变成了一个非常麻烦、复杂的工作。经过长时间的摸索与讨论,数据库专家们提出了一些规范化的设计方法。

数据库设计规范化的方法有很多种,本教材的设计篇主要按照 E-R 模型设计法进行编排;而本章主要介绍的设计方法是基于新奥尔良法。实际上,在数据库的设计过程中采用了多种设计相结合的方法。比较流行的数据库方法有如下 3 种。

(1) 新奥尔良法,在 1978 年 10 月,是由来自 30 多个国家的数据库专家在美国的新奥尔良讨论出来的结果,因此命名为新奥尔良法。它运用软件工程的思想和方法把数据库设计分为需求分析、概念结构设计、逻辑结构设计、物理结构设计 4 个阶段。它是目前公认的比较完整的数据库设计方法。

(2) E-R 模型法,是由 P. P. S. Chen 于 1976 年提出来的。它根据数据库应用环境的需求分析建立 E-R(实体—联系)模型,反映现实世界实体及实体间的联系,然后转化为相应的某种具体的 DBMS 所支持的逻辑模型。

(3) 3NF 法,由 S. Atre 提出。同样,首先对数据库应用环境进行需求分析,确定数据库结构中全部的属性并把它们放在一个关系中,根据需求分析描述的属性之间的依赖关系规范化到 3NF。

除此之外,数据库设计方法还有面向对象方法、统一建模语言(Unified Model Language,UML)方法等。但在数据库的设计过程中,同时采用多种设计相结合的方法能够设计出更优秀的数据库,如在新奥尔良法的设计过程中,概念结构设计阶段一般采用 E-R 图法,在逻辑结构设计的优化过程中采用 3NF 法。

在数据库设计过程中引进计算机辅助手段设计数据库,使得数据库的设计过程更加容易、规范。如概念模型的建立及概念模型到逻辑模型的转化,甚至数据库的创建都可以采用计算机辅助软件工程(Computer Aided Software Engineering,CASE)工具进行。市场上比较流行的数据库辅助设计工具有 Sybase 公司的 PowerDesigner、Rational 公司的 Rational Rose、CA 公司的 ERWin、Oracle 公司推出的 Oracle Designer。

11.1.2 数据库设计步骤

按照结构化系统设计的方法,在新奥尔良数据库设计方法的基础上,增加了数据库实施和运行维护两个阶段。因此,完整的**数据库设计分为需求分析、概念结构设计、逻辑结构设计、物理结构设计、数据库实施、数据库运行和维护** 6 个阶段,如图 11.1 所示。

在数据库设计过程中,参与的人员包括系统分析人员、数据库设计人员、应用程序开发人员、数据库管理员和用户代表。系统分析人员及数据库设计人员将全程参与数据库设计,并决定设计的质量。用户代表和数据库管理员主要参与需求分析与数据库的运行和维护工作。应用程序开发人员负责程序的编写,参与实施工作。

1. 需求分析阶段

这个阶段是整个数据库设计的基石,没有良好的需求分析,就不会有合适的数据库设计方案。因此,在这个阶段要充分了解组织机构的运行情况,掌握好用户的需求,才能构建良好的数据库设计,它决定了数据库的质量,如果需求分析做得不好,经常需要返工,导致耗费人力、物力、财力。

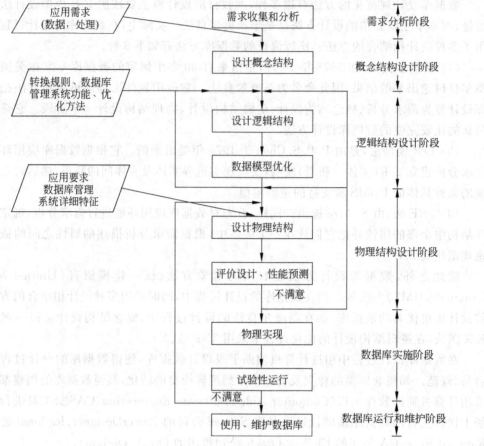

图 11.1　数据库设计步骤

2. 概念结构设计阶段

概念结构设计阶段是独立于具体数据库管理系统的,是数据库设计的关键,设计出的概念数据模型需要能完整而且合理地表达出用户的需求。

3. 逻辑结构设计阶段

将概念数据模型转化为数据库管理系统所支持的某种逻辑数据模型。可以转化为关系数据模型,也可以转化为面向对象的数据模型,一般转化为市场上流行的关系模型,并对其进行优化。

4. 物理结构设计阶段

为逻辑数据模型选取一个最适合的物理结构,包括存储结构和存取方法。

5. 数据库实施阶段

选择具体的数据库管理系统,建立数据库,组织数据入库。

6. 数据库运行和维护阶段

数据库实施后投入正式运行,需要根据运行的情况(包括性能、用户的反馈等)不断地调整及修改数据库,一旦数据库出现故障,应及时进行数据库恢复。

一般来说,在数据库应用系统的设计过程中,其结构设计和行为设计是同时进行的,数据库设计的同时也进行应用系统的功能设计。规范化的设计过程是分阶段的,每个阶段都有需要完成的目标和任务,每个阶段产生的文档将会是下一设计阶段的基础。数据库设计各阶段与应用系统的功能设计各阶段如图11.2所示。

设计阶段	设计描述		设计阶段
	数据	处理	
需求分析	数据字典、数据项、数据流、数据存储的描述	数据流图和判定树、数据字典中处理过程的描述	功能分析
概念结构设计	概念模型(E-R图) 数据字典	系统设计说明书(系统要求、方案、概图、数据流图系统结构图(模块结构))	概要设计
逻辑结构设计	某种数据模型 关系 非关系	事务设计、应用设计、模块设计	详细设计
物理结构设计	存储安排 存取方法选择 分区1 存取路径建立 分区2		
数据库实施阶段	创建数据库模式 装入数据试运行	程序编码、编译、测试	编码与测试
数据库运行和维护	性能监测、转储、恢复、数据库重组和重构	新旧系统转换、运行、维护	运行与维护

图11.2 数据库设计各阶段数据描述与应用系统的功能设计各阶段

11.2 需求分析

简单地说,需求分析就是分析用户的需求。只有能正确反映用户需求的分析才可以构建用户满意的系统,否则一切都是徒劳。

1. 需求分析的任务

需求分析的任务是通过详细调查现实世界要处理的对象(如组织、部门、企业等),充分了解原系统(手工系统或计算机系统)的工作概况,明确用户的各种需求,然后在此基础上确定新系统的功能。新系统必须充分考虑今后可能的扩充和改变,不能仅按当前应用需求来设计数据库。

2. 系统调查

(1) 调查组织机构情况。了解该组织的部门组成情况、各部门的职责。
(2) 调查各部门的业务活动情况。包括各部门需要用到的数据,数据在各部门之间的流动及处理情况。

（3）获取用户对系统的信息需求、处理要求、完整性和安全性要求。

（4）确定系统的边界，即确定哪些业务活动由计算机完成，哪些业务活动由人工完成。

可以采取多种方式完成以上这些调查活动。如跟班作业、亲身参加业务活动；开调查会，通过座谈活动来了解情况；请专人介绍；询问，找专人回答调查的问题；设计调查表供用户填写等。

3. 编写需求分析说明书

完成系统调查后，需要归纳、分析、整理形成一份文档说明，即系统的需求分析说明书。虽然需求分析说明书没有统一的规范，但是大致包含以下内容。

（1）系统概况，包括系统的目标、范围、背景、历史和现状。

（2）系统的原理和技术及对原系统的改善。

（3）系统总体结构及子系统结构说明。

（4）系统功能说明。

（5）数据处理概要、工程体制和设计阶段划分。

（6）系统方案及技术、经济、功能和操作上的可行性。

除此之外，还常包含软硬件的规格指标、组织结构图、数据流图、功能模块图、数据字典等。

11.2.1 需求分析的方法

在调查了解用户的需求后，还需要分析和抽象用户的需求。用于需求分析的方法有多种，主要有自顶向下的需求分析和自底向上的需求分析两种，如图 11.3 和图 11.4 所示。

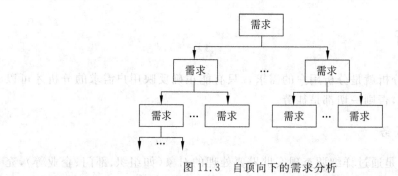

图 11.3 自顶向下的需求分析

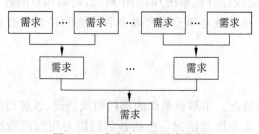

图 11.4 自底向上的需求分析

图中,自顶向下的分析方法(Structured Analysis,SA)是最简单实用的方法。它从最上层的系统组织机构入手,采用逐层分解的方式分析系统,每层都用数据流图(Data Flow Diagram,DFD)和数据字典(Data Dictionary,DD)描述。

11.2.2 数据流图

数据流图是软件工程中专门描述信息在系统中流动和处理过程的图形化工具。由于其较容易理解,因此是技术人员和用户之间很好的交流工具。使用 SA 方法,任何一个系统都可以抽象为如图 11.5 所示,由数据来源、处理、数据输出和数据存储表示,箭头表示数据流向。

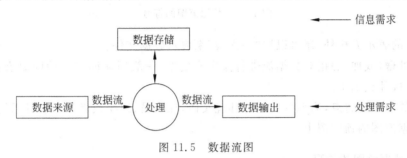

图 11.5 数据流图

数据流图表达了数据和处理过程的关系。越高层次的数据库数据流图越抽象,越低层次的数据流图越具体,为了反映更详细的内容,可以将处理功能分解为若干子处理,还可以将子处理继续分解,形成若干层次的数据流图,如图 11.6 所示。

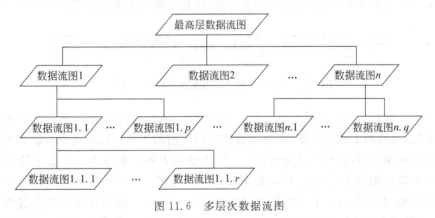

图 11.6 多层次数据流图

数据流图主要由数据流、数据存储(或数据文件)、数据处理(或加工)、数据的源点和终点 4 种要素构成,其中数据流用箭头表示,其他元素的表示符号如图 11.7 所示。

数据流是数据在系统内的传播路径,一般用名词或者名词短语命名,它由一组固定的数据项(如教师由教师编号、姓名、性别、职称等构成)组成,在加工之间、加工与数据源点之间、加工与数据存储之间流动。

数据存储(或数据文件)指保存数据的数据库文件。流向数据存储的数据流通常可理解为写入文件或者查询文件,从数据存储流出则可理解为读取数据或者得到查询结果,除

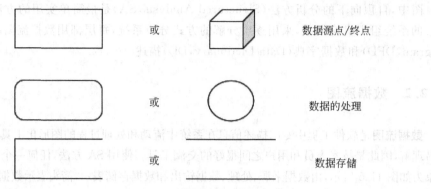

图 11.7　数据流图的符号

了图 11.7 的表示方法外，还可以用"一横线"来表示数据文件。

数据处理（或加工）指对数据流进行操作或变换，一般用动词或者动词短语表示其名字，描述完成什么加工。

数据的源点和终点，为系统的外部环境实体，如人员、组织或者其他软件系统，一般只出现在数据流图的顶层图中。

1. 画数据流图的步骤

第一步：首先画顶层数据流图。它表示系统有哪些输入数据，经过一个加工后，其终点到哪里去。如图 11.8 所示的图书馆借书还书系统顶层数据流图，读者向图书管理员发出借书或者还书的请求，交由系统处理完请求，结果发回给图书管理员。

图 11.8　图书馆借书还书系统顶层数据流图

第二步：画下一层的数据流图。按照自顶向下、由外向内的方法把一个系统分解为多个子系统，为其画子数据流图，而每层数据流图中的加工还可以继续再分解为更具体细致的下一层数据流图，直到不能分解为止。图书馆借书还书系统主要由借书管理和还书管理两个主要功能构成，上面的顶层数据流图分解为图 11.9，而借书管理和还书管理又可以继续细化，其细化后的下层数据流图如图 11.10 所示。借书管理细化为借书查找和结束登记，借书查找需要的数据来自读者文件和图书文件，而借书信息最终需要保存到借书文件中；还书管理细化为还书查找、罚款处理、还书处理，还书查找需要查看借书文件，还书完成后需要修改借书文件和图书文件。

2. 画数据流图的注意事项

（1）图中的每个元素都应该有名字。
（2）每个加工至少有一个输入数据流和一个输出数据流。
（3）需要编号。当把上层数据流图的某个加工分解为另一张数据流图时，则上层数

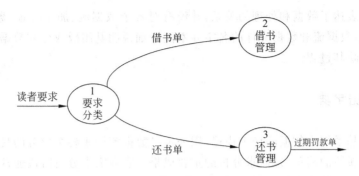

图 11.9　图书借还系统一层数据流图

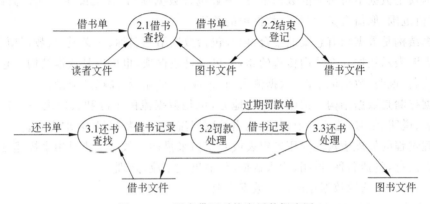

图 11.10　图书借还系统底层数据流图

据流图为父图,下层数据流图为子图,父图和子图都应该有相应的编号。如果父图加工编号为 1,则子图的每个加工的编号的构成应该是 $1.1, 1.2, 1.3, \cdots, 1.n$。

(4) 任何一个子数据流图都必须与它上一层的一个加工对应,两者的输入数据流和输出数据流必须一致,即必须保持平衡。

图 11.11 为学生选课数据流图,主要由学生选课、成绩登录、打印成绩单、打印选课单 4 个加工构成,涉及学生、课程、学生选课 3 个数据存储文件。

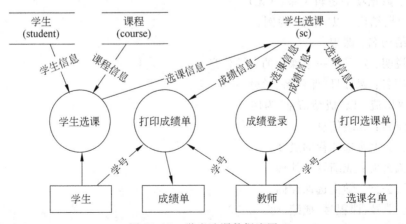

图 11.11　学生选课数据流图

数据流图表达了数据和处理的关系,并没有对各个数据流、加工处理、数据文件存储进行详细说明,数据流和数据文件的名字并不能详细说明其组成成分和数据特性,而加工处理也不能反映其过程。

11.2.3 数据字典

数据字典是系统中数据的详细描述,用来定义数据流图中各个成分的具体含义,是各类数据结构和属性的清单,是需求分析的重要成果。它在需求分析阶段通常包括数据项、数据结构、数据流、数据存储和处理过程5个部分。

数据项是数据不可再分的数据单位,一般包含数据项名、含义说明、别名、数据类型、长度、取值范围、取值含义、与其他数据项的关系。

数据结构是数据项有意义的集合,内容包括数据结构名称、含义说明、数据项名。

数据流表示数据在系统内传输的路径,可以是数据项,也可以是数据结构。它主要包括数据流名、说明、数据流来源、数据流去向、组成、平均流量、高峰期流量。

数据存储是数据结构停留或保存的地方,也是数据流的来源和去向之一。它主要包括存储名、说明、编号、流入的数据流、流出的数据流、组成、数据量、存取方式。

处理过程的处理逻辑一般用判定表或判定树来描述。数据字典只用来描述处理过程的说明性信息,包括名称、说明、输入数据流、输出数据流、处理。

例如,为学生选课数据流图定义数据字典。

(1) 数据项:以"课程号"为例。

数据项名:课程号。

数据项含义:唯一标识每门课程。

别名:课程编号。

数据类型:字符型。

长度:8。

取值范围:00000~99999。

与其他数据项的逻辑关系:(无)。

(2) 数据结构:以"课程"为例。

数据结构名:课程。

含义说明:定义了一个课程的有关信息。

数据项名:课程号、课程名、学分。

(3) 数据流:以"成绩信息"为例。

数据流名:成绩信息。

说明:学生所选课程的成绩。

数据流来源:成绩登录处理。

数据流去向:学生选课存储。

组成:学号、课程号、成绩。

平均流量:每天50个。

高峰期流量:每天 200 个。
(4) 数据存储:以"课程"为例。
数据存储名:课程。
说明:记录学校开设的所有课程。
编号:无。
流入的数据流:无。
流出的数据流:课程信息。
组成:课程号、课程名、学分。
数据量:600 个记录。
存取方式:随机存取。
(5) 处理过程:以"打印成绩单"为例。
处理过程名:打印成绩单。
说明:教师和学生都可以打印成绩单。
输入数据流:成绩信息、学号信息。
输出数据流:输入的学号及其成绩。
处理:连接打印机、打印成绩单。

11.3 概念结构设计

在前面的需求分析阶段,设计人员已经充分调查并描述了用户的需求,但这些需求是现实世界的具体要求,把这些需求抽象为信息世界的表达,才能更好地实现用户的需求。概念结构设计就是将需求分析得到的用户需求抽象为信息结构,即概念模型。概念模型独立于任何计算机系统,并可以转换为计算机上任一 DBMS 支持的特定的数据模型。人们提出了很多概念模型,其中最著名的一种是 E-R 模型,它将现实世界的信息结构统一用实体、属性及实体间的联系来描述。

11.3.1 概念模型的特点

概念模型作为概念结构设计的表达工具,是连接需求分析和数据库逻辑结构的桥梁。它应具备以下特点。

(1) 概念模型可以真实地反映现实世界,表达用户的各种需求,包括事物和事物之间的联系及用户对数据的处理要求。

(2) 概念模型应易于理解和交流。概念模型是 DBA、应用开发人员和用户之间交流的主要界面。因此,概念模型要表达自然、直观和容易理解,以便和不熟悉计算机的用户交换意见,用户的积极参与是保证数据库设计成功的关键。

(3) 概念模型易于修改和扩充,能够随着用户的需求和现实环境的变化而改变。

(4) 概念模型易于向各种数据模型转化。概念模型独立于特定的 DBMS,因而更加稳定,能方便地向关系模型、网状模型、层次模型、面向对象模型等各种数据模型转化。

11.3.2　概念结构设计方法

根据实际情况的不同,E-R 模型的设计一般有以下 4 种方法。

1. 自顶向下

首先定义全局概念结构的框架,再逐步求精细化,如图 11.12 所示。

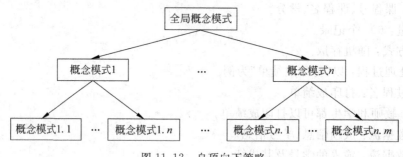

图 11.12　自顶向下策略

2. 自底向上

首先定义各局部应用的概念结构,然后再将各局部概念结构集成为全局概念结构,如图 11.13 所示。

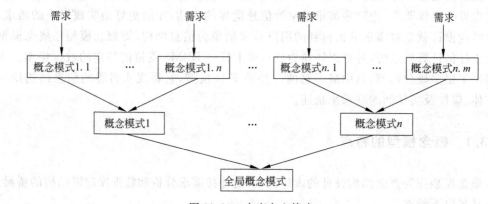

图 11.13　自底向上策略

3. 逐步扩张

先定义最重要的核心概念结构,然后再向外扩张,以滚雪球的方式逐步生成其他概念,直至总体概念结构,如图 11.14 所示。

4. 混合策略

将自顶向下和自底向上相结合,用自顶向下策略设计一个全局概念结构的框架,以它

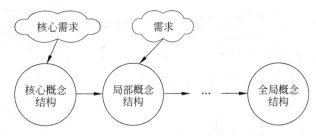

图 11.14　逐步扩张策略

为骨架集成由自底向上策略中涉及的各局部概念结构。

经常采用自顶向下的需求分析,然后再采用自底向上的概念结构设计,如图 11.15 所示。

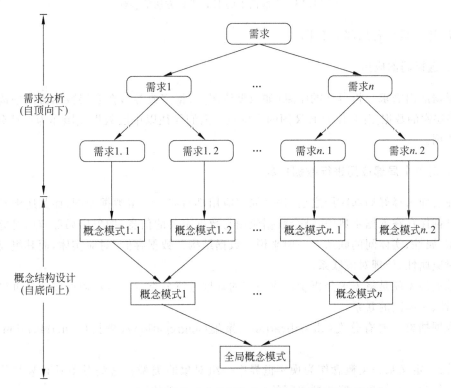

图 11.15　自顶向下的需求分析与自底向上的概念结构设计

这里只介绍自底向上的概念结构设计方法,首先抽象数据并进行局部概念模型(分 E-R 图)设计,再集成局部 E-R 图,得到全局概念模型(全局 E-R 图、综合 E-R 图)设计,如图 11.16 所示,这两步过程都需要征求用户意见。

11.3.3　局部概念模型设计

设计局部 E-R 图,具体要完成下列 3 个任务:选择局部应用、对每个局部应用进行数

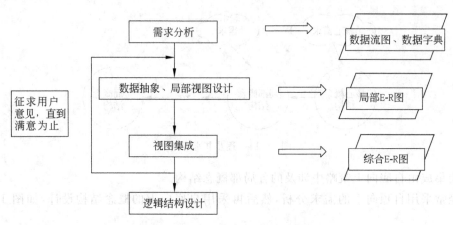

图 11.16　自底向上的 E-R 设计方法的步骤

据抽象、逐一设计各局部 E-R 图。

1. 选择局部应用

根据前面需求分析得到的结果（如数据流图、数据字典等），在多层数据流图中选择一个适当层次的数据流图，作为 E-R 图的出发点。人们往往以中层数据流图作为设计分 E-R 图的依据。

2. 对每个局部应用进行数据抽象

在前面选择好局部应用之后，每个局部应用都对应了一组数据流图，而其所涉及的数据信息都保存在数据字典中，结合数据流图与数据字典的信息，抽象出局部应用对应的实体类型、属性、实体间的联系。一般来说，"数据结构""数据存储"对应实体，而其组成的数据项对应属性，处理对应联系。

数据抽象就是将需求分析阶段收集到的数据进行分类、组织，从而形成信息世界的实体、属性、实体间的联系。

数据抽象主要有分类（classification）、聚集（aggregation）、概括（generalization）3 种方法。

分类，定义某一类概念作为现实世界中一组对象的类型。这些对象具有某些共同的特性和行为。它抽象了值和型之间的 is a member of 的语义。实体型就是实体的抽象。实体型"教师"就是对实体"张音、刘晓、陈笑、李超"的抽象，表示"张音、刘晓、陈笑、李超"是"教师"实体型中的一员。其共同的特性和行为是：在某个院系教授某些课程，如图 11.17 所示。

图 11.17　分类

聚集，定义了某一类型的组成成分。它抽象了对象内部类型和成分之间的 is a part of 的语义。在 E-R 模型中，实体型就是若干属性组成的。实体型"专职教师"就是属性"职工编号、姓名、性别、职称、专业、所在院系"的抽象，表示"专职教师"实体型是由"职工编号、姓名、性别、职称、专业、所在院系"组成的,如图 11.18 所示。

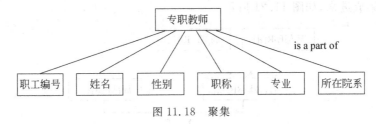

图 11.18 聚集

概括,定义类型之间的一种子集联系。它抽象了类型之间的 is a subset of 的语义。在 E-R 模型中,实体型"教职工"就是对"专职教师"和"行政管理人员"的抽象。实体型"教职工"为超类或父类,实体型"专职教师"和"行政管理人员"称为子类,如图 11.19 所示。

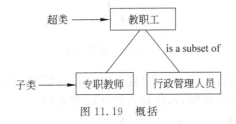

图 11.19 概括

3. 逐一设计各局部 E-R 图

根据每个局部应用对应的数据字典(DD)及数据流图(DFD),逐一确定每个局部应用的实体类型、联系类型,组合成 E-R 图,并确定实体类型及联系类型的属性,以及确定实体类型的键。

11.3.4 全局概念模型设计

局部 E-R 模型设计好后,下一步就是集成各局部 E-R 模型,形成全局 E-R 模型。集成的方法有两种。

(1) 多元集成法。一次性将多个局部 E-R 图合并为一个全局 E-R 图,如图 11.20 所示。

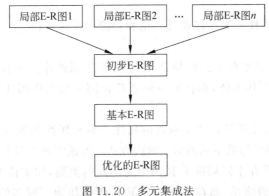

图 11.20 多元集成法

(2) 二元集成法。首先集成两个重要的局部 E-R 图，再用累加的方法逐步将剩余的局部 E-R 图集成进来，如图 11.21 所示。

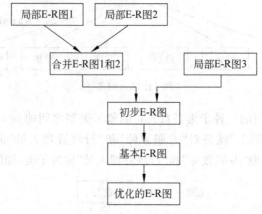

图 11.21 二元集成法

无论采用哪种方法进行集成，形成全局 E-R 图都有以下 3 个步骤。

步骤一：合并所有分 E-R 图，形成初步的全局 E-R 图。

步骤二：消除冲突，形成基本的全局 E-R 图。

各个局部应用对应的局部 E-R 图不都是由同一个设计者设计的，这就造成了各个分 E-R 图中必然会出现很多不一致的地方，这种情况称为冲突。合理地消除这些冲突，是形成基本全局 E-R 图的关键工作。主要有以下几种冲突。

1) 属性冲突

属性冲突分为属性域冲突和属性取值单位冲突。属性域冲突即属性值的类型、取值范围或取值集合不同。例如教师编号，不同的设计者可能用不同的编码方式，有的用整数，有的用字符型。又如性别，有的设计者用"男"或者"女"，有的设计者用 f 或者 m。对于取值单位的冲突，如计量单位、商品的重量，有的可能以千克为单位，而有的可能以斤为单位。

2) 命名冲突

命名冲突分为异名同义和同名异义。异名同义是指同一实体或属性在不同的局部 E-R 图中的名字不同。同名异义是指相同的名字在不同的局部 E-R 图中是指不同实体或者属性。

处理命名冲突和属性冲突可以通过讨论和协商的手段解决。

3) 结构冲突

结构冲突，即同一对象在不同的局部 E-R 图中分别被作为实体和属性。例如，教师在某一局部 E-R 图中当作实体，而在另一局部 E-R 图中却当作属性。应该将其统一为实体或者统一为属性。

同一实体在不同的局部 E-R 图中包含的属性个数和属性排列顺序不同。这是由于不同的局部应用关注的是实体的不同侧面。解决方法是取该实体在各分 E-R 图中的并集。

实体型之间的联系在不同局部 E-R 图中为不同的类型，如实体 E1 和实体 E2 在某局部 E-R 图中为一对一的联系，而在另外的分 E-R 图中却为一对多的联系，有可能还存在

E1、E2、E3 3个实体间有联系。解决方法是根据应用进行综合和调整。例如，在图11.22中，零件与产品之间存在多对多的"构成"联系，产品、零件与供应商三者之间还存在多对多的"供应"联系，这两个联系不能相互包含，在合并时应该将它们综合起来。

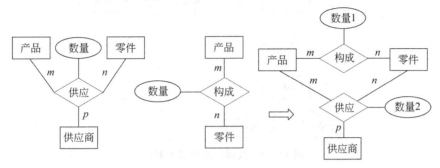

图 11.22　合并两个分 E-R 图

步骤三：消除不必要的冗余，形成优化的全局 E-R 图。

获得了基本的全局 E-R 图后，还可能存在冗余的数据和冗余的联系。冗余的数据是指可由基本数据导出的数据。冗余的联系是指可由其他联系导出的联系。冗余的数据和联系容易破坏数据库的完整性，给数据库的维护造成困难，应当予以消除。

一般根据数据流图和数据字典中数据项之间的逻辑关系来消除冗余。

但是，在优化的过程中，不是所有的冗余数据和联系都需要被消除。有时为了提高系统效率，以保留冗余的数据和联系为代价。到底是保留，还是消除冗余信息，设计者需要根据用户的要求在存储空间、访问效率、维护代价之间进行权衡。

例如，在简单的教务管理系统中有如下语义约束。

(1) 一个学生可选修多门课程，一门课程可被多个学生选修。

(2) 一个教师可讲授多门课程，一门课程可由多个教师讲授。

(3) 一个系可有多个教师，一个教师只能属于一个系；系和学生也存在同样的联系。

根据上述约定可以得到图 11.23 所示的学生选课局部 E-R 图和图 11.24 所示的教师授课局部 E-R 图。

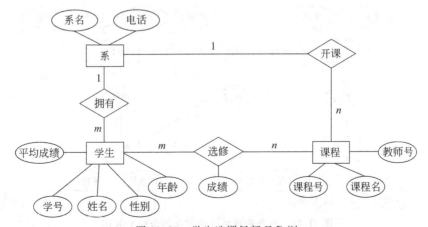

图 11.23　学生选课局部 E-R 图

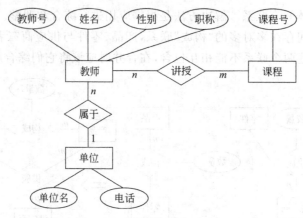

图 11.24 教师授课局部 E-R 图

把上面两个局部 E-R 图合并，消除冲突形成基本的全局 E-R 图，如图 11.25 所示。

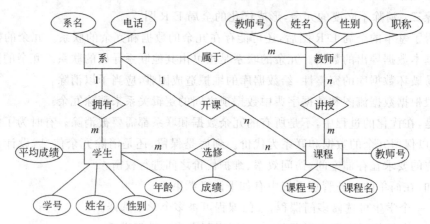

图 11.25 教务管理系统的基本全局 E-R 图

在前面的基本全局 E-R 图中，学生的"平均成绩"属于冗余属性，它可以由"选修"联系中的属性"成绩"计算出来，而课程实体的"教师号"也可以由"讲授"联系推导出来，如图 11.26 所示。

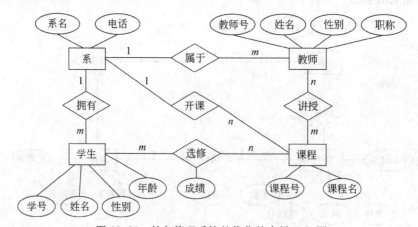

图 11.26 教务管理系统的优化的全局 E-R 图

除此之外,"系"和"课程"之间的"开课"联系可以由"系"和"教师"的"属于"联系及"教师"和"课程"之间的"讲授"联系推导出来。教务管理系统的最终的全局 E-R 图如图 11.27 所示。

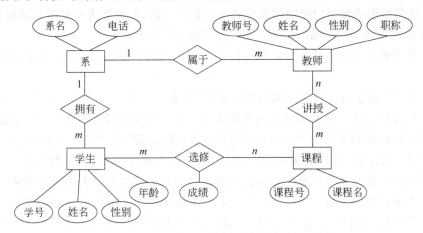

图 11.27　教务管理系统的最终的全局 E-R 图

11.4　逻辑结构设计

概念模型是独立于任何 DBMS 数据模型的信息结构。逻辑结构设计的任务是将概念结构设计阶段完成的全局 E-R 模型转换为 DBMS 支持的数据模型。它一般分为 3 个步骤。

第一步：将概念结构转换为一般的关系、网状、层次,或者面向对象等其他数据模型。
第二步：将转换来的关系、网状、层次或者面向对象等其他数据模型进行优化。
第三步：设计用户子模式。

目前市场上流行的商品化的 DBMS 大部分都是关系型数据库管理系统（RDBMS）,因此这里只介绍 E-R 模型到关系模型的转化。

11.4.1　E-R 模型到关系模型的转换

E-R 模型是由实体型、属性、联系构成的,而关系模型是关系模式的集合,因此将 E-R 模型转换为关系模型,实质就是将实体型、属性、联系转换为相应的关系模式。其转换规则已经在第 6 章中讲述,这里不再重复。

11.4.2　关系模型的优化

对上一步获得的关系模型进行优化,由于 E-R 模型到关系模型的转换规则不唯一,因此获得的关系模型并不唯一,为了进一步提高数据库应用系统的性能,还应该根据实际的应用适当地修改、调整数据模型的结构。

关系模型的优化通常以规范化理论为指导,方法如下。

（1）确定数据依赖。根据数据字典中描述的需求分析得到的语义，分别确定每个关系模式内部各属性之间的数据依赖，以及不同关系模式之间的数据依赖。

（2）按照数据依赖的理论对关系模式逐一进行分析，考察是否存在部分函数依赖、传递函数依赖、多值依赖等，确定各关系模式分别属于第几范式。

（3）利用规范化理论对各关系模式按照应用要求进行分解，注意保持函数依赖和无损连接性。

（4）为了提高系统运行效率和节约存储空间，进一步调整关系模式。

关系模型的优化还应考虑尽量减少连接运算，在数据库的各运算中，连接运算的代价是最高的，因此，如果在应用中经常对关系模式 R1 和关系模式 R2 进行连接运算，可以考虑对关系 R1 或者 R2 进行增加冗余属性、派生属性，或者合并关系 R1 和 R2。

关系模型的优化还须调整关系实例的大小。关系实例本身的大小对查询速度也会产生影响。在某些情况下将一个关系分解为若干个较小的关系可能更有利。其中一种分割方法为水平分割，如学生关系，可以将全校的学生数据放在一个关系表中，也可以按照院系分别建立学生关系，使得每个关系的数据量在一个合理的水平；另一种分割方法为垂直分割，即按照属性进行分割，当某个关系模式中包含的属性太多时，可以考虑把常用属性和非常用属性分开，形成相应的两个关系表，提高查询效率。

11.4.3 设计用户子模式

将全局 E-R 图转化为全局逻辑模型后，还应该根据局部应用需求设计用户外模式。利用视图设计符合局部用户需要的外模式，主要包括以下两个方面。

（1）可以对不同级别的用户定义不同的视图，以保障系统的安全性。

（2）某些局部应用中经常要使用一些很复杂的查询，可以为这些复杂的查询定义视图。

11.5 物理结构设计

数据库在物理设备上的存储结构与存取方法称为数据库的物理结构，它依赖于选定的数据库管理系统。为一个给定的逻辑数据模型选取一个最适合应用要求的物理结构的过程，就是数据库的物理设计。

数据库的物理设计通常分为两步。

（1）确定数据库的物理结构，主要是指存取方法和存储结构。

（2）对物理结构进行评价，主要是评价物理结构的时间和空间效率。

如果评价结果满足设计要求，则可以进入物理实施阶段，否则需要重新设计或者修改物理结构，有时甚至还需要返回到前面的阶段进行修改。

每个数据库管理系统提供的物理环境、存取方法和存储结构不一致，因此要想设计出符合给定要求的物理结构，需要熟悉数据库管理系统提供的存取方法和存储结构，除此之外，还要了解用户对各种事务运行时的响应时间、存储空间利用率的要求。例如，需要了解以下内容。

(1) 对于数据库查询事务,需要得到如下信息。

- 查询的关系。
- 查询条件涉及的属性。
- 连接条件涉及的属性。
- 查询的投影属性。

(2) 对于数据更新事务,需要得到如下信息。

- 被更新的关系。
- 每个关系上的更新操作条件涉及的属性。
- 修改操作要改变的属性值。

还需要知道每个事务在各关系上运行的频率和性能要求,如一个事务可能需要在 5s 内运行完,如更新事务经常发生时,就应该考虑不需要创建索引。

11.5.1 存取方法

存取方法是快速存取数据库中数据的技术。数据库管理系统中提供的存取方法主要有索引存取法、聚簇存取方法、哈希(Hash)存取方法。

1. 索引存取法

索引存取法有多种,如位图索引、函数索引、B+树索引,其中使用最多的是 B+ 树索引。索引方法实际上就是根据应用要求确定在哪些关系的哪些属性上建立索引。一般考虑在如下情况建立索引。

(1) 经常在查询条件中出现的属性上建立索引。

(2) 经常在连接操作中的连接条件出现的属性上建立索引。

(3) 如果一个属性经常作为最大值和最小值等聚集函数的参数,则考虑在这个属性上建立索引。

当数据量大而且数据库的查询很频繁时,索引可以极大地加快查询效率。但是,并不是索引越多越好,因为维护索引需要代价。当数据库有比较多的更新事务时,不应该建立太多的索引。

2. 聚簇存取方法

为了提高某个属性(或属性组)的查询速度,把这个或者这些属性上具有相同值的元组集中存放在连续的物理块中称为聚簇。该属性(或属性组)称为聚簇码。

聚簇功能可以大大提高按聚簇码进行查询的效率。例如,要查询数学系的所有学生名单,设该系有 1000 名学生,在极端情况下,该 1000 名学生对应的数据元组分布在 1000 个不同的物理块上。尽管对学生关系已经按照所在系建有索引,根据索引很快找到数学系学生的元组地址,避免了全表扫描,但是根据元组地址访问数据块时就要存取 1000 个物理块,执行 1000 次 I/O 操作。如果将同一系的学生元组集中存放,则每读一个物理块可得到多个满足查询条件的元组,从而显著地减少了访问磁盘的次数。

聚簇功能不仅适用于单个关系,也适用于经常进行连接操作的多个关系,即把多个连接关系的元组按连接属性值聚集存放。这就相当于把多个关系按"预连接"的形式存放,从而大大提高连接操作的效率。

一个数据库可以建立多个聚簇,一个关系只能加入一个聚簇。

一般可以考虑在如下情况建立聚簇。

(1) 经常在一起进行连接操作的关系可以建立聚簇。

(2) 如果一个关系的一组属性经常出现在相等比较条件中,则该单个关系可建立聚簇。

(3) 如果一个关系的一个(或一组)属性上的值重复率很高,则此单个关系可建立聚簇,即对应每个聚簇码值的平均元组数不能太少,太少则聚簇效果不明显。

必须强调的是,聚簇只能提高某些应用的性能,而且建立与维护聚簇的开销是相当大的。对已有关系建立聚簇将导致关系中元组移动其物理存储位置,并使此关系上原来建立的所有索引无效,必须重建。当一个聚簇码值改变时,该元组的存储位置也要做相应的移动。

因此,通过聚簇码进行访问或连接是该关系的主要应用,而与聚簇码无关的其他访问很少或者是次要的,这时可以使用聚簇。尤其当 SQL 语句中包含有与聚簇码有关的 ORDER BY、GROUP BY、UNION、DISTINCT 等子句或短语时,使用聚簇特别有利,可以省去对结果集的排序操作;否则很可能适得其反。

3. 哈希存取方法

哈希存取方法是用 Hash 函数存储和存取关系记录的方法。指定某个关系上的一个或者一组属性 A 作为 Hash 码,对该 Hash 码定义一个函数(即 Hash 函数),记录的存储地址由 $\text{Hash}(a)$ 决定,a 是该记录在属性 A 上的值。

有些数据库管理系统提供了 Hash 存取方法。选择 Hash 存取方法的规则是:如果一个关系的属性主要出现在等值连接条件中或主要出现在相等比较条件中,而且满足下列两个条件之一,则此关系可以选择 Hash 存取方法。

(1) 如果一个关系的大小可预知,而且不变。

(2) 如果关系的大小动态改变,而且数据库管理系统提供了动态 Hash 存取方法。

11.5.2 存储结构

确定数据库的物理结构主要是指确定数据的存放位置和系统配置,包括确定关系、索引、聚簇、日志、备份等的存储安排和存储结构,确定系统配置等。

确定数据的存放位置和存储结构要综合考虑存取时间、存储空间利用率和维护代价 3 方面的因素。这 3 个方面常常是相互矛盾的,因此需要权衡,选择一个合适的方案。

1. 确定存放位置

数据库数据包括关系、索引、聚簇和日志,一般都存放在磁盘内,由于数据量的增大,往往需要用到多个磁盘驱动器和磁盘阵列,从而产生数据在多个磁盘上进行分配的问题,这就需要分区设计。分区设计一般有以下 3 条原则。

1) 减少访盘冲突,提高 I/O 的并行性

多个事务并发访问同一磁盘组会产生访盘冲突而引发等待,如果事务访问数据能均匀分布在不同磁盘组上并可以并发执行 I/O,则可以提高数据库的访问速度。

2) 分散热点数据,均衡 I/O 负荷

在数据库中,数据被访问的频率是不均匀的,有些经常被访问的数据称为热点数据,此类数据应该分散存放在各个磁盘或者磁盘组上,以均衡各个盘组的负担。

3) 保证关键数据的快速访问,缓解系统颈瓶

在数据库系统中,对于数据字典和数据目录,每次都需要访问,对其的访问速度影响整个系统的性能。还有些数据对性能的要求特别高,因此可以设立专用磁盘组。

根据上述原则并结合应用情况,可将数据库数据的易变部分与稳定部分、经常存取部分与存取频率较低的部分分别放在不同的磁盘上。

如可以将关系和索引存放在不同磁盘上、将比较大的关系分割存放在不同磁盘上、将日志文件与数据库本身放在不同磁盘上、将数据备份和日志备份存放在不同磁带上。

2. 确定系统配置

关系数据库管理系统产品一般都提供了一些系统配置变量和存储分配参数,供设计人员和数据库管理员对数据库进行物理优化。初始情况下,系统都为这些变量赋予了合理的默认值,但这些值不一定适合每种应用环境,在进行物理设计时需要重新对这些变量赋值,以改善系统性能。

系统配置变量有很多,例如,同时使用数据库的用户数、同时打开的数据库对象数、内存分配参数、缓冲区分配参数(使用的缓冲区长度、个数)、存储分配参数、物理块的大小、物理块装填因子、时间片大小、数据库大小、锁的数目等。这些参数值影响存取时间和存储空间分配,在物理设计时就要根据应用环境确定这些参数值,以使系统性能最佳。

11.5.3 评价物理结构

数据库的物理设计过程中需要对时间效率、空间效率、维护代价和各种用户要求进行权衡,设计出多个方案,数据库设计人员必须对这些方案进行详细的分析、评价,然后从中选择一个较优的方案作为数据库的物理结构。评价物理结构设计完全依赖于选用的 DBMS。

11.6 数据库的实施

数据库实施是指根据逻辑设计和物理设计的结果,利用 DBMS 工具建立实际的数据库结构、装入数据、实现应用程序编码与调试,并进行试运行。

1. 数据库结构的建立

利用 DBMS 提供的 DDL 语句建立数据库及各种数据库对象,包括分区、表、视图、索引、存储过程、触发器、用户访问权限等。

2. 数据载入

数据载入是指在数据库结构建立后,即可向数据库中载入数据。一般来说,数据库的数据量大,而且来源各异,经常出现数据重复、数据缺失、数据的格式不同等情况,因此数据组织、转换和入库的工作相当费时、费力。可以通过人工法手动装入数据,也可以设计一个输入子系统来装入数据。不管哪种方法,为了保证载入数据库的数据的正确性,必须进行数据的校验工作。

目前,很多的 DBMS 都提供了数据导入/导出功能,有些 DBMS 还提供了强大的数据转换服务(DTS)功能,用户可以利用这些工具实现数据的载入、转换等工作。

3. 编写、调试应用程序

数据库应用程序的设计应和数据库设计同步进行。数据库应用程序的编写与调试实质上是使用软件工程的方法进行,包括开发技术与开发环境的选择、系统设计、编码、调试等工作,其功能应能全面满足用户的信息处理要求,数据库结构建立好后就可以开始编制应用程序,而在调试应用程序时,由于数据入库工作尚未完成,所以可先使用模拟数据。

4. 数据库试运行

应用程序编写、调试完成,一部分数据入库后,就可以进入数据库的试运行阶段,测试各种应用程序在数据库上的操作情况。这一阶段要完成以下两方面的工作。

(1) 功能测试。实际运行应用程序,测试能否完成各种预订的功能。
(2) 性能测试。测量系统的性能指标,分析是否符合设计目标。

数据库的试运行对于系统设计的性能检验和评价是很重要的,如果不符合目标,则需要返回到前面的阶段重新进行,有时甚至需要返回到逻辑设计阶段。

数据库的试运行不可能一次完成,需要一定的时间,在此期间如果发生硬件或软件故障,可能会破坏数据库中的数据,因此必须做好数据库的转储和恢复工作。

5. 整理文档

在程序的编码调试和试运行中,应该将发现的问题和解决方法记录下来,将它们整理存档作为资料,供以后正式运行和改进时参考。全部的调试工作完成之后,应该编写应用系统的技术说明书和使用说明书,在正式运行时随系统一起交给用户。完整的文档资料是应用系统的重要组成部分。

11.7 数据库的运行和维护

数据库试运行合格后,数据库开发工作就基本完成,可以投入正式运行了。但是,由于应用环境在不断变化,数据库运行过程中物理存储也会不断变化,对数据库设计进行评价、调整、修改等维护工作是一个长期的任务。

在数据库运行阶段,对数据库经常性的维护工作主要由 DBA 完成,其维护工作主要包括以下几个方面。

1. 数据库的转储和恢复

数据库的转储和恢复是数据库正式运行之后最重要的维护工作之一。DBA 要针对不同的应用要求制订不同的转储计划,定期保存和备份数据文件和日志文件,以保证一旦发生故障,可以尽快地将数据恢复到某种一致性状态,并尽可能减少对数据库的破坏。

2. 数据库的安全性、完整性控制

数据库的安全性、完整性控制也是数据库运行时 DBA 的重要工作内容。随着应用环境要求的改变,数据库对象的安全级别、数据库用户的权限都可能发生变化,DBA 需要根据实际情况进行调整;除此之外,数据库的完整性也可能发生变化,也需要进行相应的更改,以满足用户的需要。

3. 数据库性能的监督、分析和改造

在数据库运行过程中,监督系统运行,对监测数据进行分析,找出改进系统性能的方法是 DBA 的又一重要任务。目前,很多 DBMS 提供了检测系统性能参数的工具,DBA 可以通过这些工具获取系统运行过程中参数的值,以判断当前数据库系统运行时存储空间的使用状况、响应时间及错误、故障、死锁发生的原因,并进行相应的整改。

4. 数据库的重组织与重构造

数据库运行一段时间后,由于记录不断增、删、改,将会使数据库的物理存储情况变坏,出现很多空间碎片,从而降低数据的存取效率,使得数据库的性能下降。这时就需要重新整理数据库的存储空间,即数据库重组。RDBMS 一般都提供了数据重组织的实用程序。在重组织的过程中,按原设计要求重新安排存储位置、回收垃圾、减少指针链等,提高数据库的存取效率和存储空间的利用率,提高系统性能。

数据库的重组改变的是数据库的物理存储结构,而不是逻辑结构和数据库中的数据内容。数据库的重构则不同,它是根据应用要求的变化而改变数据库的逻辑结构,部分修改数据库的模式和内模式。例如,在数据表中增加或者删除某些项、增加或者删除某些索引、增加或者删除某些表等。一旦应用环境要求变化太大,数据重构也无法满足需求,就需要重新设计数据库应用系统,也标志旧的数据库应用系统生命周期结束,新的数据库应用系统生命周期开始。

11.8 数据库设计案例——学生成绩管理系统

本节通过一个简单的案例——"学生成绩管理系统"来熟悉一下数据库及数据库应用系统的设计和实现过程。该案例包括需求分析、概念结构设计、逻辑结构设计、物理结构设计,起到一个示范的作用,并实现了该学生成绩管理系统,把数据库设计落实到数据库应用程序开发中。

11.8.1 需求分析

假设学校现在聘请你作为数据库设计专家,请设计开发学生成绩管理系统。

1. 功能需求

该系统主要提供给学生、教师、辅导员以及管理员使用。

(1) 学生模块应该实现的功能:学生查询学校发布的有关通知、自己的班级信息、课程信息、教师信息、各门课程的成绩信息以及修改个人信息。

(2) 辅导员模块应该实现的功能:辅导员查询通知信息、班级信息、课程信息、教师信息、学生信息、家长信息、学生成绩、谈话记录,修改个人信息。

(3) 管理员模块应该实现的功能:教学管理人员对通知的管理(即通知的发布、删除、修改)、班级管理、课程管理、教师管理、学生管理、家长管理、学期管理、专业管理、学院管理、授课管理及成绩统计分析。

(4) 教师模块应该实现的功能:教师查询、录入、修改所授课的学生成绩信息以及查询课程信息、教师信息、通知信息、班级信息、修改个人信息。

学生成绩管理系统功能模块图如图 11.28 所示。

2. 数据需求

要求此系统可以查询以下信息。

学生的基本信息,包括学生的学号、班级、姓名、性别、年龄、所在专业、电话号码、电子邮件、家长信息、家长联系方式、家庭地址。学生通过此系统可以查看其所选的所有课程的成绩,以及所属的班级。

班级的基本信息,包括班级编号、人数、院系名称、专业以及管理该班级的辅导员教师。

课程的基本信息,包括课程编号、课程名称、学分、学时。

学院的基本信息,包括学院编号、学院名称、学院办公室、学院联系方式。

专业的基本信息,包括专业编号、专业名称。

学期的基本信息,包括学期编号、学期名称。

通知的基本信息,包括通知编号、通知标题、内容、时间、发布者 ID。

教师的基本信息,包括教师编号、教师名称、电话号码、邮箱、学院。其中部分教师为

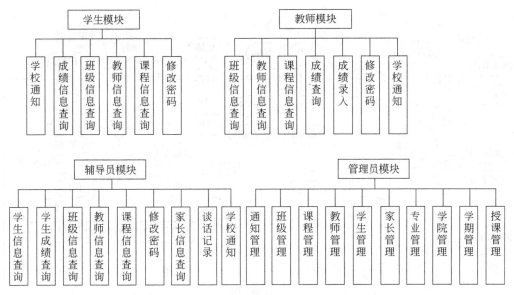

图 11.28 学生成绩管理系统功能模块图

专职教师,一个专职教师允许教授多门课程,一门课一个学期可以由多个教师教授。其中有部分教师为辅导员,一个辅导员可以管理多个班级。一个院系有多个专业,每个专业有多个班级,每个专业都有专业负责人,每个院系都有一个领导管理。当学生一个学期课程不及格的课程数量达到3门,就由辅导员联系学生进行辅导工作,如果连续两个学期课程不及格数量达到5门,就由辅导员联系家长。

管理员实现对所有信息的维护,学校的教学管理人员充当管理员的角色。

11.8.2 概念结构设计

根据需求分析,其 EER 图设计如图 11.29 所示。

该 EER 图说明如下。

(1) 学生的家长信息涉及内容较多,因此"家长"单独作为实体,而不作为学生实体的属性。

(2) 由于教师中有专职教师、辅导员、教学管理人员,因此,在教师实体上添加属性"岗位"。并且教师实体作为父类,专职教师、辅导员、教学管理人员作为子类。

(3) 班级的辅导员教师通过班级与辅导员实体的联系来表示,班级的所属专业信息通过班级与专业的联系来表示。

(4) 为了方便该系统的扩展,"学期"作为实体,而不作为属性。

(5) 由于篇幅的原因,在 EER 图中没有画出"通知"和"学期"实体的属性。

11.8.3 逻辑结构设计

根据转换规则,把图 11.29 中的概念模型转化为逻辑模型,该 EER 图转化为关系模

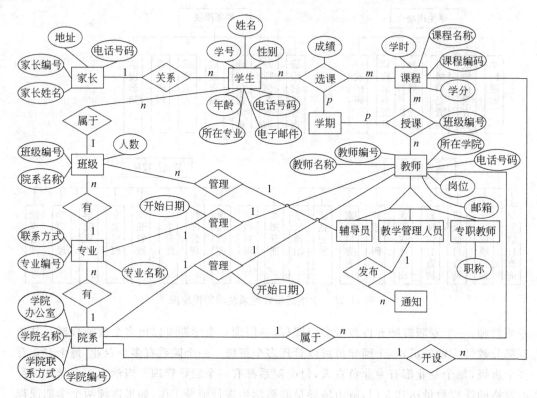

图 11.29 学生成绩管理系统 EER 图

型,并对转化后的关系模型进行优化,设计出视图、触发器、存储过程。

1. 该系统的逻辑模型

学生(<u>学号</u>,姓名,性别,年龄,所在专业,电话号码,电子邮件,<u>班级编号</u>,<u>家长编号</u>)

家长(<u>家长编号</u>,家长姓名,家庭地址,电话号码)

班级(<u>班级编号</u>,人数,院系名称,所在专业,辅导员)

课程(<u>课程编号</u>,课程名称,学分,学时,开设学院)

选课(<u>学生编号</u>,<u>课程编号</u>,<u>选课学期</u>,成绩)

教师(<u>教师编号</u>,教师名称,所在学院,岗位,电话号码,邮箱,职称)

授课(<u>教师编号</u>,<u>课程编号</u>,<u>授课学期</u>,班级编号)

院系(<u>学院编号</u>,学院名称,学院办公室,院长,开始日期,联系方式)

专业(<u>专业编号</u>,专业名称,专业负责人,开始日期,联系方式,<u>院系编号</u>)

学期(<u>学期编号</u>,学期名称)

用户信息(<u>用户ID</u>,用户密码,用户类型)

通知(<u>通知编号</u>,通知标题,内容,时间,发布者ID)

这里增加一个用户信息表,用于保存各用户的登录密码及用户类型,所有用户的用户ID 为自己的编号,学生的用户ID 为学号,教师的用户ID 为教师编号。

2. 利用规范化理论优化关系模型

对该关系模型优化到 3NF，去掉非主属性对码的部分依赖和传递依赖，修改如下。

1) 对学生关系进行修改

学生(<u>学号</u>,姓名,性别,年龄,所在专业,电话号码,电子邮件,<u>班级编号</u>,<u>家长编号</u>)

在学生关系中删除"所在专业"，因为存在传递依赖。学号→班级编号，班级编号→所在专业。存在非主属性"所在专业"对码"学号"的传递依赖，且"班级编号"与"所在专业"都存在于关系班级中，因此这里去掉属性"所在专业"，达到3NF。

2) 对班级关系进行修改

班级(<u>班级编号</u>,人数,院系名称,<u>所在专业</u>,辅导员)

在班级关系中删除属性"院系名称"，因为存在传递依赖。班级编号→所在专业,所在专业→院系名称。存在非主属性"院系名称"对码"班级编号"的传递依赖，且"所在专业"与"所在院系"都存在于专业关系中，因此删除班级关系中的属性"院系名称"。

3) 最后的结果如下

学生(<u>学号</u>,姓名,性别,年龄,电话号码,电子邮件,<u>班级编号</u>,<u>家长编号</u>)

家长(<u>家长编号</u>,家长姓名,家庭地址,电话号码)

班级(<u>班级编号</u>,人数,所在专业,辅导员)

课程(<u>课程编号</u>,课程名称,学分,学时,开设学院)

选课(<u>学号</u>,<u>课程编号</u>,<u>选课学期</u>,成绩)

教师(<u>教师编号</u>,教师名称,所在学院,岗位,电话号码,邮箱,职称)

授课(<u>教师编号</u>,<u>课程编号</u>,<u>授课学期</u>,班级编号)

院系(<u>学院编号</u>,学院名称,学院办公室,<u>院长</u>,开始日期,联系方式)

专业(<u>专业编号</u>,专业名称,<u>专业负责人</u>,开始日期,联系方式,<u>院系编号</u>)

学期(<u>学期编号</u>,学期名称)

用户信息(<u>用户ID</u>,用户密码,用户类型)

通知(<u>通知编号</u>,通知标题,内容,时间,<u>发布者ID</u>)

3. 设计用户子模式

设计用户子模式，分别为学生、教师、辅导员、管理员设计用户子视图。

1) 学生用户子模式

学生用户子模式为学生用户进入系统后所能查看到的数据，包括学校通知、班级信息、课程信息、教师信息、成绩查询、修改密码。

学校通知模块显示通知编号、通知标题、通知内容、发布者、发布时间。

班级信息模块根据学院名称或者专业名称，或者班级编号，查询班级编号、班级人数、专业名称、学院名称、辅导员及其联系方式。

课程信息模块可以查询到课程编号、课程名称、学分、学时。

教师信息模块可以查询到每个班级每门课程授课教师的教师名称、岗位、电话号码、授课学期、课程编号、课程名称、班级编号。

成绩查询模块可以查询到每个学生自己每个学期的课程成绩,包括学号、课程编号、课程名称、学期、成绩。

因此,为学生用户设计如下视图。

(1)班级信息视图,基于4个表(班级、教师、专业、院系)创建班级信息视图,使得查询班级的信息更加方便。

班级信息视图(班级.班号,班级.人数,教师.教师名称,教师.电话号码,专业.专业编号,专业.专业名称,院系.学院编号,院系.学院名称)

(2)授课教师信息视图,其数据来自教师、学期、授课及课程4个关系。

授课教师信息视图(教师编号,教师名称,电话号码,学期名称,课程编号,课程名称,班级编号)

(3)选课信息视图,其信息来自选课、课程及学期3个关系。

选课信息视图(学号,课程编号,课程名称,学期.学期编号,学期.学期名称,成绩)

2)教师用户子模式

教师用户子模式为教师用户进入系统后所能查看到的数据,包括学校通知、班级信息、课程信息、教师信息、成绩查询、修改密码。其中,通知模块、班级模块、课程模块以及教师信息模块和学生用户一样,而教师信息的成绩查询模块需要稍作修改。该模块为方便教师查询所教课程的学生成绩,为教师用户设计了如下视图。

教师成绩查询信息视图,涉及学生关系、学期关系、选课成绩关系、授课表以及课程关系。

教师成绩查询信息视图(授课.教师编号,授课.课程编号,授课.授课学期,学期.学期名称,授课.班级编号,课程.课程名称,学生.学号,学生.姓名,选课.成绩)。

3)辅导员用户子模式

辅导员用户子模式涉及学校通知模块、班级信息模块、课程信息模块、教师信息模块、个人信息修改模块、家长信息模块、学生信息模块、成绩查询模块及谈话记录模块。前面的模块功能相同,只有家长信息和学生信息模块是新添加的模块,而成绩查询模块查询某个班某个学期的成绩,或者具体某个学生的成绩。为辅导员用户设计如下视图。

(1)家长信息视图,涉及学生关系、家长关系及班级关系。

家长信息视图(学号,学生姓名,学生班号,家长编号,家长姓名,家庭地址,家长电话号码,班级.辅导员编号)

(2)学生信息视图,涉及学生关系、班级关系。

学生信息视图(学号,姓名,年龄,电话号码,电子邮件,学生.班号,辅导员编号)

(3)辅导员查询成绩视图,涉及学生、班级、选课、课程、学期5个关系。

辅导员查询成绩视图(学生.学号,学生.姓名,班级.班号,选课.选课学期,学期.学期名称,选课.课程编号,课程.课程名称,选课.成绩,辅导员编号)

(4)触发器。

当学生一个学期课程不及格的课程数量达到3门时,就由辅导员联系学生进行辅导工作,如果连续两个学期课程不及格数量达到5门,就由辅导员联系家长。因此,建立家长联系关系包括属性(学生编号,学期,不及格课程数量),并在学生的选课表上建立触发器,当某学生某个学期不及格的课程数量达到 3 门及以上,则触发触发器实现对家长联系表插入该学生的相关信息,表示辅导员应该与此学生谈话,在后面的数据库代码部分由触发器(tri_notpass)实现。

4) 管理员用户子模式

管理员用户子模式涉及学校通知模块、班级管理模块、课程管理模块、教师信息管理模块、学生信息管理模块、家长信息管理模块、成绩查询模块、专业管理、学院管理、学期管理模块、统计分析模块、授课管理模块,都是直接对关系表的操作。其中的统计分析模块的实现需要建立如下存储过程。

(1) 按班级分课程成绩分析模块,从**教师成绩查询子视图**里获取每个班级每门课程学生的成绩数据。

获取每个班级每门课程学生的优、良、中、及格、不及格的成绩分布数据。此处用存储过程实现。创建存储过程,根据输入的班级编号及课程编号输出每个成绩分布阶段的人数。由后面的数据库代码中的存储过程(class_course_grade)实现,并用图表的形式显示成绩分布情况。

(2) 分班级获取每个学生所有科目的成绩及总成绩,涉及的数据库代码为(class_grade_analysis)。

(3) 查询每个学生的所有成绩,根据管理员输入的学号获取该学生所有学期所有课程的成绩。

11.8.4 物理结构设计

因为学生成绩管理系统的存储空间需求较小,我们主要考虑的是事务响应速度,所以考虑建立索引,根据建立索引的规则,主要在以下几个方面建立索引。

(1) 查询条件涉及的属性。
(2) 连接条件涉及的属性。

由于此系统的访问量比较小,因此在本系统中没有建立索引。

11.8.5 相关数据库代码

1. 部分建表代码

```
CREATE table 家长(
家长编号 INT identity(1,1)PRIMARY KEY,
家长姓名 CHAR(30),
家庭地址 CHAR(100),
电话号码 CHAR(20)
);
CREATE table 专业(
```

```
专业编号 CHAR(10)not null,
院系编号 CHAR(10)null,
专业名称 CHAR(20)null,
专业负责人 CHAR(10)null,
开始日期 DATETIME,
联系方式 CHAR(20)null,
);
CREATE table 学院(
学院编号 CHAR(10)not null,
学院名称 CHAR(20)null,
院长编号 CHAR(10)null,
学院办公室 CHAR(60)null,
联系方式 CHAR(20)null,
开始日期 DATETIME,
);
CREATE table 学生(
学号 CHAR(20)not null,
姓名 CHAR(20)null,
年龄 INT null,
性别 CHAR(2),
电话号码 CHAR(11)null,
电子邮件 CHAR(20)null,
班号 CHAR(10)null,
家长 INT null,
);
CREATE table 学期(
学期编号 INT identity(1,1)not null,
学期名称 CHAR(20)null
);
CREATE table 选课(
学号 CHAR(20)null,
课程编号 CHAR(10)null,
选课学期 INT null,
成绩 REAL null
);
CREATE table 授课(
教师编号 CHAR(10)not null,
课程编号 CHAR(10)not null,
授课学期 CHAR(20)null,
班级编号 CHAR(10)not null,
PRIMARY KEY
(
教师编号,
```

课程编号,
授课学期
));
CREATE table 课程(
课程编号 CHAR(10)not null,
课程名称 CHAR(20)null,
学分 REAL null,
学时 INT null,
开设学院 CHAR(10)
);

2. 建立视图代码

1) 学生用户子模式
(1) 创建班级信息视图,代码为

CREATE VIEW 班级信息
AS
SELECT 班级.班号,班级.人数,教师.教师名称,教师.电话号码,专业.专业编号,专业.专业名称,院系.学院编号,院系.学院名称
FROM 班级,教师,专业,院系
WHERE 教师.教师编号=班级.辅导员编号 AND 班级.专业编号=专业.专业编号 and 专业.院系编号=院系.学院编号;

(2) 创建"授课教师信息"视图,代码为

CREATE VIEW 授课教师信息
AS
SELECT 教师.教师编号,教师名称,电话号码,学期名称,课程.课程编号,课程名称,班级编号
FROM 教师,授课,课程,学期
WHERE 教师.教师编号=授课.教师编号 AND 课程.课程编号=授课.课程编号 AND 学期.学期编号=授课.授课学期;

改为左外连接,因为学校除了上课的教师,还有没有授课的教师及辅导员等其他职工。

CREATE VIEW 授课教师信息
AS
SELECT 教师.教师编号,教师名称,岗位,电话号码,学期名称,课程.课程编号,课程名称,班级编号
FROM 教师 LEFT OUTER JOIN 授课 ON 教师.教师编号=授课.教师编号 LEFT OUTER JOIN 课程
ON 课程.课程编号=授课.课程编号 join 学期 on 学期.学期编号=授课.授课学期;

(3) 创建选课信息视图,代码为:

CREATE VIEW 选课信息

AS
SELECT 学号,课程.课程编号,课程名称,学期.学期名称,学期.学期编号,成绩
FROM 选课,课程,学期
WHERE 选课.选课学期=学期.学期编号 AND 选课.课程编号=课程.课程编号；

2）教师用户子视图

创建教师成绩查询信息视图,代码为：

CREATE VIEW 教师成绩查询信息
AS
SELECT 授课.教师编号,授课.课程编号,授课.授课学期,学期.学期名称,授课.班级编号,课程.课程名称,学生.学号,学生.姓名,选课.成绩
FROM 授课,选课,课程,学生,学期
WHERE 授课.课程编号=课程.课程编号 AND 授课.课程编号=选课.课程编号 AND 授课.班级编号=学生.班号 AND 选课.学号=学生.学号 AND 授课.授课学期=学期.学期编号；

3）辅导员用户子视图

（1）创建家长信息视图,代码为：

CREATE VIEW 家长信息
AS
SELECT 学生.学号,学生.姓名,学生.班号,家长.家长编号,家长.家长姓名,家庭地址,家长.电话号码,班级.辅导员编号
FROM 学生,家长,班级
WHERE 班级.班号=学生.班号 AND 学生.家长=家长.家长编号；

（2）创建学生信息视图,代码为：

CREATE VIEW 学生信息
AS
SELECT 学号,姓名,年龄,电话号码,电子邮件,学生.班号,辅导员编号
FROM 学生,班级
WHERE 学生.班号=班级.班号；

（3）创建辅导员查询成绩视图,代码为

CREATE VIEW 辅导员成绩查询信息
AS
SELECT 学生.学号,学生.姓名,班级.班号,选课.选课学期,学期.学期名称,选课.课程编号,课程.课程名称,选课.成绩,辅导员编号
FROM 学生,班级,选课,课程,学期
WHERE 学生.班号=班级.班号 AND 学生.学号=选课.学号 AND 选课.课程编号=课程.课程编号 AND 学期.学期编号=选课.选课学期；

3. 触发器

本系统中的触发器代码如下。

```
CREATE TABLE 家长联系表
(
学生编号 CHAR(20),
学期编号 INT,
不及格课程数量 INT
)

CREATE TRIGGER tri_notpass
ON 选课
AFTER INSERT
AS
DECLARE @stuno char(20),@semsterno int, @notpassno int,@count int;
SELECT @stuno=学号,@semsterno=学期编号 FROM inserted;
SELECT @notpassno=count(课程编号)
FROM 选课
WHERE 成绩<60 AND 学号=@stuno AND 学期编号=@semsterno
GROUP BY 学号,学期编号 having count(课程编号)>=2;
SELECT @count=count(*)FROM 家长联系表 WHERE 学生编号=@stuno;
IF((@notpassno>=2)AND(@count<1))
INSERT INTO 家长联系表 VALUES(@stuno,@semsterno, @notpassno);
ELSE
UPDATE 家长联系表
SET 不及格课程数量=@notpassno
WHERE 学生编号=@stuno;
PRINT '添加学生成功';
```

4. 存储过程代码

在管理员成绩统计分析模块中设计了以下存储过程。

（1）按班级分课程成绩分析模块，从教师成绩查询子视图里获取每个班级每门课程学生的成绩数据。

获取每个班级每门课程学生的优、良、中、及格、不及格的成绩分布数据。此处用存储过程实现。创建存储过程，根据输入的班级编号及课程编号输出每个成绩分布阶段的人数，代码如下所示：

```
CREATE PROCEDURE class_course_grade
@class char(10),
@course char(10),
@notpass int output,
@pass int output,
@avg int output,
@good int output,
@excellent int output
```

```
AS
SELECT @notpass=count(成绩)
FROM 教师成绩查询信息
WHERE 课程编号=@course AND 班级编号=@class AND 成绩<60
SELECT @pass=count(成绩)
FROM 教师成绩查询信息
WHERE 课程编号=@course AND 班级编号=@class AND 成绩>=60 AND 成绩<70
SELECT @avg=count(成绩)
FROM 教师成绩查询信息
WHERE 课程编号=@course AND 班级编号=@class AND 成绩>=70 AND 成绩<80
SELECT @good=count(成绩)
FROM 教师成绩查询信息
WHERE 课程编号=@course AND 班级编号=@class AND 成绩>=80 AND 成绩<90
SELECT @excellent=count(成绩)
FROM 教师成绩查询信息
WHERE 课程编号=@course AND 班级编号=@class AND 成绩>=90 and 成绩<=100
```

此存储过程根据输入的班级编号参数值和课程编号参数值，输出该班级该课程学生不及格人数、及格人数等各个阶段的人数。测试代码如下。

```
DECLARE @bujige int,@jige int,@zhong int,@liang int,@you int
EXEC class_course_grade @class='1106101',@course='1',@notpass=@bujige
OUTPUT,@pass=@jige output,@avg=@zhong output,@good=@liang
OUTPUT,@excellent=@you output
SELECT @bujige,@jige,@zhong,@liang,@you
```

另一种写法如下。

```
CREATE PROCEDURE class_course_grade3
@class char(10),
@course char(10),
@notpass int output,
@pass int output,
@avg int output,
@good int output,
@excellent int output
AS
BEGIN
SELECT @notpass=count(CASE WHEN 成绩<60 THEN 1 END),
@pass=count(CASE WHEN 成绩<70 AND 成绩>=60 THEN 1 END),
@avg=count(CASE WHEN 成绩<80 AND 成绩>=70 THEN 1 END),
@good=count(CASE WHEN 成绩<90 AND 成绩>=80 THEN 1 END),
@excellent=count(CASE WHEN 成绩<100 AND 成绩>=90 THEN 1 END)
FROM 教师成绩查询信息
```

```
WHERE 课程编号=@course AND 班级编号=@class
END
```

第三种写法如下。

```
CREATE PROCEDURE class_course_grade2
AS
BEGIN
CREATE TABLE ##t(不及格 INT,及格 INT, 中 INT,良 INT,优 INT)
INSERT INTO ##t SELECT count(CASE WHEN 成绩<60 THEN 1 END)不及格,
COUNT(CASE WHEN 成绩<70 AND 成绩>=60 THEN 1 END)及格,
COUNT(CASE WHEN 成绩<80 AND 成绩>=70 THEN 1 END)中,
COUNT(CASE WHEN 成绩<90 AND 成绩>=80 THEN 1 END)良,
COUNT(CASE WHEN 成绩<100 AND 成绩>=90 THEN 1 END)优
FROM 教师成绩查询信息
WHERE 课程编号='1' AND 班级编号='1106101'
SELECT * FROM ##t
END
```

(2) 分班级获取每个学生所有科目的总成绩。

```
DECLARE @class  char(10)
SET @class='1106101'
SELECT left(学号,7),学号, sum(成绩)总成绩
FROM 选课
WHERE left(学号,7)=@class
GROUP BY 学号
ORDER BY left(学号,7),学号
```

(3) 分班级获取每个学生所有科目的成绩及总成绩。涉及的数据库代码写成存储过程的形式,代码如下。

```
CREATE PROCEDURE class_grade_analysis
@class  char(10)
AS
BEGIN
DECLARE @sql varchar(max)
SET @sql='SELECT 学号'
SELECT @sql=@sql+', max(CASE WHEN 课程名称='''+课程名称+''' THEN 成绩 ELSE ''''
END)['+课程名称+']' FROM(SELECT DISTINCT 课程名称 FROM 选课信息)t
SET @sql=STUFF(@sql,12,1,'')
SET @sql=@sql+',sum(成绩)总分 FROM 选课信息   WHERE left(学号,7)='''+@class+''
'
GROUP BY 学号 ORDER BY 总分'
EXEC(@sql)
```

END

测试语句为：EXEC class_grade_analysis @class='1106101'。

11.8.6 部分模块界面图

1. 学生功能模块

在学生功能模块窗口中，学生用户输入账号及密码登录后进入学生用户主界面，如图 11.30 所示。

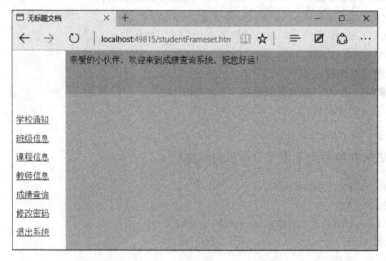

图 11.30　学生用户主界面

（1）学校公告功能：列出与该学生有关的通知信息，如图 11.31 所示。

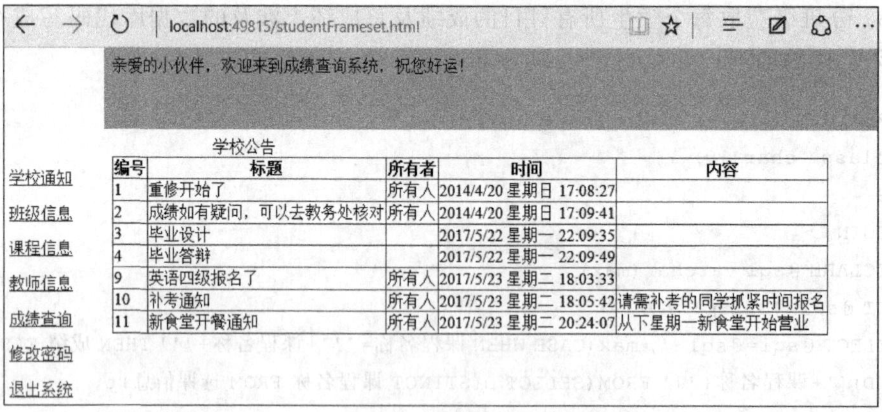

图 11.31　学校公告

（2）班级信息查询功能：根据班级编号查询班级的相关信息；只选择某个学院时，查询出某个学院的所有班级相关信息；当只选择某个专业时，则查询出该专业所有的班级信息；当不选择任何学院、专业、班级编号时，查询出所有班级的相关信息，包括班级人数、班主任姓名、电话号码、班级的专业名称及学院名称；否则，根据所选择的学院及专业查询班级的相关信息。图 11.32 列出了信息学院的计算机科学与技术专业所有班级的相关信息。图 11.33 显示的是全校的所有班级的相关信息。

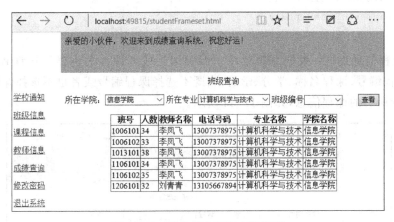

班号	人数	教师名称	电话号码	专业名称	学院名称
1006101	34	李凤飞	13007378975	计算机科学与技术	信息学院
1006102	33	李凤飞	13007378975	计算机科学与技术	信息学院
1013101	38	李凤飞	13007378975	计算机科学与技术	信息学院
1106101	34	李凤飞	13007378975	计算机科学与技术	信息学院
1106102	35	李凤飞	13007378975	计算机科学与技术	信息学院
1206101	32	刘青青	13105667894	计算机科学与技术	信息学院

图 11.32　学生用户班级查询界面

班号	人数	教师名称	电话号码	专业名称	学院名称
1006101	34	李凤飞	13007378975	计算机科学与技术	信息学院
1006102	33	李凤飞	13007378975	计算机科学与技术	信息学院
1013101	38	李凤飞	13007378975	计算机科学与技术	信息学院
1106101	34	李凤飞	13007378975	计算机科学与技术	信息学院
1106102	35	李凤飞	13007378975	计算机科学与技术	信息学院
1112101	34	李凤飞	13007378975	对外汉语	外语学院
1206101	32	刘青青	13105667894	计算机科学与技术	信息学院
1306101	30	刘青青	13105667894	网络工程	信息学院
1406101	29	刘青青	13105667894	网络工程	信息学院
1406102	28	刘青青	13105667894	信息管理与信息系统	信息学院
1506101	30	刘青青	13105667894	通信工程	物理学院

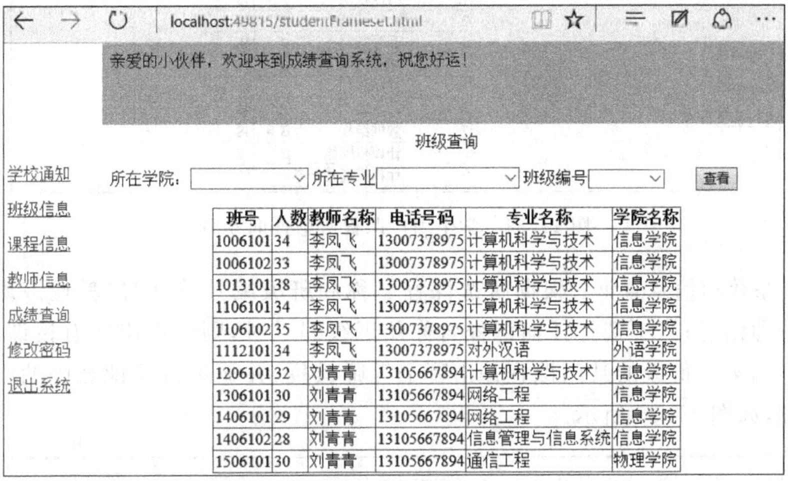

图 11.33　全校班级查询结果界面

其主要代码如下：

```
if(xueyuan =="" && zhuanye =="" && banji =="")
    {


    SqlConnection cn=new
    SqlConnection("server=localhost;database=chengji;user=sa;password=
    123456");
    SqlCommand cmd=new SqlCommand("SELECT 班号,人数,教师名称,电话号码,专业名称,
    学院名称 FROM 班级信息 ", cn);
```

```
SqlDataAdapter da=new SqlDataAdapter(cmd);
DataSet ds=new DataSet();
da.Fill(ds, "questions");
GridView1.DataSource=ds.Tables[0].DefaultView;
GridView1.Visible=true;
GridView1.DataBind();
}
```

(3) 课程信息查询：根据下拉菜单中课程编号或者课程名称显示该课程的相关信息，包括课程编号、课程名称、学分、学时；当既不选择课程编号或者也不选择课程名称时，则显示全校所有的课程信息，如图 11.34 所示。

课程编号	课程名称	学分	学时
1	计算机基础	2	48
10	数据挖掘	2.5	48
2	大学英语	3	48
3	高等数学上	3	48
4	高等数学下	3	48
5	数据结构	2	48
6	数据库	2	48
7	数据结构	3	48
8	计算机网络	3	48
9	计算机通信技术	3	56

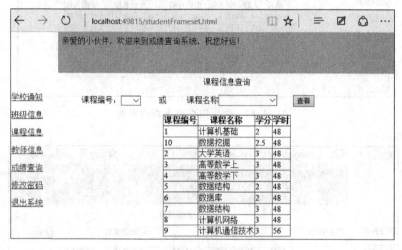

图 11.34　学生用户课程信息查询界面

(4) 授课教师信息查询：根据所选课程名称和班级编号，查询出教授该班级该门课程的相关教师信息；当不选择任何课程名称及班级编号时，则查询出所有授课情况信息，包括某个学期某个班级的某门课程是由哪个教师教授，并显示该授课教师的电话号码及相应的岗位，如图 11.35 所示。

教师名称	岗位	电话号码	授课学期	课程编号	课程名称	班级编号
张轻	教师	13807311204	2014年上学期	8	计算机网络	1006101
田风	教师	13807311245	2014年下学期	6	数据库	1006101
何李田	教师	13807315639	2011年上学期	1	计算机基础	1106101
王厚德	教师	13507372589	2015年上学期	9	计算机通信技术	1206101
赵多多	教师		2016年下学期	10	数据挖掘	1306101
孙敏锐	教师					
李凤飞	辅导员	13007378975				
刘青青	辅导员	13105667894				

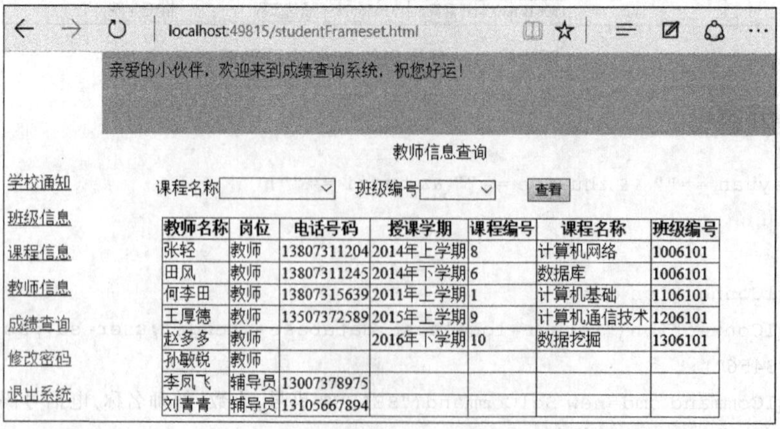

图 11.35　教师信息查询结果界面

图 11.36 列出了何李田老师在 2011 年上学期教授 1106101 班的计算机基础课程。

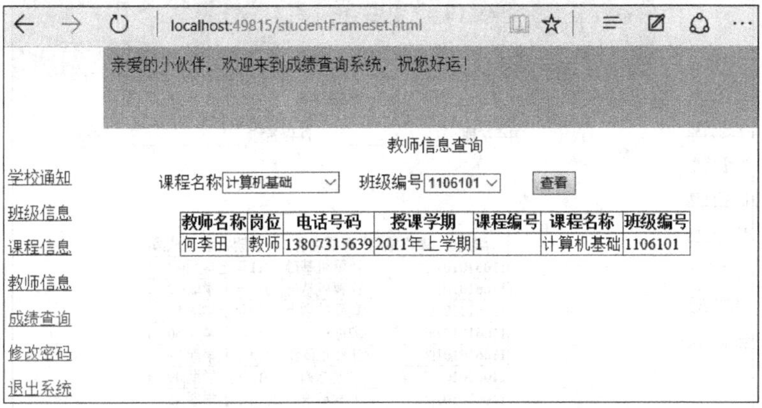

图 11.36 某班级某课程的授课查询界面

（5）成绩查询：根据学生选择的学期及课程名称，查询出该学生该门课程的成绩；或者根据所选择的学期，列出当前学期的所有课程的成绩，如图 11.37 所示；或者根据所选择的课程名称，列出该学生该课程的成绩；当不做任何选择时，则查询出此学生的所有学期所选的所有课程的成绩，列出学生学号、所选课程编号、课程名称、学期信息以及成绩。图 11.37 显示了学号为 110610101 号的学生 2012 年上学期所选的所有课程的成绩及相关信息。图 11.38 显示了学号为 110610101 号的学生所有学期所有课程及其成绩。

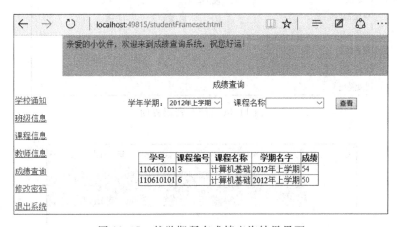

图 11.37 某学期所有成绩查询结果界面

（6）修改密码：学生可以修改自己的登录密码，如图 11.39 所示。

2. 教师功能模块

在教师功能模块窗口中，教师用户输入账号及密码登录后进入教师用户主界面，如图 11.40 所示。

其中，学校通知、班级信息、课程信息、教师信息查询界面与学生界面类似。不同的界面主要是成绩查询以及录入成绩界面。

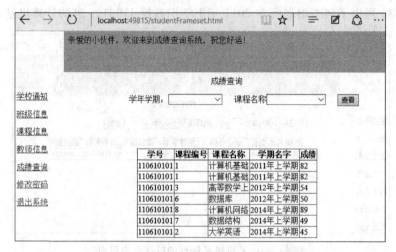

图 11.38 所有课程成绩查询结果界面

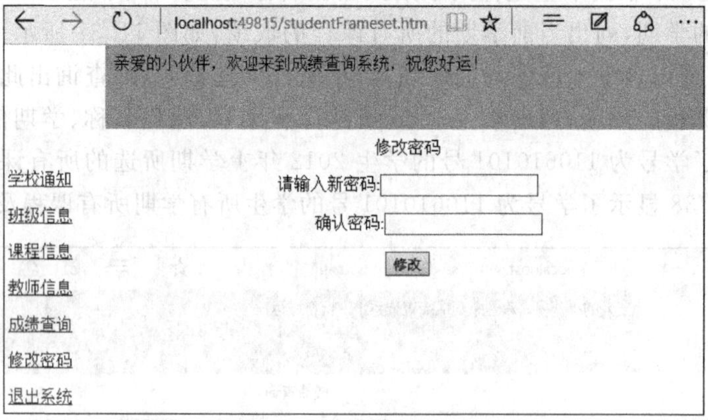

图 11.39 修改密码界面

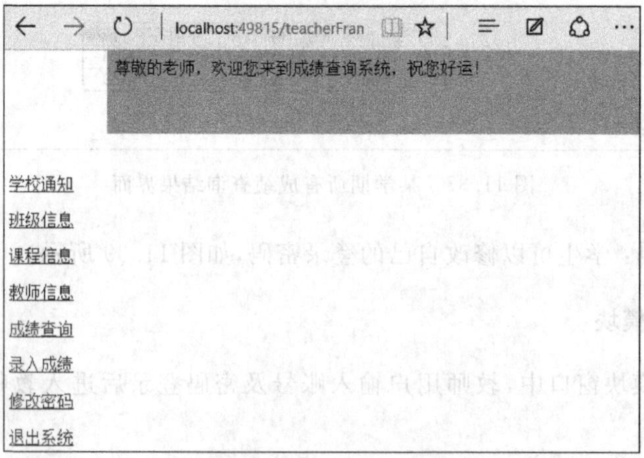

图 11.40 教师用户主界面

(1) 成绩查询：查询出该登录教师在某个学期某个班级某门课程的所有学生的成绩；当不做任何选择时，查询出该登录教师用户的所有学期所授所有班级的所有课程的所有学生成绩，如图 11.41 所示，该教师只教了一个班级。

图 11.41　教师成绩查询界面

图 11.42 显示了 2014 年下学期的 1006101 班的数据库课程学生成绩查询结果。

图 11.42　成绩查询结果

(2) 录入成绩，教师可以选择要录入成绩的学期、课程并输入相应学生的学号以及成绩，如图 11.43 所示。

3. 辅导员功能模块

在辅导员功能模块窗口中，辅导员用户输入账号及密码登录后进入辅导员主界面，如图 11.44 所示。

其中，学校通知、班级信息、课程信息、教师信息查询界面与学生用户及教师用户界面类似。

(1) 学生信息查询：登录辅导员选择自己管理的班级，查询出该班级所有的学生信息；

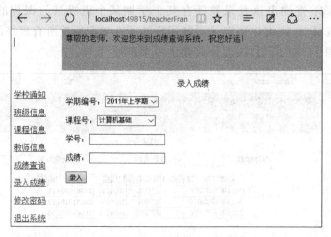

图 11.43　成绩录入界面

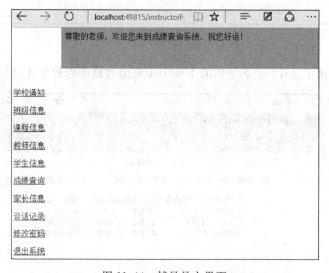

图 11.44　辅导员主界面

当不选择班级编号时,查询出登录辅导员所管理的所有班级的所有学生信息。图 11.45 显示了 7 号辅导员用户管理了 3 个班级 1006101 班、1006102 班、1106101 班。

(2) 成绩查询:根据选择的学期、班级编号或者输入的学号,查询学生的成绩。如果只选择学期,则查询出该辅导员该学期所有班级的所有学生成绩;如果只选择班级编号,则查询出该班级所有学生的所有学期成绩。图 11.46 显示 1006101 班的学生成绩;也可以只输入学号,查询某个学生的所有成绩;或者输入学号,根据所选择的学期,查询出该学生这个学期的所有课程成绩;当不做任何选择,也不输入学号时,则查询出该辅导员管理的所有班级的所有学生的所有学期的成绩,如图 11.47 所示。

(3) 家长信息查询:根据选择的班级查询出该班级所有家长的信息,包括学生学号、学生姓名、家长姓名、地址及联系方式等;当不选择班级时,则查询出该管理员管理的所有班级的学生的家长信息。图 11.48 显示了 1006101 班的学生张兴则的家长的联系方式以

图 11.45　学生信息查询

图 11.46　辅导员成绩查询一

及 1006102 班的学生刘存鹃的家长的联系方式。

（4）谈话记录：图 11.49 列出了该登录辅导员管理的班级中每个学期需要谈话的学生信息，显示学生的学生编号、学期编号及不及格课程数量。

4. 管理员功能模块

管理员功能模块窗口如图 11.50 所示。管理员用户输入账号及密码登录后进入管理员主界面，该模块实现通知管理、班级管理、课程管理、教师管理、学生管理、家长管理、学期管理、专业管理、学院管理、授课管理以及统计分析。

（1）课程管理：实现课程信息的查询、添加、删除及修改，如图 11.51 所示。

图 11.47　辅导员成绩查询二

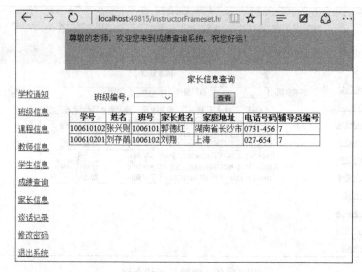

图 11.48　家长信息查询页面

新增课程信息界面如图 11.52 所示。

（2）统计分析：主要包括分班级分课程、课程成绩图表、班级成绩分析、学生分析，如图 11.53 所示。

① 分班级分课程：查询各个班级各门课程学生的成绩情况，如图 11.54 所示，查询出 1106101 班的计算机基础课程学生的成绩情况，而且成绩从低到高输出。

其主要代码如下：

```
if(kecheng !=""&&banji!="")
    {
    SqlConnection cn=new
```

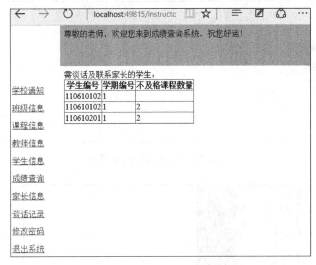

图 11.49　家长谈话记录查询

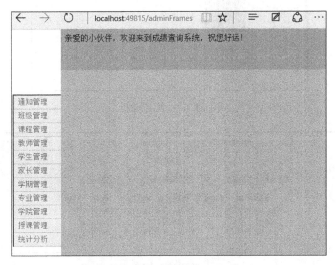

图 11.50　管理员功能模块窗口

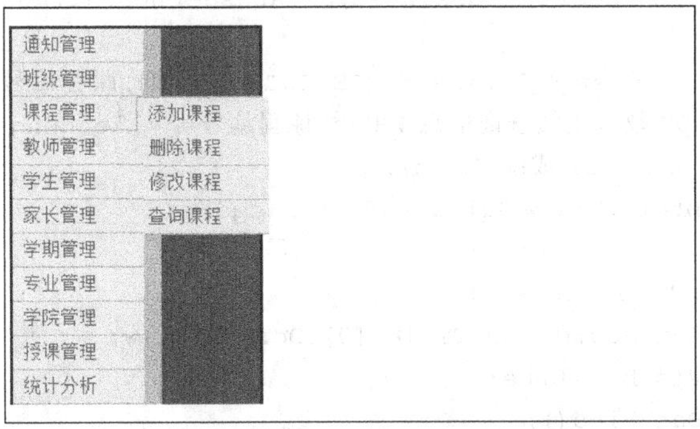

图 11.51　课程管理

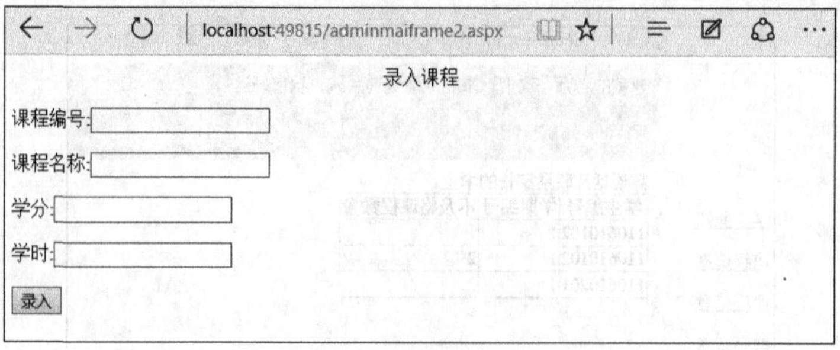

图 11.52 新增课程信息界面

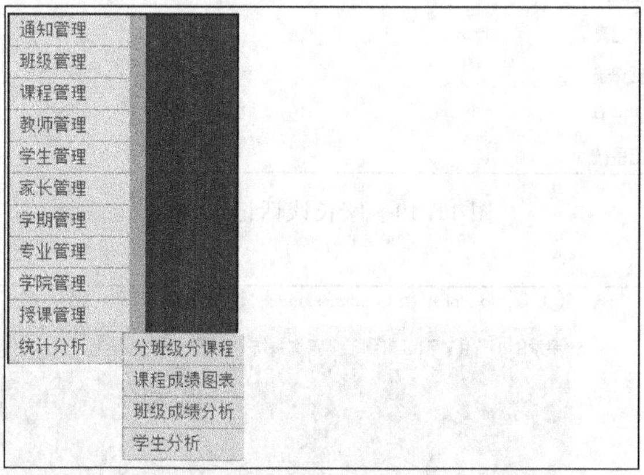

图 11.53 统计分析

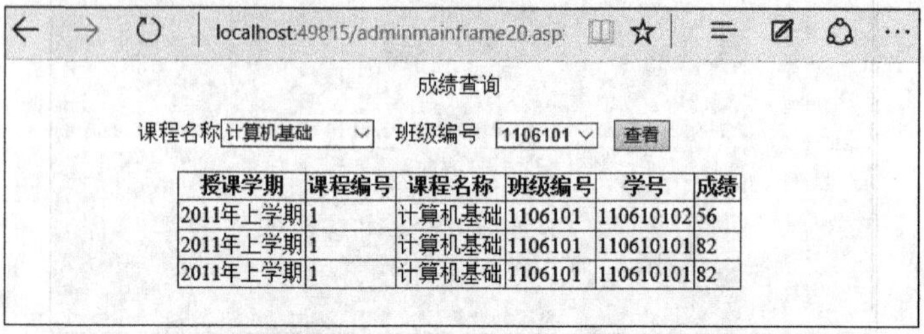

图 11.54 分班级分课程成绩情况

```
SqlConnection("server=localhost;database=chengji;user=sa;password=
123456");
SqlCommand cmd=new SqlCommand("SELECT 授课学期,课程编号,课程名称,班级编号,
学号,成绩 FROM 教师成绩查询信息 WHERE 课程编号='"+kecheng+    "'AND 班级编号=
'"+banji+"'ORDER BY 成绩 ", cn);
SqlDataAdapter da=new SqlDataAdapter(cmd);
DataSet ds=new DataSet();
da.Fill(ds, "questions");
GridView1.DataSource=ds.Tables[0].DefaultView;
GridView1.Visible=true;
GridView1.DataBind();
}
```

② 课程成绩图表：分班级分课程以图表的形式显示该班级该课程的成绩分布情况，如图11.55和图11.56所示，显示出1006101班的数据库课程的成绩分布，等级良好1个，等级不及格1个，等级中1个；1106101班计算机基础课程的成绩分布，等级良好2个，等级不及格1个。

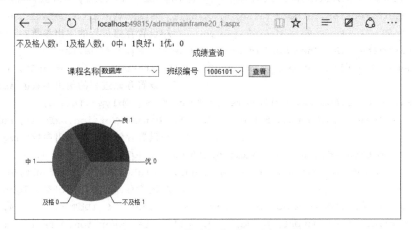

图11.55 分班级分课程图表一

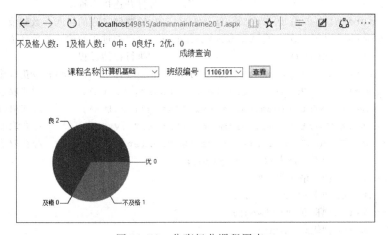

图11.56 分班级分课程图表二

其主要代码如下：

```
if(kecheng !=""&&banji!="")
{
SqlConnection cn=new SqlConnection("server=localhost;database=chengji;user=sa;password=123456");
SqlCommand cmd=new SqlCommand("class_course_grade3 ", cn);
                                        //存储过程的名字class_course_grade3
cmd.CommandType=CommandType.StoredProcedure;
                                        //所要执行的SQL语句的类型为存储过程
```

```
cmd.Parameters.Add("@class", SqlDbType.VarChar);
                                              //设置存储过程的输入参数@class
cmd.Parameters.Add("@course", SqlDbType.VarChar);
                                              //设置存储过程的输入参数@course
cmd.Parameters.Add(new SqlParameter("@notpass", SqlDbType.Int, 4,
ParameterDirection.Output, false, 0, 0, null, DataRowVersion.Default, null));
                                              //设置存储过程的输出参数@notpass
cmd.Parameters.Add(new SqlParameter("@pass", SqlDbType.Int, 4,
ParameterDirection.Output, false, 0, 0, null, DataRowVersion.Default, null));
                                              //设置存储过程的输出参数@pass
cmd.Parameters.Add(new SqlParameter("@avg", SqlDbType.Int, 4,
ParameterDirection.Output, false, 0, 0, null, DataRowVersion.Default, null));
                                              //设置存储过程的输出参数@avg
cmd.Parameters.Add(new SqlParameter("@good", SqlDbType.Int, 4,
ParameterDirection.Output, false, 0, 0, null, DataRowVersion.Default, null));
                                              //设置存储过程的输出参数@good
cmd.Parameters.Add(new SqlParameter("@excellent", SqlDbType.Int, 4,
ParameterDirection.Output, false, 0, 0, null, DataRowVersion.Default, null));
                                              //设置存储过程的输出参数@excellent
cn.Open();                                    //打开连接字符串
cmd.Parameters["@class"].Value=banji;     //给存储过程的输入参数赋值
cmd.Parameters["@course"].Value=kecheng;  //给存储过程的输入参数赋值
cmd.ExecuteNonQuery();                    //执行存储过程
bujige=Convert.ToInt32(cmd.Parameters["@notpass"].Value);  //获取输出参数的值
jige=Convert.ToInt32(cmd.Parameters["@pass"].Value);       //获取输出参数的值
zhong=Convert.ToInt32(cmd.Parameters["@avg"].Value);       //获取输出参数的值
liang=Convert.ToInt32(cmd.Parameters["@good"].Value);      //获取输出参数的值
you=Convert.ToInt32(cmd.Parameters["@excellent"].Value);   //获取输出参数的值
Response.Write("不及格人数："+bujige);
Response.Write("及格人数："+jige);
Response.Write("中："+zhong);
Response.Write("良好："+liang);
Response.Write("优："+you);
ydata.Add(bujige);                            //给饼图y轴赋值
ydata.Add(jige);                              //给饼图y轴赋值
ydata.Add(zhong);                             //给饼图y轴赋值
ydata.Add(liang);                             //给饼图y轴赋值
ydata.Add(you);                               //给饼图y轴赋值
Chart1.Series[0]["PieLabelStyle"]="Outside";
Chart1.Series[0]["PieLineColor"]="Black";
Chart1.Series[0].Points.DataBindXY(xdata,ydata);
Chart1.Visible=true;
cn.Close();
    }
```

③ 班级成绩分析：查询出选择的班级所有学生的所有课程的成绩以及总分，并按照总

分从低到高排序,如图 11.57 所示,列出了 1106101 班所有学生的所有课程的成绩及总分。

图 11.57 班级总体成绩情况

其主要代码如下:

```
if(banji!="")
{
    string sql="class_grade_analysis";
    SqlConnection cn=new
    SqlConnection("server=localhost;database=chengji;user=sa;password=
    123456");
    SqlCommand sqlcmd=new SqlCommand(sql,cn);
    Sqlcmd.CommandType=CommandType.StoredProcedure;
    SqlParameter sqlPa=sqlcmd.Parameters.Add("@class", SqlDbType.VarChar, 20);
    SqlPa.Value=banji;
    cn.Open();
    SqlDataAdapter da=new SqlDataAdapter(sqlcmd);
    DataSet ds=new DataSet();
    da.Fill(ds, "questions");
    GridView1.DataSource=ds.Tables[0].DefaultView;
    GridView1.Visible=true;
    GridView1.DataBind();
}
```

④ 查询每个学生的所有成绩,根据管理员输入的学号,获取该学生所有学期所有课程的成绩。图 11.58 列出了 1106101 班 01 号学生的所有课程的成绩。

图 11.58 学生成绩查询

管理员用户的其他模块功能和前面增加新的课程信息模块类似,这里不一一介绍了。

11.9 小结

本章主要讨论数据库设计的全过程,包括需求分析、概念结构设计、逻辑结构设计、物理结构设计、数据库实施、数据库运行和维护,并在本章的最后给出一个学生成绩管理系统的应用案例,该案例非常详细地描述了数据库设计的全过程实施情况,在该案例中还创建了大量的数据库对象,包含表、视图、存储过程、触发器。

需求分析是数据库设计的第一阶段,在该阶段需要进行详细的用户需求调查,编写用户需求说明书,绘制数据流图、数据字典等来描述用户的需求。

概念结构设计是在需求分析的基础上对现实世界的抽象和模拟,一般都采用 E-R 模型表示。先设计出局部 E-R 模型,在整合成全局 E-R 模型后,再对全局 E-R 模型进行优化。

逻辑结构设计是把概念结构设计出的全局 E-R 模型转换为具体的 DBMS 支持的数据模型,并应用规范化理论进行优化,除此之外,还须设计出用户的子模式。

物理结构设计根据选定的 DBMS 及应用要求设计出数据库的存取方法、存储结构、存放位置,并进行相应的系统配置。

数据库的实施过程包括创建数据库结构、数据载入、应用程序编码及调试、编写文档、数据库试运行几个阶段。

数据库运行和维护阶段的主要工作包括数据库的转储和恢复、数据库的安全性和完整性控制、数据库性能监控分析与改进、数据库的重组织与重构造。

11.10 习题

1. 简述数据库设计有哪些方法。
2. 规范化数据库设计有哪些阶段?简述各个阶段的任务是什么。
3. 需求分析阶段的设计目标是什么?调查的内容是什么?
4. 简述数据字典的内容和作用。
5. 什么是数据库的概念结构?简述其步骤。
6. 合并局部 E-R 图到全局 E-R 图时应该注意什么?
7. 简述逻辑结构设计的内容和步骤。
8. 简述规范化理论在数据库设计中起到的作用。
9. 简述数据库物理设计的内容和步骤。
10. 什么是数据库的重组织和重构造?为什么要进行重组织和重构造?

第3篇

管 理 篇

本篇介绍数据库系统管理部分的内容。

本篇包含以下章节。

第12章 并发控制，主要内容：并发操作带来的3类问题、封锁类型、三级封锁协议、两段锁协议、多粒度封锁与意向锁。

第13章 数据库存储技术，主要内容：数据库系统存储结构与存储介质、数据文件的记录格式、数据文件格式、B+树索引文件、散列索引文件。

第14章 关系查询优化，主要内容：查询处理的基本步骤、查询代价度量、代数优化等价变换规则及代数优化算法、物理优化的一般启发式规则。

第15章 数据库安全，主要内容：数据库系统安全标准、数据库系统安全模型、存取控制机制、自主存取控制、角色、审计、强制存取控制、视图机制、数据加密。

第16章 数据库恢复，主要内容：数据库恢复概述、故障类型、恢复的基本原理与实现方法、数据转储、建立日志、日志技术下的事务故障、系统故障以及介质故障恢复算法。

第 12 章 并发控制

本章讨论数据库管理系统的并发控制,稍后在第 16 章讨论数据库恢复技术,并发控制与数据库恢复的基本单位都是事务(transaction),其中 12.1 节介绍事务,12.2 节~12.5 节讨论并发控制。

12.1 事务

本节讨论事务的概念与性质。数据库系统中,从用户角度看,账户 A 到账户 B 的一次转账是一个操作;而在数据库管理系统角度,这是由账户 A 余额的更新操作(减少)与账户 B 余额(增加账户 A 等量的减少值)的更新操作组成的。这两个操作要么全做,要么全部不做。资金从账户 A 转出但未转入账户 B 的情况是不可接受的。不能分开执行的操作就是一个事务。

12.1.1 事务的概念

事务是用户定义的构成单一逻辑工作单元的数据库操作集合。集合里的操作要么全部执行,要么根本不执行,是一个不可分割的工作单位。

应用程序的用户数据处理需求,到了数据库系统内部就是正确高效地执行事务。事务是数据库管理系统的逻辑工作单元,相当于操作系统环境中进程的概念。

一个事务由应用程序中的一组操作序列组成,在程序中,事务以 BEGIN TRANSACTION 语句开始,以 COMMIT 语句或者 ROLLBACK 语句结束。COMMIT 语句表示事务执行成功地结束(提交),此时告诉系统,数据库要进入一个新的正确状态,该事务对数据库的所有更新都已交付实施并写入磁盘。ROLLBACK 语句表示事务执行不成功地结束,也称为回滚,此时告诉系统,事务运行过程中发生了错误,数据库可能处于不正确的状态,该事务对数据库的所有更新必须被撤销,数据库应恢复该事务到初始状态。

如果用户没有显式地定义事务,数据库管理系统就按照默认规则自动划分事务。

12.1.2 事务的 ACID 性质

事务具有 4 个特性:原子性(Atomicity)、一致性(Consistency)、隔离性(Isolation)和持续性(Durability),合称为 ACID 特性。

1. 原子性

事务作为数据库的逻辑工作单元,事务内部包含的数据库操作集合必须作为单一的不可分割的单元,要么全部被执行,要么根本不被执行。如果一个事务开始执行,但是由于某些原因不能达到终点,该事务对数据库造成的任何可能的修改都要撤销。确保原子性要求是困难的,因为对数据库的一些修改可能仅存在于事务的内存变量中,而另外一些已经写入数据库并存储到磁盘上。这种全或无的特性称为原子性。

2. 一致性

一个事务独立执行的结果,应该保持数据库的一致性,即数据库从一个一致性状态变到另一个一致性状态。数据不会因为事务的执行而遭受破坏。确保逻辑上事务的一致性是编写事务的应用程序员的职责。而运行时的一致性由数据库管理系统完整性子系统测试。

3. 隔离性

事务总是并发执行的,单个事务的执行不能被其他事务干扰,即一个事务内部的操作及使用的数据对其他并发事务是隔离的。在多个事务执行时,系统应该保证其执行结果与这些事务先后单独执行时的结果一样,也就是如同单用户环境一样。

4. 持续性

一个事务一旦提交,它对数据库的所有更新就应该永久地反映在数据库中。接下来的其他操作不应该对其执行结果有任何影响。即使以后系统发生故障,该事务的执行也不受影响。

12.2 并发控制

为提高数据库系统的效率,事务需要并发执行。如果对并发操作不加以控制,则有可能破坏并发事务的 ACID 性质。

12.2.1 事务并发执行的必要性

如果事务串行执行,即一个接一个地执行事务,系统处理肯定可以保证 ACID 性质。然而,DBMS 事务处理系统通常允许多个事务并发执行,其原因或者并发必要性如下。

1. 提高吞吐量和资源利用率

事务是一个逻辑工作单元,包含一个数据库操作序列。事务中的 I/O 操作可以与 CPU 处理并行进行,从而提高系统吞吐量。例如,单位时间片内,事务 A 在进行磁盘读写,事务 C 在另一张磁盘上进行读写。相应地,处理器与磁盘利用率也得到提高。

2. 减少等待时间

系统中运行着各种各样的事务,长短不一。让它们并发执行,事务之间共享 CPU 周期与磁盘存取。并发执行可以减少执行事务时不可预测的延迟。此外,也可以减少平均响应时间,即一个事务从提交到完成所需要的平均时间。

在数据库中进行并发事务与操作系统中使用多道程序的思想其实是一样的。多个事务并发执行时,可能违背隔离性,这导致即便每个事务都正确执行,数据库的一致性也可能被破坏。

12.2.2 并发操作带来的问题

并发操作会带来一系列问题。

1. 丢失更新

丢失更新(lost update)是指事务 1 与事务 2 从数据库中读入同一数据并修改,事务 2 的提交结果破坏了事务 1 的提交结果,导致事务 1 的修改被丢失。例如,在图 12.1 中,A 的初值为 100,事务 T1 将数据库中 A 的值减少 50,事务 T2 将数据库中 A 的值减少 40。无论执行次序是先 T1 后 T2,或者是先 T2 后 T1,A 的值都是 10。但是,按照图 12.1 中的并发操作序列执行,A 的结果是 60,这是错误的,因为丢失了事务 T1 对数据库的更新,因而这个并发操作不是正确的。

事务 T1	事务 T2
read(A), A 的值为 100	
	read(A), A 的值为 100
$A:=A-50$	
write(A), A 的值为 50	
	$A:=A-40$
	write(A), A 的值为 60

图 12.1 丢失更新示例

2. 读脏数据

事务 1 修改某一数据,并将其写回磁盘。事务 2 读取同一数据后,事务 1 由于某种原因被撤销,这时事务 1 已修改过的数据恢复原值,事务 2 读到的数据就与数据库中的数据不一致,是不正确的数据,称为"脏数据"。例如,在图 12.2 中,B 的初值为 100,事务 T1 将 B 值修改为 200,事务 T2 读到 B 为 200,随后事务 T1 由于某种原因撤销,其修改回滚撤销,B 的

事务 T1	事务 T2
read(B), B 的值为 100	
$B:=B*2$	
write(B), B 的值为 200	
	read(B), B 的值为 200
ROLLBACK, B 的值为 100	

图 12.2 读脏数据示例

值恢复为 100,这时 T2 读到的 B 为 200,与数据库内容不一致,读到了"脏数据"。

3. 不可重复读

不可重复读(non-repeatable read)是指事务 1 读取数据后,事务 2 执行更新操作,使事务 1 无法再现前一次的读取结果。

具体地讲,有 3 类不可重复读。

(1) 当事务 1 读取某一数据后,事务 2 对其做了修改,当事务 1 再次读该数据时,得到与前一次不同的值。例如,在图 12.3 中,C 的初值为 100,事务 T1 读到 C 的值为 100,事务 T2 读到 C 的值为 100,并修改为 200,写回数据库。T1 为了校验,再次读取 C,发现 C 的值为 200,与第一次读取的值不一样,不可重复读。

事务 T1	事务 T2
read(C),C 的值为 100	
	read(C)
	C:=$C*2$
	write(C),C 的值为 200
	COMMIT
read(C),C 的值为 200	

图 12.3 不可重复读示例

(2) 当事务 1 按一定条件从数据库中读取了某些数据记录后,事务 2 删除了其中部分记录,当事务 1 再次按相同条件读取数据时,发现某些记录神秘地消失了。

(3) 当事务 1 按一定条件从数据库中读取了某些数据记录后,事务 2 插入了一些记录,当事务 1 再次按相同条件读取数据时,发现多了一些记录。

后两种不可重复读有时也称为幻影现象。

产生 3 类数据不一致的主要原因是并发操作破坏了事务的隔离性。并发控制机制就是要用正确的方式调度并发操作,使一个用户事务的执行不受其他事务的干扰,从而避免造成数据的不一致。

从另一方面看,数据库应用有时为了保证并发度,是允许某些不一致的。例如,有些统计工作涉及海量数据,读到一些"脏数据"对统计精度没有什么影响,这可以适当降低一致性要求,以减少系统开销。

12.2.3 并发事务调度可串行化

并发事务调度要保证数据一致性,并行调度必须是可串行化的。进一步地,如果考虑实际并发操作中事务故障的影响,要保证并发事务调度的数据一致性,并行调度必须是可串行化的。

事务的执行次序称为**调度**(schedule)。如果多个事务依次执行,则称为事务的串行调度(serial schedule)。如果利用分时方法,同时处理多个事务,则称为事务的并发调度

(Concurrent Schedule)。

如果 n 个事务串行调度,则有 $n!$ 种不同的有效调度。事务串行调度的结果都是正确的,至于依照何种次序执行,是随机的,系统无法预料。

如果 n 个事务并发调度,可能的并发调度数目远远大于 $n!$。但其中有的并发调度是正确的,有的是不正确的。判断一个并发调度是不是正确,就是看这个调度是不是可串行化。

如果一个并发调度的执行结果与某一串行调度的执行结果相同,那么这个并发调度称为"可串行化"的调度。

【例 12.1】 A 的初值为 100,事务 T1 将数据库中 A 的值减少 50,事务 T2 将数据库中 A 的值减少 40。

考虑串行调度,先执行 T1 后执行 T2,A 结果值为 10;先执行 T2 后执行 T1,A 结果值也为 10。

考虑图 12.1 的并发调度,A 的执行结果为 60,与任何一个串行调度结果都不一样,因而图 12.1 的并发调度是不正确的,这个并发调度是不可串行化的调度。只有并发调度执行结果为 10 时,才是正确的调度,即可串行化的调度。

数据库管理系统广泛采用的并发控制技术是封锁技术。

12.3 封锁技术

封锁就是事务 T 在对某个数据对象(如表、记录等)操作之前,先向系统发出请求,对其加锁。加锁后事务 T 就对该数据对象有了一定的控制,确切的控制由封锁的类型决定。在事务 T 释放它的锁之前,其他事务不能更新此数据对象。

例如,在图 12.1 中,事务 T1 修改数据 A 之前,先对它加锁。其他事务就不能再读取或修改数据 A 了,直到事务 T1 完成对数据 A 的修改,解除对数据 A 的封锁为止,从而事务 T1 的修改就不会丢失。

基本的封锁类型有排他锁(Exclusive Locks,X 锁)和共享锁(Share Locks,S 锁)两种。

12.3.1 封锁类型

1. 排他锁

排他锁又称写锁,是封锁技术中最常用的一种锁。

若事务 T 对数据对象 R(R 可以是数据项、记录、关系,甚至整个数据库)加上 X 锁,则在 T 对数据 R 释放 X 锁之前,只允许 T 读取和修改 R,其他任何事务都不能再对 R 加任何类型的锁,直到 T 释放 A 上的锁。

X 锁的操作有两个。

(1) 封锁操作 LockX(R)。

表示事务对数据 R 加 X 锁,并读数据 R。随之,该事务可以对数据 R 实现写操作。如果加 X 锁操作失败,那么这个事务进入等待队列。

(2) 解锁操作 Unlock(R)。

表示事务解除对数据 R 的 X 锁。

采用 X 锁的并发控制并发度低,只允许一个事务独占数据 R,而其他申请封锁 R 的事务只能排队等待,为此降低要求,允许并发读,引入共享锁。

2. 共享锁

共享锁又称读锁。

若事务 T 对数据对象 R 加上 S 锁,则其他事务仍然可以对 R 加 S 锁,但不能加 X 锁,直到 T 以及其他事务释放 R 上的所有 S 锁。

S 锁的操作有 3 个。

(1) 封锁操作 LockS(R)。

表示事务对数据 R 加 S 锁,并读数据 R。随之,该事务只能读数据 R,不能对数据 R 实现写操作。如果加 S 锁操作失败,那么这个事务进入等待队列。

(2) 升级和写操作 UpdX(R)。

表示事务要把对数据 R 的 S 锁升级为 X 锁,若成功,则更新数据 R,否则这个事务进入等待队列。

(3) 解锁操作 Unlock(R)。

表示事务解除对数据 R 的 S 锁。

获准 S 锁的事务只能读数据,不能更新数据,若要更新,则先把 S 锁升级为 X 锁。

3. 锁的相容矩阵

根据 X 锁、S 锁的定义,可以得出封锁类型的相容矩阵,如图 12.4 所示。首先事务 T1 先对数据做出某种封锁或者不加封锁,然后事务 T2 再对同一个数据请求某种封锁或不加封锁。图中的 Y 和 N 分别表示它们之间是相容的,还是不相容的。如果两个封锁是不相容的,后提出来封锁的事务就需要等待。

T1 \ T2	X	S	—
X	N	N	Y
S	N	Y	Y
—	Y	Y	Y

Y=Yes, 相容的请求
N=No, 不相容的请求

图 12.4 封锁类型的相容矩阵

12.3.2 封锁协议

在用两种基本封锁(X 锁和 S 锁)对数据对象加锁时,需要约定一些规则,何时申请 X 锁或 S 锁、持锁时间、何时释放等,称为**封锁协议**(locking protocol)。

本节介绍常用的三级封锁协议。12.2.2节中提到并发操作带来3个数据不一致问题：丢失更新、读脏数据和不可重复读。三级封锁协议分别在不同程度上解决了这些问题，为并发操作的正确执行提供不同程度的保证。

1. 一级封锁协议

一级封锁协议是指事务 T 在修改数据 R 之前必须先对其加 X 锁，直到事务结束才释放。事务结束包括正常结束（COMMIT）和非正常结束（ROLLBACK）。一级封锁协议可防止丢失更新，并保证事务是可以恢复的。

事务 T1 在读 A 进行修改之前先对 A 加 X 锁，当 T2 请求对 A 加 X 锁时由于不相容被拒绝，T2 进入等待状态，直到 T1 释放 A 上的 X 锁后才能获得对 A 上的 X 锁，这时 T2 读到的 A 值已经是 T1 更新过的值 50，继续运行，将 A 的值减去 40 写回磁盘，从而避免了丢失事务 T1 的修改。

在一级封锁协议中，如果是读数据，是不需要加锁的，所以它不能保证可重复读和不读"脏"数据。

2. 二级封锁协议

二级封锁协议是指在一级封锁协议的基础上增加事务 T 在读取数据 R 前必须先对其加 S 锁，读完后即可释放 S 锁的规则。二级封锁协议可以防止丢失更新和读脏数据。

在二级封锁协议中，由于读完数据后即可释放 S 锁，所以它不能保证可重复读。

3. 三级封锁协议

三级封锁协议是指在一级封锁协议的基础上增加事务 T 在读取数据 R 之前必须先对其加 S 锁，直到事务结束才释放的规则。三级封锁协议除了可防止丢失更新和读脏数据，还进一步防止不可重复读。

三级封锁协议的主要区别在于什么操作需要申请封锁以及何时释放封锁，即持锁时间。三级封锁协议可以总结为表 12.1。封锁协议级别越高，一致性程度越高。

表 12.1 三级封锁协议与一致性级别

封锁协议	X 锁		S 锁		一致性保证		
	操作结束释放	事务结束释放	操作结束释放	事务结束释放	不丢失更新	不读脏数据	可重复读
一级封锁协议		√			√		
二级封锁协议		√	√		√	√	
三级封锁协议		√		√	√	√	√

12.3.3 两段锁协议

如 12.2.3 节所述，为了保证并发调度的正确性，数据库管理系统的并发控制机制必须提供一定的手段来保证调度是可串行化的。目前,数据库管理系统普遍采用两段锁(Two Phrase Locking,2PL)协议来实现并发调度的可串行性,从而保证调度的正确性。

两段锁协议是指所有事务必须分两个阶段对数据项加锁和解锁。在对任何数据进行读、写操作之前,事务首先要获得对该数据的封锁;在释放一个封锁之后,事务不再获得任何其他封锁。

两段锁协议中两段的含义是指:事务分为两个阶段,第一阶段是获得封锁,也称为扩展阶段,在这个阶段,事务可以申请获得任何数据项上的任何类型的锁,但是不能释放任何锁;第二阶段是释放封锁,也称为收缩阶段,在这个阶段,事务可以释放任何数据项上的任何类型的锁,但是不能再申请任何锁。

例如,事务 1 遵守两段锁协议,其封锁序列是,Slock A…Slock B…Xlock C…Unlock B…Unlock A…Unlock C。

又如,事务 2 不遵守两段锁协议,其封锁序列是 Slock A…Unlock A…Slock B…Xlock C…Unlock C…Unlock B。

可以证明,若并发执行的所有事务均遵循两段锁协议,则对这些事务的任何并发调度策略都是可串行化的。事务遵守两段锁协议是可串行化调度的充分条件,而不是必要条件。

12.4 封锁带来的问题

封锁技术有效地解决了并行操作的丢失更新、读脏数据和不可重复读等一致性问题,但是对数据对象进行加锁控制也会带来新的问题——**活锁**和**死锁**。

12.4.1 活锁

如果事务 T1 封锁了数据 R,事务 T2 又请求封锁 R,于是 T2 等待;接着,事务 T3 也请求封锁 R,当 T1 释放了 R 上的封锁之后,系统首先批准了 T3 的请求,T2 仍然等待;然后 T4 又请求封锁 R,当 T3 释放了 R 上的封锁之后系统又批准了 T4 的请求……T2 有可能永远等待下去,这就是活锁。

避免活锁的最简单方法是采用先来先服务策略。当多个事务请求封锁同一数据对象时,锁管理器按请求封锁的先后次序对这些事务排队,该数据对象上的锁一旦释放,首先批准申请队列中第一个事务获得锁。

12.4.2 死锁

如果存在一个事务集,该集合中的每个事务在等待该集合中的另一个事务,那么说系统处于死锁状态。更确切地,存在一个等待事务集{T0,T1,T2,…,Tn},事务 T0 正在等待被 T1 锁住的数据项,T1 正在等待被 T2 锁住的数据项,……,并且 Tn 正等待被 T0 锁住的数据项。在这种情况下,没有一个事务能取得进展。

出现死锁,系统的补救措施是采取激烈的动作,如回滚某些死锁的事务。一般系统选择撤销代价最小的事务回滚。

数据库系统中处理死锁的方法主要有两种:死锁预防和死锁检测与恢复。

1. 死锁预防

死锁预防(deadlock prevention)协议保证系统不进入死锁状态。如果系统进入死锁状态的概率相对较高,则通常使用死锁预防机制。在数据库中,产生死锁的原因是两个或多个事务都封锁了一些数据对象,然后又都请求对其他事务封锁的数据对象加锁,从而出现死锁等待。死锁预防的发生其实就是要破坏产生死锁的条件。预防死锁通常有下列几种方法。

1) 一次封锁法

要求每个事务必须一次将所有要使用的数据全部加锁,否则就不能继续执行。

一次封锁法存在的问题:一次性将以后要用到的全部数据加锁,势必扩大封锁的范围,从而降低系统的并发度;数据库中的数据是不断变化的,原来不要求封锁的数据,在执行过程中可能会变成封锁对象,所以很难事先精确地确定每个事务所要封锁的数据对象,为此只能扩大封锁范围,将事务在执行过程中可能要封锁的数据对象全部加锁,这就进一步降低了并发度。

2) 顺序封锁法

顺序封锁法是预先对数据对象规定一个封锁顺序,所有事务都按这个顺序实行封锁。例如,在 $B+$ 树结构的索引中,可以规定封锁的顺序必须从根结点开始,然后是下一级的子结点,逐级封锁。

2. 死锁检测与恢复

如果数据库管理系统不采用死锁预防协议,那么系统必须采用死锁检测与恢复(deadlock detection and recovery)机制。死锁检测与恢复机制下,检查系统死锁状态的算法周期性激活,判断有无死锁发生,如果发生死锁,将系统从死锁中恢复。系统为了判断死锁的发生,必须实时收集、维护当前将数据项分配给事务的有关信息,以及任何尚未解决的数据项请求信息。

1) 死锁检测(deadlock detection)

诊断死锁的方法与操作系统类似,一般使用超时法或等待图法。

(1) 超时法。

如果一个事务的等待时间超过了规定的时限,就认为其发生了死锁。

超时法实现简单,缺点也很明显,一般很难确定一个事务超时之前应等待多长时间。如果已经发生死锁,等待时间太长就会导致死锁发生后不能及时发现。如果等待时间太短,即便没有死锁,也可能误判引起事务回滚。

(2) 等待图(wait-for graph)法。

用事务等待图动态反映所有事务的等待情况。事务等待图是一个有向图 $G=(T,U)$,T 为结点的集合,每个结点表示正运行的事务;U 为边的集合,每条边表示事务等待的情况。若 $T1$ 等待 $T2$,则 $T1$、$T2$ 之间划一条有向边,从 $T1$ 指向 $T2$。事务等待图动态反映了所有事务的等待情况。并发控制子系统周期性地检测事务等待图,如果发现图中存在回路,则表示系统中出现了死锁。

2) 死锁恢复(deadlock recovery)

数据库管理系统的并发控制子系统一旦检测到系统中存在死锁,就要设法解除,将系统从死锁状态中恢复过来。通常的做法是选择一个处理死锁代价最小的事务,即牺牲事务,将其撤销,释放此事务持有的所有的锁,使其他事务能继续运行下去。当然,对选中撤销的事务执行的数据修改操作必须加以恢复。

12.5 多粒度封锁

X锁和S锁都是加在某一个数据对象上的。封锁的对象可以是逻辑单元,也可以是物理单元。例如,在关系数据库中,封锁对象可以是属性、元组、关系、数据库等逻辑单元,也可以是数据页、索引页、块等物理单元。封锁对象可以很大,如对整个数据库加锁,也可以很小,如对某个属性项加锁。

封锁对象的大小称为封锁**粒度**(granularity)。

封锁粒度与系统的并发度和并发控制的开销密切相关。封锁粒度越大,系统中能被封锁的对象就越少,并发度也就越小,但同时系统的开销也就越小;反之,粒度越小,并发度越高,系统开销也就越大。

系统应该根据需要选择不同粒度的封锁对象,使得系统开销与并发之间得到最优。

一般地,需要处理大量元组的用户事务可以以关系为封锁粒度;而对于一个处理少量元组的用户事务,则应以元组为封锁粒度,以提高并发度。

不同粒度的数据对象之间的包含或属于用图形化的方式表达就是多粒度树。实际的并发控制是一种多粒度并发控制。

12.5.1 多粒度树

多粒度树的根结点是整个数据库,表示最大的数据粒度,叶结点表示最小的数据粒度。

图12.5给出了一个三级多粒度树。根结点为数据库,中间结点为关系,关系的子结点为元组。

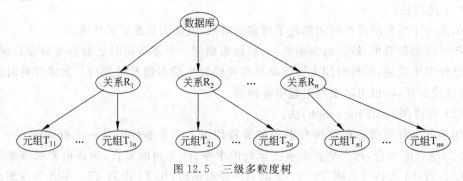

图12.5 三级多粒度树

对一个结点加锁意味着这个结点的所有后裔结点也被加以同样类型的锁。因此,多粒度封锁中一个数据对象可能以两种方式封锁,即显式封锁和隐式封锁。

显式封锁是事务直接加到数据对象上的锁;隐式封锁是该数据对象没有被事务独立加锁,但由于其上级结点加锁而使得该数据对象加上了锁。一般地,对某个数据对象加锁,系统要检查该数据对象上有无显式封锁与之冲突;再检查其所有上级结点,看本事务的显式封锁是否与该数据对象上的隐式封锁冲突;还要检查其所有下级结点,看下级结点的显式封锁是否与本事务的隐式封锁(将加到下级结点的封锁)冲突。这样的检查方法效率很低。

为了提高多粒度封锁机制下加锁的检查效率,引入一种新型锁——意向锁(Intention lock)。有了意向锁,系统无须逐个检查下一级结点的显式封锁。

12.5.2 意向锁

意向锁的含义是:对任一结点加基本锁,必须先对它的上层结点加意向锁;如果对一个结点加意向锁,则说明该结点的下层结点正在被加锁。

例如,对任一元组 t 加锁,先对关系 R 加意向锁。

又如,事务 T 对关系 R 加 X 锁,系统只要检查根结点数据库和关系 R 是否已加了不相容的锁即可,不需要搜索和检查 R 中的每个元组是否加了 X 锁。

意向锁分为意向共享锁(Intent Share Lock,IS 锁)、意向排他锁(Intent Exclusive Lock,IX 锁)和共享意向排他锁(Share Intent Exclusive Lock,SIX 锁) 3 种。

1. IS 锁

对一个数据对象加 IS 锁,表示它的后裔结点拟(意向)加 S 锁。

例如,对某个元组加 S 锁,首先要对关系和数据库加 IS 锁。

2. IX 锁

对一个数据对象加 IX 锁,表示它的后裔结点拟(意向)加 X 锁。

例如,对某个元组加 X 锁,首先要对关系和数据库加 IX 锁。

3. SIX 锁

对一个数据对象加 SIX 锁,表示对它先加 S 锁,再加 IX 锁,即 SIX=S+IX。

例如,对某个表加 SIX 锁,表示该事务要读整个表,所以要对该表加 S 锁,同时会更新个别元组,所以要对该表加 IX 锁。

加入意向锁后,锁的相容矩阵如图 12.6 所示。

这 5 种锁的强度偏序关系如图 12.7 所示。锁强度指某种锁对其他锁的排斥程度。一个事务在申请封锁时以强锁代替弱锁是安全的,反之则不然。

T1\T2	S	X	IS	IX	SIX	-
S	Y	N	Y	N	N	Y
X	N	N	N	N	N	Y
IS	Y	N	Y	Y	Y	Y
IX	N	N	Y	Y	N	Y
SIX	N	N	Y	N	N	Y
-	Y	Y	Y	Y	Y	Y

图 12.6 锁的相容矩阵

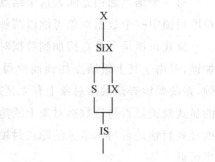

图 12.7 锁的强度偏序关系

在具有意向锁的多粒度封锁方法中，任意事务 T 要对一个数据对象加锁，必须先对其上级结点加意向锁。申请封锁时应该按照自上而下的次序进行，释放封锁时则应该按自下而上的次序进行。例如，事务 T 要对关系 R 加 S 锁，则首先要对数据库加 IS 锁。检查数据库和 R 是否已经加了不相容的锁——X 或 IX 锁，不再需要检查 R 中的每个元组是否加了不相容的锁——X 锁。

具有意向锁的多粒度封锁方法提高了系统并发度，减少了加锁和解锁的开销，实际的数据库管理系统产品得到了广泛的应用。

12.6 小结

数据库系统中的数据是由数据库管理系统统一管理和控制的，数据库管理系统必须提供并发控制，以保证数据库中的数据安全可靠、正确有效。

并发控制与数据库恢复的基本单位都是事务(transaction)。事务是用户定义的构成单一逻辑工作单元的数据库操作集合。事务具有 4 个特性：原子性(Atomicity)、一致性(Consistency)、隔离性(Isolation)和持续性(Durability)，合称为 ACID 特性。

为提高吞吐量、资源利用率以及减少等待时间，DBMS 事务处理系统通常允许多个事务并发执行。

并发操作会带来丢失更新、读脏数据和不可重复读 3 类问题。

并发事务调度要保证数据一致性，并行调度必须是可串行化的。

封锁就是事务在对某个数据对象操作之前，先向系统发出请求，对其加锁。加锁后事务就对该数据对象有了一定的控制，确切的控制由封锁的类型决定。在事务释放它的锁之前，其他事务不能更新此数据对象。基本的封锁类型有排他锁(Exclusive Locks，X 锁)和共享锁(Share Locks，S 锁)两种。

对数据对象加锁时，需要约定一些规则，何时申请 X 锁或 S 锁、持锁时间、何时释放等，称为封锁协议。不同规则的封锁协议在不同的程度上为并发操作的正确调度提供了保证。第 12.3 节讨论了常用的三级封锁协议和保证并发控制可串行化的两段锁协议。

对数据对象进行加锁控制带来了新的问题，即死锁。

封锁对象的大小称为封锁的粒度(granularity)。实际的并发控制是一种多粒度并发控制。

封锁粒度与系统的并发度和并发控制的开销密切相关。DBMS 应该根据事务读写需要选择不同粒度,使得系统开销与并发度之间最优。

为了提高多粒度封锁机制下加锁的检查效率,引入意向锁(intention lock)。有了意向锁,系统无须逐个检查当前加锁结点下级结点的显式封锁。意向锁分为意向共享锁(即 IS 锁)、意向排他锁(即 IX 锁)和共享意向排他锁(即 SIX 锁)3 种。

12.7　习题

1. 什么是事务的 ACID 性质?
2. 并发操作可能带来的问题有哪些?
3. 什么是封锁?封锁类型有哪些?分别是什么含义?
4. 什么是三级封锁协议?
5. 什么样的并发调度是正确的调度?
6. 简述引入意向锁的意义。

第 13 章 数据库存储技术

本章讨论数据库系统内模式描述中的记录、数据文件与索引组织及存取技术。

13.1 数据库系统存储结构

内模式是数据库系统中数据结构和存储方式的描述,是数据在系统内部的组织方式。它定义所有内部记录、文件、索引的组织方式以及数据存取细节。

13.1.1 数据库磁盘存储器中的数据结构

1. 数据文件

数据文件(data file)存储数据本身。在存储结构上,数据库中的数据以文件形式存储在磁盘上,以便利用操作系统文件的调度功能。

2. 日志文件

日志按时间顺序存储数据库系统运行过程中对数据的各种更新操作。建立日志的目的是为数据库恢复以及统计数据库使用情况所用。日志文件(log file)需要登记的内容主要有:每个事务的事务标识、开始、结束,事务操作数据更新前、后的值,事务操作的用户标识等。

3. 数据字典

数据字典(Data Dictionary,DD)是关于数据库中数据的描述,即元数据(metadata)。数据字典是数据库管理系统内部的一组系统表,记录了数据库中所有的定义信息,包括各级模式定义、完整性、安全性定义、统计信息等。数据字典通常包括数据项、数据结构、数据流、数据存储和处理过程 5 部分。

4. 索引文件

索引是为提高查找速度而建立的逻辑排序映射。利用索引属性值与对应的表记录之间的映射关系表,可以很快定位具有索引值的记录在数据表中的位置,提高查找效率。常见的索引文件(index file)包括主索引文件、B+树索引文件、散列(hash)索引文件等。

5. 统计信息

统计信息(database statistics)存储数据库系统运行时统计分析的数据,存储在数据字典中。基于代价的查询优化要计算各种操作算法的执行代价,需要存储并利用这些统计信息。统计信息是动态变化的。

13.1.2 数据库系统存储介质

数据库系统中存在多种数据存储类型,具体分成如下几类。

1. 高速缓冲存储器

高速缓冲存储器简称为"高速缓存",也就是 Cache。数据库系统不研究高速缓存存储器的存储管理。但在设计查询处理时,数据库实现者会考虑高速缓存存储器的影响。

2. 主存储器

主存储器(main memory)也称为"主存",用于存放系统正在处理的数据。操作系统可以直接对内存中的数据进行修改。如果发生电源故障或者系统崩溃,主存储器中的内容通常会丢失。

3. 快擦写存储器

快擦写存储器(flash memory)又称为"电可擦可编程只读存储器"(即 EEPROM),简称为"快闪存"。快闪存掉电后数据可以保存下来。USB 盘已经成为数据传输主流手段之一。

4. 磁盘存储器

磁盘存储器(magnetic-disk storage)是一种大容量的、可直接存取的外部存储设备。磁盘有软磁盘和硬磁盘之分。现在的磁盘均指硬磁盘。通常整个数据库都存储在磁盘上,磁盘容量大约每年以 50% 的速度增长。磁盘存储器不会因为系统故障而丢失数据。

5. 磁盘冗余阵列

简单来说,磁盘冗余阵列(Redundant Arrays of Independent Disk,RAID)通过冗余改善可靠性,通过并行提高数据传输速率。

最简单的冗余方法是复式存储 RAID0。由于磁盘可以并行存取,RAID 可以把数据拆分存放在多个磁盘上,并行存取它们,以提高 RAID 的数据传输速率。

6. 光存储器

光存储器(optical storage)利用光学原理,借助激光器读取光盘上的数据。与光盘驱动器的成本对比,快闪存存储器、云存储技术更划算。

7. 磁带存储器

磁带存储器(tape storage)用于存储备份数据、归档数据、不经常使用的数据,以及作为将数据系统转移的脱机介质。存储设备中,磁带最便宜,但其访问速度较慢。对于大规模的应用,相较磁带备份,备份数据到磁盘驱动器已经成为一种更划算的选择。

13.2 数据文件的记录格式

一般地,数据文件的记录有两种方式:定长记录与变长记录。

13.2.1 定长记录

例如,对于关系模式 employee(ENO,ENAME,SALARY),设计一个数据文件,记录格式定义如下:

```
TYPE employee=RECORD
    ENO:CHAR(5);
    ENAME:CHAR(15);
    SALARY:NUMERIC(8,2);
END
```

假设每个字符占 1B,NUMERIC(8,2)占 8B,每个记录占 28B。定长记录格式最简单的组织方式是物理顺序存储。

除非磁盘块的大小恰好是 28 的整数倍,否则一些记录会横跨两个块。读写这样的记录时就要访问两个块。

1. 删除操作时的考虑

删除一个记录,可采用下面 3 种方法之一来实现。
(1) 被删记录后的记录一次移上来,删除一个记录平均要移动文件中的一半记录。
(2) 文件中最后一个记录填补到被删记录位置。
(3) 被删结点用指针链接起来。

在每个记录中增加一个指针,在文件中增设一个文件首部。删除记录后的被删记录链结构如图 13.1 所示。

2. 插入操作时的考虑

如果采用把被删记录链接起来的方法,那么插入操作可采用下列方法:在空闲记录链表的第一个空闲记录中填上插入记录的值,同时使首部指针指向下一个空闲记录;如果空闲记录链表为空,则新记录插到文件尾。

13.2.2 变长记录

在数据库系统中,更多的时候文件中的记录是变长格式。

第13章 数据库存储技术

文件首部			
记录0	10101	SIRI	600
记录1	12121	CAROLINE	700
记录2			
记录3	22222	KARL	600
记录4			
记录5	33456	ROSE	800
记录6			
记录7	58583	KIM	600
记录8	76543	JACK	400

图 13.1 删除记录后的被删记录链结构

1. 变长记录的表示

条有变长属性的记录表示通常分为两个部分：定长属性与变长属性。记录的初始部分是定长属性，接下来是变长属性。对于定长属性，如日期、数值、定长字符串，分配它们所需的字节数。对于变长属性，如变长字符串，在记录的初始部分中表示其为一个对值（偏移量，长度）。

2. 变长记录在块中的存储

变长记录一般使用分槽的页结构在磁盘块中存储，如图 13.2 所示。

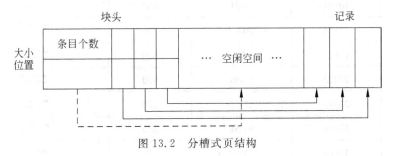

图 13.2 分槽式页结构

在每块的开始处设置一个"块首部"，其中包括下列信息：块中记录数目、指向块中自由空间尾部的指针、登记每个记录的开始位置和大小的信息。

在块中，实际记录紧连着，并靠近块尾部连续存放。插入总是从自由空间尾部开始，并在块首部登录其插入记录的开始位置和大小。记录删除时只要在块首部，该记录的大小登记处改为-1即可。

13.3 数据文件格式

数据文件格式即文件中记录的组织。

13.3.1 文件格式

文件格式主要有下列 4 种形式。

(1) 堆文件。一般以输入顺序为序。
(2) 顺序文件。记录是按查找键值升序或降序的顺序存储的。
(3) 散列文件。根据记录的某个属性值通过散列函数计算求得的值作为记录的存储地址。
(4) 聚集文件。一个文件可以存储多个关系的记录。不同关系中有联系的记录存储在同一块内，可以提高查找速度和 I/O 速度。

本节介绍顺序文件和聚集文件，散列索引文件在 13.6 节中介绍。

13.3.2 顺序文件

顺序文件是为了提高处理速度，按照某个查找键的顺序将记录排序的文件。查找键是任何一个属性或者属性集合。虽然很多时候查找键就是主码，但它并非一定是主码。employee 表记录组成的顺序文件如图 13.3 所示，记录按照 ENO 值升序排列。顺序文件可以很方便地按查找键的值顺序读出所有记录。

10101	SIRI	600
12121	CAROLINE	700
15151	JOE	800
22222	KARL	600
32343	ALICE	750
33456	ROSE	800
45565	REBECCA	850
58583	KIM	600
76543	JACK	400

图 13.3 employee 表记录组成的顺序文件

1. 删除操作

删除操作可以通过修改指针实现，被删记录链接成一个自由空间，以便插入时使用。

2. 插入操作

插入操作包括定位和插入两步。

（1）定位：在指针链中找到插入的位置。

（2）插入：在找到记录的块内，如果有空闲记录，那么在该位置插入新记录，并加入到指针链中；如果无空闲记录，那么就只能插入到溢出块中。

随着时间的推移，记录的逻辑顺序与物理顺序会越来越不一致，此时应该重组顺序文件。

13.3.3 聚集文件

大型数据库系统在一个大的操作系统文件中存储多个甚至所有关系，称为"聚集文件"。

13.4 索引技术

13.4.1 索引的概念

当关系中的元组数目很大，而查询只涉及少量元组时，查找速度就会明显下降。这时为了提高查找速度，对文件建立索引。

在数据库系统中建立索引的基本原理与图书馆的藏书索引类似。对于经常需要查找的条件，建立起查找条件（即索引查找键与元组记录的映射关系），利用索引找到含有某个具体的查找键值的元组记录在文件中的位置比从头扫描数据文件高效得多。

本节讨论基本的主索引及其实现，13.6 节将讨论散列索引技术。

在索引中，用于查找记录的属性集称为查找键。索引结构由两部分组成：索引和被索引数据文件。相较被索引文件，索引空间小，因而查找速度快。

如果被索引文件按照某个查找键指定的顺序排序存放记录，这个查找键对应的索引称为聚集索引（clustering index）。查找键指定的逻辑顺序与被索引文件中记录的物理次序不同的索引称为非聚集索引（nonclustering index）或辅助索引。

13.4.2 主索引

在 13.3.2 节中，假定被索引文件按照某个查找键顺序排列记录，在这个查找键上对应的聚集索引称为索引顺序文件，简称主索引。索引顺序文件是数据库系统最早采用的索引模式。

图 13.3 就是一个以职员号 ENO 作为查找键的顺序文件。

主索引的实现方法可以是稠密索引、稀疏索引和多级索引 3 种。

1. 稠密索引和稀疏索引

索引项或者索引记录由一个查找键值和指向具有该查找键值的一条或者多条记录指针构成。

可以使用的主索引有两类。

（1）稠密索引（dense index）：对顺序文件中每个查找键值建立一个索引记录，索引记录包括查找键值和指向具有该值的记录链表中第一个记录的指针。这种索引称为"稠密索引"。注意，有些教材将稠密索引定义为对顺序文件中每个记录建立一个索引记录，与本书的提法有区别。

（2）稀疏索引（sparse index）：在顺序文件中，对若干个查找键值才建立一个索引记录，此时索引记录的内容仍和稠密索引一样。这种索引称为"稀疏索引"。聚集索引才能使用稀疏索引。

相比之下，在带稠密索引的顺序文件中，查找速度较快；而带稀疏索引的文件中查找速度较慢，但稀疏索引的空间较小，因此更新操作时索引指针的维护相对要少一些。

系统设计者应在存取时间和开销两方面权衡，选择索引。有一个折中的办法，可把两种索引结合起来。

首先为顺序文件的每一块建立一个索引记录，得到一个以块为基本单位的稠密索引，然后再在稠密索引的基础上建立一个稀疏索引。查找时，先在稀疏索引中找到记录所在的范围，然后在稠密索引中确定记录在哪一块，最后在顺序文件的块中顺序查找，找到所在的记录。这种方法实际已是二级索引了。

2. 多级索引

在关系数据量巨大的情况下，即使采用稀疏索引，建成的索引也会很大，以至于查询效率不高。

如果索引较小，系统运行时可以常驻内存，查找速度还是较快的。但是，如果索引过大不能放在主存中，那就必须从磁盘读取索引块。假设索引占据 b 个物理块，采用顺序查找，那么最多需要读取 b 块。如果采用二分查找，则读的块数是 $\lceil \log_2 b \rceil$。如果索引中使用了溢出块技术，采用顺序查找耗时会更长。

解决这个问题的方法是像对待顺序文件一样对待索引文件，在原始的内层索引上构造一层稀疏的二级索引。具体地，对顺序文件以块为单位，建立稠密索引，再在稠密索引的基础上建立稀疏索引。有时这个二级外层索引仍然过大，可以类似地建立多级索引，直至最外层索引可以常驻内存。

当需要查找具有某查找键值的记录时，以二级索引为例，系统在常驻内存的外层索引中使用二分查找，找到小于或者等于某查找键值的最大索引键值，沿着索引记录指针到达内层索引块；在内层索引块中顺序查找或者二分查找，找到相应的索引记录；然后沿着内层索引记录的指针达到顺序文件的某个数据块；在数据块中沿指针链查找到具有某查找键值的记录。多级索引的查找与二级索引的查找类似，这里不再赘述。

多级索引和树结构紧密相关，常使用 $B+$ 树或者 B 树形式实现，类似于内存索引的二叉树。第13.5节中将讨论这种树形结构。

13.4.3 辅助索引

在主索引中,人们可以方便、快速地根据查找键值找记录。如果要根据另一个查找键值寻找顺序文件的记录,那么可以用**辅助索引**方法来实现。

在辅助索引中,具有相同查找键值的记录将分散在文件的各处,无法利用顺序文件中按主索引键值建立的指针链,因而查找速度较慢。辅助索引必须是稠密索引。

辅助索引可采用下面的方法来实现:仍然为每个查找键值建立一个索引记录,内容包括查找键值和一个指针。指针不指向顺序文件记录,而是指向一个指针列表——桶(bucket),桶内存放指向具有同一查找键值的记录指针。例如,在图13.3的顺序文件中,可以对属性SALARY建立一个辅助索引,其结构如图13.4所示。

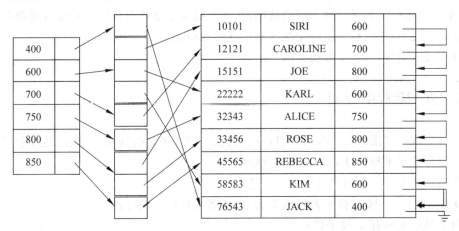

图 13.4 employee 文件辅助索引

在辅助索引中,同一个查找键值的记录分散在文件的各处,因此,以辅助索引查找键顺序扫描文件是行不通的,每读一个记录几乎都要执行读块到内存的操作。

辅助索引都是稠密索引,不可能是稀疏索引结构。插入或删除文件记录时,都要修改辅助索引。

辅助索引机制曾在20世纪60年代中期广泛流行,倒排文件系统就是辅助索引文件系统。

13.4.4 索引的更新

在索引文件中,文件记录的插入或删除有可能引起索引的修改。

1. 删除操作

(1) 为了在顺序文件中删除一个记录,首先要找到被删记录,然后才能执行删除操作。

(2) 对于稠密索引：如果被删除的记录是具有这个查找键值的唯一一条记录，则系统从索引中删除该索引项，否则系统就从指针列表中删除指向被删除记录的索引指针。

(3) 对于稀疏索引：如果索引不包含被删除记录查找键值的索引项，则索引不需要修改，否则用下一个查找键值的索引记录替换要删除的索引记录。如果下一个查找键值已经对应有索引项了，则直接删除，而不是替换。

2. 插入操作

(1) 首先用插入记录的查找键值找到插入位置。

(2) 对于稠密索引：如果查找键值在索引块中未出现过，则要把插入记录的查找键值插入到索引块中，否则系统就在索引项中增加一个指向新记录的索引指针或将新记录放到具有相同查找键值的其他记录之后。

(3) 对于稀疏索引：每个数据块对应一个索引记录，那么在数据块能放得下新记录时，不必修改索引。如果要加入新的数据块，那么插入记录的查找键值将成为新数据块的第一个查找键值，并将在索引块中插入一个新的索引记录。

在多级索引时，可以采取类似的办法。

13.5 B+树索引文件

实际的数据库系统为了改善索引性能，通常采用多级索引技术。目前，多级索引技术中广泛流行的是**平衡树（balanced tree）技术**。

数据库技术中平衡树的定义如下所述。

定义 13.1 一棵 m 阶平衡树或者为空，或者满足以下条件：

每个结点至多有 m 棵子树；

根结点或为叶结点，或至少有两棵子树；

每个非叶结点至少有 $\lceil m/2 \rceil$ 棵子树；

从根结点到叶结点的每条路径都有同样的长度，即叶结点在同一层次上。

平衡树又分为两类：B+树和 B 树。本书介绍 B+树。

13.5.1 B+树的结构

B+树索引结构是使用最广泛的索引结构之一。平衡的意思是指树根到树叶的每条路径的长度相同，平衡属性保证 B+树具有良好的查找、插入和修改性能。

典型的 m 阶 B+树按下列方式组织。

(1) 每个结点中至多有 $m-1$ 个查找键值 $K_1, K_2, \cdots, K_{m-1}$，$m$ 个指针 $P_1, P_2, \cdots, P_m$，如图 13.5 所示。

图 13.5 B+树的结点

(2) 叶结点的组织方式。

叶结点中的指针($1 \leqslant i \leqslant m-1$)指向顺序文件中的记录。例如,指针 P_i 指向查找键值为 K_i 的记录。

如果查找键恰好是顺序文件的主键,那么叶结点中的指针直接指向顺序文件中的记录。如果查找键不是顺序文件的主键,那么叶结点中的指针指向一个桶,桶中存放指向具有该查找键值的记录的指针。

每个叶结点中至少应有 $\lceil (m-1)/2 \rceil$ 个查找键,至多有 $m-1$ 个查找键,并且查找键值不允许重复。如果 B+ 树索引是稠密索引,那么每个查找键值必须在某个叶结点中出现。叶结点中最后一个指针 P_m 指向下一个叶结点(按查找键值顺序),这样可以很方便地进行顺序访问。

(3) 非叶结点的组织方式。

B+ 树中的非叶结点形成了叶结点上的一个多级稀疏索引。每个非叶结点(根结点除外)中至少有 $\lceil m/2 \rceil$ 个指针,至多有 m 个指针。指针的数目称为结点的"扇出(fanout)端数"。图 13.6 是一个完整的 4 阶 B+ 树索引。

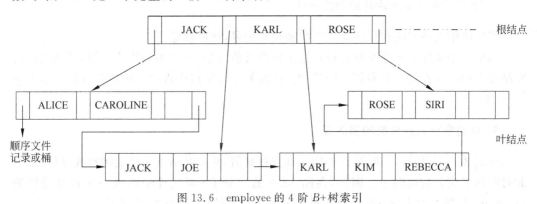

图 13.6 employee 的 4 阶 B+ 树索引

13.5.2 B+ 树的查询

如果用户要检索查找键值为 K 的所有记录,那么首先在根结点中找大于 K 的最小查找键值 K_i,然后沿着 K_i 左边的指针 P_i 到达第二层的结点。如果根结点中有 n 个指针,并且 $K > K_{n-1}$,那么就沿着指针 P_n 到达第二层的结点。在第二层的结点用类似的方法找到一个指针,进入第三层的结点……一直到 B+ 树的叶结点,找到记录。

如果文件中查找键值有 W 个值,那么对于 m 阶 B+ 树而言,从根结点到叶结点的路径长度不超过 $\lceil \log_{\lceil m/2 \rceil} W \rceil$。

【例 13.1】 讨论 B+ 树索引查询中查询次数与文件的存储块数的关系。

如果在 B+ 树索引中,每块存储一个结点,则占 4KB。如果查找键的长度为 32B,指针仍为 8B,那么每块大约可存储 100 个查找键值和指针,即 m 约为 100。m 为 100 时,如果文件中查找键有 100 万个值,那么一次查找须读索引块的数目为 $\lceil \log_{50} 1000000 \rceil = 4$。如果 B+ 树索引的根结点常驻内存,那么查找时只需再读 3 个索引块即可。

13.5.3 B+树的更新

在 B+树索引文件中插入记录时,有可能叶结点要分裂,并引起上层结点的分裂和 B+树层数的增加。删除记录时,有可能出现相反的现象。下面就是否出现分裂与合并情况分别讨论。

1. 不引起索引结点分裂的插入操作

首先使用查找方法,从根结点出发,直到在叶结点中找到某个查找键值 K_1。如果插入记录的查找键值 K_0 已在叶结点中出现,那么在顺序文件中插入记录即可,不必修改索引。

如果 K_0 在叶结点中不存在,那么在叶结点中 K_1 之前插入 K_0 值,并把 K_1 及其后的值往后移动,然后新记录就插入到顺序文件中。

2. 不引起索引结点合并的删除操作

首先使用查找方法在顺序文件中找到被删记录,然后删除之。

如果顺序文件中还存在具有被删记录查找键值的记录,则不必修改索引,否则应该从叶结点中删除该查找键值和相应的指针。此时假定叶结点中查找键值的数目仍然不小于 $\lceil(m-1)/2\rceil$。

3. 引起索引结点分裂的插入操作

如果插入记录时要在叶结点中插入其查找键值,并且叶结点中已放满查找键值,那么此时叶结点应分裂成两个。例如,在图 13.6 的 4 阶 B+树文件中插入一个查找键值为 Lee 的记录,那么左边第三个叶结点就要分裂成两个结点,如图 13.7 所示。

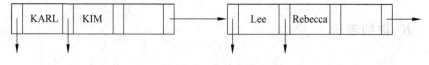

图 13.7 叶结点分裂

分裂时,m 个查找键值分别放在两个结点中。一般地,前 $\lceil m/2 \rceil$ 个查找键值放在原来的结点中,而余下的查找键值放在新的结点中。

叶结点分裂后,必须在其父结点中插入新结点中的最小查找键值。如果父结点中放满了查找键值,那么也要分裂成两个结点,再在上一层结点中加入新的查找键值。有时根结点可能也要分裂,导致产生新的根结点,B+树的高度增加一层。

4. 引起索引结点合并的删除操作

删除记录时,要在叶结点中删除被删记录的查找键值,并且该值删除后叶结点中查找键值数目小于 $\lceil(m-1)/2\rceil$,那么这个叶结点在作技术处理时有可能被删掉。

许多数据库文献的文章以及数据库专家习惯使用术语 B 树指代 B+树数据结构。事实上，B+树的使用比 B 树广泛很多，这样的指代也是合理的。

13.6 散列索引文件

13.6.1 散列技术

散列(hashing)方法是一种不必通过索引就能访问数据的方法。在散列技术的基础上结合索引方法可进一步提高访问效率。

1. 散列的概念

定义 13.2 设 K 是所有查找键值的集合，B 是所有桶地址的集合。散列函数(hashing function) h 是从 K 到 B 的一个函数，它把每个查找键值 K 映像到地址集合 B 中的地址。

要插入查找键值为 K_i 的记录，首先也是计算 $h(K_i)$，求出该记录的桶地址，然后将这条记录存储到桶中，假定桶中有容纳这条记录的空间。

删除操作也一样简单，先用插入记录相同的查找方法把记录找到，然后在相应的桶内查找待删除记录直接从桶内删去即可。

2. 散列函数

使用散列方法，首先要有一个好的散列函数。由于不可能精确知道要存储的记录的查找键值，因此要求散列函数满足下面两个条件。

（1）地址的分布是均匀的：即每个桶内的查找键值数目大抵相同。

（2）地址的分布是随机的：散列函数值不受查找键值各种顺序的影响，如字母顺序。

【例 13.2】对于图 13.3 中的数据，可以用散列方法存储。假设查找键值是 ENO。散列函数用下列方法设计：假设存储空间分成 10 个桶，对应桶号为 0~9。把职工号字符串中的每个数字求和除以 10，将得到的余数作为桶号；然后把记录存入相应的桶，如图 13.8 所示。

散列函数设计得好，各个桶内的查找时间相差无几，并且查找的平均时间是最小的。

3. 桶溢出的处理

在散列组织中，每个桶的空间是固定的，如果某个桶内已装满记录，还有新记录要插入到该桶，那么称这种现象为"桶溢出"。

不管散列函数设计得如何好，桶溢出现象难免还会发生，所以要有一系列处理溢出的方法，具体如下所述。

（1）溢出链法：如果某个桶已装满记录，还有新记录等待插入，那么可以由系统提供一个溢出桶，用指针链接在桶后面。如果溢出桶也装满了，则在其后面再链接溢出桶。

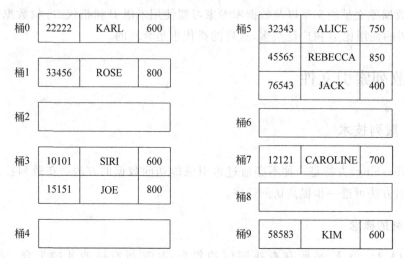

图 13.8　employee 表的散列结构

（2）开放式散列法：这个方法是把桶空间固定下来，也就是只考虑基本桶，不考虑溢出桶。如果有一个桶装满了记录，那么就在桶空间中挑选一个有空闲空间的桶，装入新记录。

开放式散列法在编译或汇编中构造符号表情况下使用频繁，但是开放式散列法的删除操作比较复杂，因此数据库系统中使用封闭散列法。

标志散列结构装满程度的因子 α 等于存储记录的空间量与给定的存储空间量的商。如果 $\alpha > 0.8$，容易产生桶溢出；如果 $\alpha < 0.6$，表示空间浪费太多。一般 α 取 $0.6 \sim 0.8$。

13.6.2　静态散列索引

散列方法不仅可以用在文件组织上，也可以用在索引结构上。散列索引（hash index）是把查找键值与指针一起组合成散列文件结构的一种索引。

散列索引的构造方法如下：首先为主文件中每个查找键值建立一个索引记录，然后把这些索引记录组织成散列结构（称为"散列索引"）。

【例 13.3】　对图 13.3 中的数据建立一个散列索引。

设 employee 的查找键仍为 ENO。这次的散列函数构造如下：对工号中的各位数字求和，然后除以 7 将得到的余数作为索引的桶地址（"质数取余法"）。每个桶可放 2 个索引记录，如果超过 2 个，就要链接溢出桶。对图 13.3 中的数据建立的散列索引如图 13.9 所示。

严格地讲，散列索引是一种辅助索引结构，不属于主索引结构，但可以认为散列文件组织提供了一个虚拟的顺序散列索引。

13.6.2 节介绍的散列技术属于静态散列，也就是在散列函数确定以后，所有的桶地址及桶空间都确定了。它并不适应数据库的快速增长，为了克服静态散列索引的缺陷，在实际中往往使用动态散列技术，即桶空间可随时申请或释放，而维护的代价又不大。

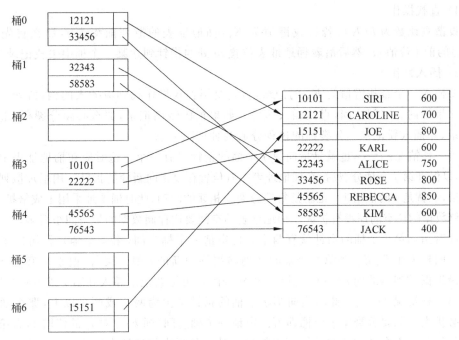

图 13.9 employee 表的散列索引

第 13.6.3 节介绍动态散列中的一种技术——可扩充散列结构。

13.6.3 可扩充散列结构

1. 可扩充散列结构的组织方法

首先选择一个均匀性和随机性都比较好的散列函数 h，并且这个散列函数产生的函数值(简称"散列值")较大，是一个由 b 个二进制位组成的整数。例如 $b=32$，那么就有 2^{32} 个散列值，可以对应 2^{32} 个桶。但是，每个散列值并不立即对应一个桶空间，而是根据实际需要申请或释放。

初始时，不是根据全部 b 位值得出桶地址，而是根据这个 b 位的前 i 位(高位)($0 \leqslant i \leqslant b$)得出桶地址值。在数据增长过程中，取的位数 i 也随之增加。这 i 位组成的值是一个桶号。所有的桶地址放在一张"桶地址表"中，桶地址的位置就是桶号。

在桶地址表上方出现的 i 表示当前情况是取散列值的前 i 位作为桶地址的位置。在桶地址表中，有时可能某几个相邻的项中的指针指向同一个桶。每个桶的上方出现的整数 i_0、i_1、i_2……表示这些桶是沿着散列值的前 i_0、i_1、i_2……位作为桶地址表中的地址寻找来的。桶地址表和桶的上方出现的 i、i_0、i_1、i_2……这些值称为"散列前缀"。它们之间的关系有 $i_j \leqslant i$，这里 i_j 是第 j 个桶的散列前缀，指向第 j 个桶的指针数目是 2^{i-i_j}。

2. 可扩充散列结构的操作

可扩充散列结构的操作主要有查找、插入、删除 3 类。

1) 查找操作

设散列函数为 $h(K)$，若查找键值为 K_1，桶地址表的散列前缀为 i，那么首先求出 $h(K_1)$ 的前 i 位值 m，然后沿着桶地址表位置 m 处的指针到达某一个桶中去找记录。

2) 插入操作

要插入一个查找键值为 K_1 的记录，首先要用查找操作找到应插入的桶，譬如第 j 个桶。如果桶内有空闲空间，直接插入即可。如果桶已装满记录，那么必须分裂桶，重新分布记录，并插入新记录。分裂桶的过程分成两种情况考虑。

第一种情况：$i=i_j$，也就是指向第 j 个桶的指针只有一个。这时应在桶地址表中增加项数，以保证第 j 个桶分裂后，在桶地址表中有位置存放指向新桶的指针。用增加散列前缀的方法，也就是 i 的值增 1。也就是每项分裂成相邻的两项，此时桶地址采用了成倍扩充法，但存储数据的桶空间还没有扩大。桶地址表的空间要比存储数据的桶空间小得多。

此时指向第 j 个桶的指针就有两个。再申请一个桶空间(第 k 个桶)，置第二个指针值为指向桶 k，再置第 j 和第 k 个桶的散列前缀均为新的 i 值。接着，把原来第 j 个桶中的记录根据散列值的前 i 位(已增加1)重新分配。再把新记录插入到第 j 或第 k 个桶。

第二种情况：$i>i_j$。此时指向第 j 个桶的指针至少为两个或两个以上，那么桶地址表不必扩大。只要分裂第 j 个桶即可。申请一个桶空间(桶 k)。对 i_j 的值增 1，置第 j 个桶的指针和第 k 个桶的散列前缀都为新的 i_j 值。然后在桶地址表中原来指向第 j 个桶的指针中分出后一半指针，指向桶 k 的地址，而前一半指针仍指向桶 j。再把第 j 个桶中的记录按散列前缀确定的位数表示的值重新分配。最后把新记录插入到桶 j 或桶 k 中。

3) 删除操作

要删除查找键值为 K_1 的记录，首先也是先用查找方法，把记录找到，然后把记录从所在的桶内删除。如果删除后桶为空，那么这个桶也要被删除，也就是桶的合并操作。有时很可能引起桶地址表的收缩。

【例 13.4】 对图 13.3 所示文件 employee 的数据重建一个动态散列文件结构。设查找键为 ENAME，有一个散列函数把查找键值转换成 32 位散列值，如图 13.10 所示。

ENO	ENAME	SALARY	ENAME	h(ENAME)
10101	SIRI	600	SIRI	0010 1101……
12121	CAROLINE	700	CAROLINE	1010 0011……
15151	JOE	800	JOE	1100 0101……
22222	KARL	600	KARL	0011 0101……
32343	ALICE	750	ALICE	1111 0001……
33456	ROSE	800	ROSE	1011 0001……
45565	REBECCA	850	REBECCA	1101 1000……
58583	KIM	600	KIM	1000 1011……
76543	JACK	400	JACK	0111 1101……

图 13.10 employee 文件 ENAME 的散列值(32 位，图中列出前 9 位)

初始时,文件为空,假设每个桶里只能放两个记录,把图 13.3 所示的记录一个个插入到可扩充散列文件中。

插入所有记录的可扩充散列索引如图 13.11 所示。

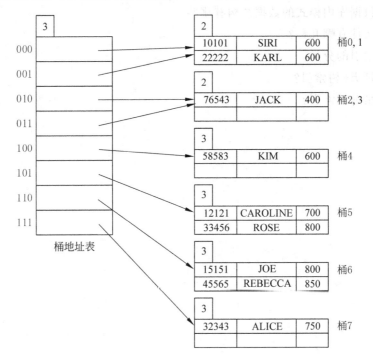

图 13.11 插入所有记录的可扩充散列索引

13.7 小结

数据库内模式也称为存储模式,是数据物理结构和存储方式的描述。数据库系统内模式涉及的数据结构有数据文件、日志文件、索引文件、数据字典和统计信息等。

数据库系统的存储介质分为基本存储、辅助存储和三级存储。

磁盘中,数据以文件形式存放。在文件里,数据以记录方式组织,分为定长记录与不定长记录。

数据文件结构有堆文件、顺序文件、散列文件和聚集文件等。

为了提高查找速度,需要为文件建立索引。索引有主索引和辅助索引两种。主索引有稠密索引、稀疏索引和多级索引等形式。主流的主索引,尤其数据量大时,是多级索引形式。索引会增加数据库空间开销和更新负担。B+树索引文件与散列技术是最常见的两种索引实现技术。

13.8 习题

1. 简述数据库内模式的数据结构有哪些。
2. 数据文件有哪几种？
3. 简述索引的分类。
4. 什么是 B+树索引？
5. 什么是散列索引？

第 14 章 关系查询优化

14.1 查询处理

查询处理(query processing)是指从数据库中提取出所需数据涉及的一系列活动。这些活动包括：将用户的数据库语言翻译为能在物理层上使用的表达式、优化查询表达式、执行查询。

14.1.1 概述

查询处理的基本步骤包括**语法分析与检查**、**查询优化**、**查询执行**。

1. 语法分析与检查

查询开始执行之前，系统必须将 SQL 语句表达的查询翻译成系统的查询内部表示。查询的内部表示是建立在扩展的关系代数基础上的。这个翻译过程类似于编译器的语法分析，语法分析器检查用户查询的语法，识别出查询语句里的语言符号，如 SQL 关键字、属性名、关系名、视图名等，进行语法检查和语法分析，判断查询语句是否符合 SQL 语法规则，根据数据字典中有关的 DDL 定义验证查询里涉及的关系名与视图名等在数据库中是否有效。如果有视图，要将对视图的引用转换成对基本表的引用。还要根据数据字典中的用户权限定义和完整性约束定义对查询语句涉及的权限与完整性约束进行检查。如果提出查询的用户没有相应的访问权限或者违反了完整性约束，就拒绝执行该查询。当然，这时的完整性检查是静态、初步的检查。

完成语法分析与检查的 SQL 语句转换成等价的关系代数表达式，即系统查询的内部表达。数据库对象，如关系、属性、视图等的外部名称转换成内部表示。关系数据库管理系统都用查询树（也称为语法分析树）表示扩展的关系代数表达式。

2. 查询优化

对于一个查询，一般都会有多种表达方式或者计算结果的方法。例如，一个查询可以用几种不同的 SQL 语句表示，每个 SQL 查询可以用其中的一种方式翻译成关系代数表达式。而查询的关系代数表达式仅仅部分指定了如何执行查询，可以对这个关系代数表达式用不同的操作次序和组合来表达查询，而这些不同往往导致执行效率的不同。

进一步，数据库管理系统物理执行一个查询时，还要对关系代数表达式加上注释来说明如何执行每个操作。注释可以声明某个具体操作采用的算法，或将要使用的一个或多个特定的索引。加了如何执行注释的关系代数运算称为计算原语。用于执行一个查询的原语操作序列称为查询执行计划（query-execution plan）。查询执行引擎接受查询执行计划，并把计划执行结果返回给查询。

同一查询的不同执行计划有不同的代价。对于数据库应用系统，不可能要求用户写出具有最高效率执行计划的查询语句，构造查询对应的最优查询执行计划（即查询优化）是数据库管理系统的职责之一，第14.2节将介绍查询优化。

为了优化查询，查询优化器必须估算每个操作的代价。精确的计算代价很难，但是依赖数据字典的数据库对象的统计信息，依赖一些系统参数（例如该操作实际能用的内存），对每个操作的执行代价做出粗略的估计是可能的。第14.1.2节将讨论如何度量操作代价。

3. 查询执行

查询优化器生成的查询执行计划由代码生成器（code generator）生成执行这个查询计划的代码，并将运行的结果（即查询结果）回送到应用程序客户端。

14.1.2 查询代价度量

查询处理的代价可以通过该查询对各种资源的使用情况进行度量，这些资源具体包括**磁盘存取、执行查询的 CPU 时间、通信代价**。

在大多数大型数据库系统中，在磁盘上存取数据花费的时间是查询最主要的代价，因为磁盘存取速度比内存与 CPU 速度慢很多，所以花费在磁盘存取上的时间决定了整个查询执行的大部分时间。一个任务消耗的 CPU 时间难以估计，它取决于执行代码的底层详细情况，尽管实际应用中查询优化器的确把 CPU 时间考虑在内，为了简化起见，忽略 CPU 时间，用磁盘存取代价来度量执行计划的代价：查询处理的代价=传送磁盘块数+搜索磁盘次数。

假设磁盘子系统传输一个块数据平均消耗 t_T 秒，磁盘块平均访问时间（磁盘搜索时间加上旋转延迟）为 t_S 秒，则一次传输 b 个块以及执行 s 次磁盘搜索的操作将消耗 $b \times t_T + s \times t_S$ 秒。t_T 和 t_S 的值必须针对使用的磁盘系统进行计算，而磁盘系统的典型数据通常是 $t_T=0.1ms, t_S=4ms$，假定磁盘块的大小是 4KB，传输率为 40MB/s。

写磁盘块的代价通常是读磁盘块的两倍（由于磁盘系统在写完扇区后还会重新读取该扇区，以验证写操作已经成功）。

查询执行计划算法代价依赖于主存缓冲区的大小。最好的情形是所有数据可以读入到缓冲区，不必再访问磁盘。最坏的情况是假定缓冲区只能容纳数目不多的数据块——大约每个关系一块。设计估算代价时，假定最坏的、不乐观的情形，假定执行开始时数据必须从磁盘中读出来。所以，很可能在查询计划执行时，需要访问的磁盘块已经在内存缓冲中。所以，执行一个查询执行计划的实际磁盘存取代价可能会比估算的代价小。

14.2 查询优化

对于一个给定查询，尤其是复杂的查询，系统可以有许多种可能的执行策略，好的查询策略和差的查询策略在执行代价上（执行时间）通常会有相当大的区别，可能相差好几个数量级,因此,系统为查询处理选择一个好的策略而付出额外的时间开销是完全值得的。

不可能要求用户写出一个能高效处理的查询,但是系统应该构造一个等价的让查询执行代价最小化的查询执行计划,即查询优化。

14.2.1 查询优化概述

为了达到用户可以接受的性能,系统必须进行查询优化;而恰好关系表达式的语义级别很高,关系数据库管理系统可以分析关系式的语义,对其进行优化。查询优化使得关系系统在性能上接近甚至超过非关系系统。查询优化是关系数据库系统的关键技术。关系数据库系统及其 SQL 之所以广泛流行,很大程度得益于查询优化技术的发展成熟。

关系系统中,用户使用非过程化的语言表达查询要求,用户只需要描述干什么,不必指出怎么干,用户选择数据存取路径的负担大大减轻。对比非关系系统,用户需要了解数据的存取路径,查询的效率由用户的查询策略决定;如果用户做了不当选择,系统不能对此加以改进。这实际上要求非关系系统的用户具有较高的数据库技术和程序设计水平。

让 DBMS 做查询优化,不仅可以让用户关注查询问题本身,不需考虑如何表达查询,以获得较高的效率,而且系统优化比用户程序优化做得更好。系统的查询优化器可以从数据字典获取许多统计信息(如关系的元组数、关系每个属性值的分布情况、哪些属性上建立了索引等),优化器可以根据这些信息做出估算,选择高效的执行计划,用户程序难以做到;并且如果物理统计信息改变了,系统会自动更新数据字典,自动调整查询执行计划。系统优化器可以利用很多复杂的优化技术,同时考虑比较数百种不同的执行计划,用户程序更加难以企及。

实际系统的查询优化步骤如下。

(1) 将查询转换成某种内部表示,通常是语法树。

(2) 根据一定的等价变换规则把语法树转换成标准(优化)形式。

(3) 选择低层的操作算法:对于语法树中的每个操作,计算各种执行算法的执行代价,选择代价小的执行算法。

(4) 生成查询计划(查询执行方案)。查询计划是由一系列内部操作组成的。

查询优化主要分为代数优化(即上述优化步骤的步骤(2))与物理优化(即上述优化步骤的步骤(3))。

查询优化的总目标是选择有效的策略,求得给定关系表达式的值,使得查询代价较小。而查询优化的搜索空间实际是非常大的,因此实际系统选择的策略不一定是最优的,而是较优的。

14.2.2 代数优化

14.1 节讲解了 SQL 语句经过语法分析与翻译后变换为关系代数表达式的内部表

示——语法查询树,本节介绍基于关系代数等价变化规则的优化方法——**代数优化**。

代数优化策略通过对关系代数表达式的等价变换来提高查询效率,只改变查询语句中操作的次序与组合,不涉及底层的存取路径。

1. 关系代数表达式等价变换规则

关系代数表达式的等价是指用相同的关系代替两个代数表达式中相应的关系所得到的结果是相同的。如果两个关系代数表达式在每个数据库实例中都会产生相同的元组集合,这两个表达式有可能以不同的顺序产生元组,而元组的顺序是无关紧要的,因此只要元组集合内容一致,就认为两者等价。

等价规则指出两种不同形式的表达式是等价的。第一种可以代替第二种,反之亦然。优化器利用等价规则将表达式转换成逻辑上等价的其他表达式。两个关系表达式 E1 和 E2 是等价的,记为 E1≡E2。

下面列出关系代数表达式的通用等价规则。

(1) 连接、笛卡儿积交换律。

设 E1 和 E2 是关系代数表达式,F 是连接运算的条件,则有:

$$E1 \times E2 \equiv E2 \times E1$$
$$E1 \bowtie E2 \equiv E2 \bowtie E1$$
$$E1 \bowtie_F E2 \equiv E2 \bowtie_F E1$$

(2) 连接、笛卡儿积的结合律。

设 E1、E2、E3 是关系代数表达式,F1 和 F2 是连接运算的条件,则有:

$$(E1 \times E2) \times E3 \equiv E1 \times (E2 \times E3)$$
$$(E1 \bowtie E2) \bowtie E3 \equiv E1 \bowtie (E2 \bowtie E3)$$
$$(E1 \bowtie_{F1} E2) \bowtie_{F2} E3 \equiv E1 \bowtie_{F1} (E2 \bowtie_{F2} E3)$$

(3) 投影的串接定律。

$$\Pi_{A1,A2,\cdots,An}(\Pi_{B1,B2,\cdots,Bm}(E)) \equiv \Pi_{A1,A2,\cdots,An}(E)$$

这里,E 是关系代数表达式,$Ai(i=1,2,\cdots,n)$,$Bj(j=1,2,\cdots,m)$ 是属性名,并且 $\{A1,A2,\cdots,An\}$ 构成 $\{B1,B2,\cdots,Bm\}$ 的子集。

(4) 选择的串接定律。

$$\sigma_{F1}(\sigma_{F2}(E)) \equiv \sigma_{F1 \wedge F2}(E)$$

这里,E 是关系代数表达式,F1 和 F2 是选择条件。选择的串接定律说明选择条件可以合并,这样一次就可检查全部条件。

(5) 选择与投影操作的交换律。

如果选择条件 F 只涉及属性 $A1,\cdots,An$,则交换律表达如下:

$$\sigma_F(\Pi_{A1,A2,\cdots,An}(E)) \equiv \Pi_{A1,A2,\cdots,An}(\sigma_F(E))$$

若 F 中有不属于 $A1,\cdots,An$ 的属性 $B1,\cdots,Bm$,则有更一般的交换律:

$$\Pi_{A1,A2,\cdots,An}(\sigma_F(E)) \equiv \Pi_{A1,A2,\cdots,An}(\sigma_F(\Pi_{A1,A2,\cdots,An,B1,B2,\cdots,Bm}(E)))$$

(6) 选择与笛卡儿积的交换律。

如果 F 中涉及的属性都是 E1 中的属性,则有:
$$\sigma_F(E1 \times E2) \equiv \sigma_F(E1) \times E2$$

如果 F=F1∧F2,并且 F1 只涉及 E1 中的属性,F2 只涉及 E2 中的属性,则由上面的等价变换规则(1)、(4)、(6)可推出:
$$\sigma_F(E1 \times E2) \equiv \sigma_{F1}(E1) \times \sigma_{F2}(E2)$$

如果 F=F1∧F2,F1 只涉及 E1 中的属性,F2 涉及 E1 和 E2 两者的属性,选择与笛卡儿积的交换律表达为
$$\sigma_F(E1 \times E2) \equiv \sigma_{F2}(\sigma_{F1}(E1) \times E2)$$

它使部分选择在笛卡儿积前先做。

(7) 选择与并运算的交换律。

假设 E=E1∪E2,E1、E2 有相同的属性名,则有:
$$\sigma_F(E1 \cup E2) \equiv \sigma_F(E1) \cup \sigma_F(E2)$$

(8) 选择与差运算的交换律。

假设 E1 与 E2 有相同的属性名,则有:
$$\sigma_F(E1 - E2) \equiv \sigma_F(E1) - \sigma_F(E2)$$

(9) 选择对自然连接的分配律。
$$\sigma_F(E1 \bowtie E2) \equiv \sigma_F(E1) \bowtie \sigma_F(E2)$$

这里,F 只涉及 E1 与 E2 的公共属性。

(10) 投影与笛卡儿积的交换律。

设 E1 和 E2 是两个关系表达式,$A_1,\cdots,A_n$ 是 E1 的属性,$B_1,\cdots,B_m$ 是 E2 的属性,则:
$$\Pi_{A_1,A_2,\cdots,A_n,B_1,B_2,\cdots,B_m}(E1 \times E2) \equiv \Pi_{A_1,A_2,\cdots,A_n}(E1) \times \Pi_{B_1,B_2,\cdots,B_m}(E2)$$

(11) 投影与并运算的交换律。

设 E1 和 E2 有相同的属性名,则:
$$\Pi_{A_1,A_2,\cdots,A_n}(E1 \cup E2) \equiv \Pi_{A_1,A_2,\cdots,A_n}(E1) \cup \Pi_{A_1,A_2,\cdots,A_n}(E2)$$

2. 基于启发式规则的代数优化

对于关系代数表达式的图形化表示——**语法查询树**,典型的**代数优化启发式规则**如下。

(1) 选择运算应尽可能先做。这是优化规则中最重要、最基本的一条。因为先做选择运算可以使中间关系大大变小,执行代价可以数量级减小。

(2) 投影运算和选择运算同时做。如果有若干个投影运算和选择运算对同一个关系操作,则可以在扫描此关系的同时完成所有这些运算,以避免重复扫描关系。

(3) 将投影运算与其前或其后的双目运算结合。没必要为了去掉某些字段而扫描一遍关系。

(4) 把某些选择同在其前面的笛卡儿积结合起来成为一个连接运算。连接运算特别是等值连接要比同样关系上的笛卡儿积的执行代价小很多。

(5) 找出公共子表达式。如果重复出现的公共子表达式结果不大,并且从外存读入这个关系比计算该子表达式的执行代价小,则先计算出公共子表达式的结果写入临时文件。当利用视图执行查询时,定义视图的语句就是公共子表达式的情况。

根据启发式规则,应用表达式等价变换公式优化关系表达式的代数优化算法描述如下。

算法:关系表达式的优化。

输入:一个关系表达式的语法树。

输出:计算该表达式的程序。

算法步骤如下。

第一步:分解选择运算,利用等价规则(4)把形如 $\sigma_{F1 \wedge F2 \wedge \cdots \wedge Fn}(E)$ 的形式变换为 $\sigma_{F1}(\sigma_{F2}(\cdots(\sigma_{Fn}(E))\cdots))$ 形式。

第二步:交换选择运算,将其尽可能移到叶端,利用规则(4)~(9)尽可能把每个选择移到树的叶端。

第三步:交换投影运算,将其尽可能移到叶端,利用规则(3)、(5)、(10)、(11)中的一般形式尽可能把每个投影移向树的叶端。

第四步:合并同一关系上串接的选择和投影,以便能同时执行这些操作或在一次扫描中完成这些操作。利用规则(3)、(4)、(5)把选择和投影的串接合并成单个选择、单个投影或一个选择后跟一个投影的形式。由于投影或者选择操作是对同一个关系的操作,这样处理的效果是使多个选择或投影能同时执行,或在一次扫描中全部完成。

第五步:将经过上述步骤得到的语法树的内结点分组:每一双目运算($\times$、$\bowtie$、$\cup$、$-$)和它所有的直接祖先划分为一组(这些直接祖先是 σ、Π 运算)。如果其后代直到叶子全是单目运算,则也将它们并入该组,但当双目运算是笛卡儿积($\times$),并且其后的选择运算不能与它结合为等值连接时除外。这种情况的单目运算单独分为一组。

(6) 生成程序。生成一个程序,第五步划分的每组结点的计算是程序中的一步。各步的顺序是任意的,只要保证任何一组的计算不会在它的后代组之前计算即可。

3. 代数优化实例

【例 14.1】 对于学生选课关系数据库:

student(SNO,SNAME,SSEX,SAGE,SDEPT)关系模式存放学生基本信息,包括学号、姓名、性别、年龄、系名;

sc(SNO,CNO,GRADE)关系模式存放选课信息,包括选课学生的学号、课程号、成绩;

course(CNO,CNAME,CPNO,CCREDIT)关系模式存放课程信息,包括课程号、课程名、先修课号、学分。

执行查询语句,求选修了"信息系统"的女同学的学号与姓名。该查询语句的关系代数表达式如下:

$$\Pi_{SNO,SNAME}(\sigma_{CNAME='信息系统' \wedge SSEX='女'}(\Pi_L(\sigma_{student.SNO=sc.SNO \wedge sc.CNO=course.CNO}(student \times sc \times course))))$$

此处，L 是属性{student. SNO,SNAME,SSEX,SAGE,SDEPT，course. CNO,GRADE,CNAME,CPNO,CCREDIT}的集合(3 个表自然连接的属性集合)。

将等价的表达式构成初始语法树如图 14.1 所示。

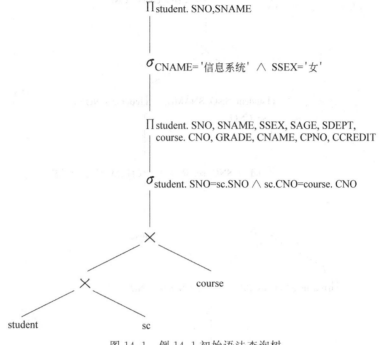

图 14.1　例 14.1 初始语法查询树

使用优化算法对初始语法树进行优化。

将选择运算与投影运算尽量往叶端放。优化后的语法树如图 14.2 所示。

14.2.3　物理优化

对于一个查询语句,代数优化后得到的关系代数语法树可以有多种执行这个语法树的算法,多种存取路径,也就是代数优化后的查询可以有许多存取方案,这些方案执行效率各不相同,有的执行时间会相差很大,因此要继续进行**物理优化**。

物理优化就是选择高效合理的操作算法或者存取路径,求得优化的查询计划,达到执行代价的优化。

物理优化的常用方法有如下。

基于规则的启发式优化。启发式规则是指那些在大多数情况下适用,但不是每种情况下都是最好的规则。

基于代价估算的优化。使用查询优化器估算不同执行策略的代价,选出其中具有最小代价的执行计划。

两者结合的优化方法。查询优化器通常会把这两种技术结合在一起使用。因为可能的执行策略很多,要穷尽所有的策略进行代价估算往往是不可行的,因为估算需要代价,

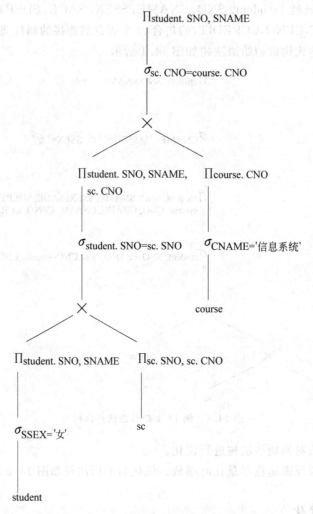

图 14.2 优化后的语法树

对所有策略都估算代价选出最优的很可能造成查询优化本身付出的代价大于获得的益处。因此,结合启发式规则与代价估算,先使用启发式规则,挑选若干较优的候选方案,减少代价估算的工作量,然后分别计算这些候选方案的执行代价,从中选出最优方案。

1. 基于启发式规则的物理优化

基于启发式规则的物理优化通常是指存取路径和低层操作算法的选择。下面介绍最常用的物理优化启发式规则。

1) 选择操作的物理优化启发式规则

对于小型关系,使用全表顺序扫描,即使选择列上有索引。

对于大型关系,启发式规则有以下几种。

对于选择条件是"主码=值"的查询,也就是查询结果是空或者唯一一个元组,可以选择主码上的索引。一般的关系数据库系统在主码上会自动创建一个唯一属性的聚集索引。

对于选择条件是"非主属性＝值"的查询,并且非主属性列上建有索引,查询优化器会利用数据字典的统计信息估算一下查询结果涉及的元组数目,如果结果元组行数目小于关系元组行数目的百分之十,就使用索引扫描方法,否则使用全表顺序扫描。

对于选择条件是属性上的非等值查询或者范围查询,并且选择列上有索引,同样要估算查询结果的元组数目,如果结果元组行数目小于关系元组行数目的百分之十,就使用索引扫描方法,否则使用全表顺序扫描。

对于使用 AND 连接的复合选择条件,如果有涉及这些属性的组合索引,就优先采用组合索引扫描;如果某个属性上有一般索引,可以利用该索引找到符合涉及该属性单条件的记录指针集,再对集合里涉及的记录测试是否符合其他条件。

对于使用 OR 连接的复合选择条件,一般使用全表顺序扫描。

2) 连接操作的物理优化启发式规则

如果两个关系都已经按照连接属性排序,则选用归并连接算法。

如果一个关系在连接属性上有索引,则可以选用索引嵌套循环连接算法。

如果上面两个规则都不适用,其中一个关系较小,则可以选用散列连接算法。

否则可以选用嵌套循环算法,并且选择其中较小的关系(但不能完全放在内存里),即占用的磁盘块数较少的表,作为外部关系(外循环的表)。如果两个关系中的某一个关系小到能完全放在内存里,那么就将这个小的关系作为内层关系来处理,这样可以减少很多 I/O 操作。这时内层关系常驻内存反复被扫描,外层关系逐块读入即可。

实际的关系数据库管理系统中代数优化启发式规则要多很多,本节只展示最主要的。启发式规则是定性选择,实现简单并且优化选择本身代价小,特别适合解释执行的系统。因为解释执行的数据库系统,优化开销包含在查询总代价中。

2. 基于代价估算的物理优化

编译执行数据库系统中,一次编译优化,多次执行,查询优化与查询执行是分开的。因此,可以采用更精细的物理优化方法。

基于代价的物理优化需要计算各种操作算法的执行代价,很多时候执行代价与数据库状态密切相关。为此,数据库内模式在数据字典中设计存储了查询优化器需要的统计信息,其统计内容主要包括如下。

对于每个基本关系,统计关系的元组个数(N)、元组长度、占用的块数、占用的溢出块数。

对于每个基本关系的每个属性,统计该属性不同取值的个数(m)、属性取值的最大值、最小值、该属性上是否创建了索引、是哪种索引(B+树索引、散列索引、聚集索引),以及根据这些统计信息计算出谓词条件的选择率(f),如果不同值的分布是均匀的,则 $f=1/m$;如果不同值的分布不均匀,则要计算每个值的选择率,$f=$具有该值的元组数目$/N$。

对于索引,如 B+ 树索引,统计该索引的层数、不同索引值的个数、索引的选择基数 S(有 S 个元组具有某一索引值)、索引的叶结点数。

14.3 小结

查询处理是关系数据库管理系统的核心。查询优化技术是查询处理的关键技术。

查询处理是数据库管理系统执行查询语句的过程,包括从数据库中提取出所需数据涉及的一系列活动。这些活动包括:将用户的高层数据库语言翻译为能在文件系统物理层上使用的表达式、优化查询表达式、执行查询。查询处理的基本步骤包括语法分析与翻译、查询优化、查询执行。

查询处理的代价可以通过该查询对各种资源的使用情况进行度量,这些资源具体包括磁盘存取、执行查询的 CPU 时间、通信代价等。其中,在磁盘上存取数据是最主要的代价,因为磁盘存取速度比内存操作速度慢。为简化起见,忽略 CPU 时间,用磁盘存取代价来度量执行计划的代价:查询处理的代价=传送磁盘块数+搜索磁盘次数。

给定一个查询,通常有许多计算这个查询的方案。将用户输入的查询语句转换成为等价的、执行效率更高的查询语句,是查询优化的目标。

查询优化主要分为代数优化与物理优化。

代数优化策略通过对关系代数表达式的等价变换来提高查询效率,改变查询语句中操作的次序与组合,不涉及底层的存取路径。

物理优化就是选择高效合理的操作算法或者存取路径,求得优化的查询计划,达到执行代价的优化。

物理优化的常用方法有:基于规则的启发式优化、基于代价估算的优化、两者结合的优化。

14.4 习题

1. 什么是查询处理?
2. 如何估算查询代价?
3. 简述代数优化算法。
4. 常用的物理优化方法有哪些?

第 15 章 数据库安全

数据库的安全性(security)是指保护数据库,防止不合法的使用,造成数据泄密、更改或者破坏。安全性问题并不是数据库系统所独有,只是数据库系统中集中存放了大量数据,其中不乏敏感、隐私数据,从而使得安全性问题尤为突出。因此,安全性措施是否行之有效成为数据库行业衡量数据库产品的一项重要技术指标。

数据库系统提供的安全措施主要有用户身份鉴别、存取控制、视图、审计、数据加密等。

15.1 数据库安全概述

随着网络技术的发展,计算机系统(数据库系统)的安全性越来越重要,为此,行业在安全技术方面逐步发展建立了一套可信(trusted)计算机系统(数据库系统)的概念和标准。符合某一级别的数据库产品才能被认为是安全、可信的数据库。

安全标准里最具代表性的是 TCSEC 和 CC 两个标准。

15.1.1 TCSEC 标准

TCSEC 是指 1985 年美国国防部(Department of Defense,DoD)正式颁布的《DoD 可信计算机系统评估准则》(TCSEC 或 DoD85)。

TCSEC 又称橘皮书。1991 年,美国国家计算机安全中心(National Computer Security Center,NCSC)颁布了《可信计算机系统评估准则关于可信数据库系统的解释》(TCSEC/Trusted Database Interpretation,TCSEC/TDI,即紫皮书),将 TCSEC 扩展到数据库管理系统。TCSEC/TDI 中定义了数据库管理系统的设计与实现中需要满足和用以进行安全性级别评估的标准,从 4 个方面描述安全性级别的划分指标,即安全策略、责任、保证和文档。每个方面可细分为若干项。

根据计算机系统对各项指标的支持情况,TCSEC/TDI 将系统划分为 4 组 7 个等级,依次是 D、C(C1、C2)、B(B1、B2、B3)、A(A1),按系统可靠性或者可信程度逐渐增高,如表 15.1 所示。

表 15.1 TCSEC/TDI 安全级别划分

安全级别	定　　义
A1	验证设计(Verified Design)
B3	安全域(Security Domains)
B2	结构化保护(Structural Protection)

续表

安全级别	定义
B1	标记安全保护(Labeled Security Protection)
C2	受控的存取保护(Controlled Access Protection)
C1	自主安全保护(Discretionary Security Protection)
D	最小保护(Minimal Protection)

D级：D级是最低级别。一切不符合更高标准的系统都归于D组。

C1级：该级只提供非常初级的自主安全保护，能够实现对用户和数据的分离，进行自主存取控制(DAC)，保护或限制用户权限的传播。现有的商业系统稍作改进即可满足C1级要求。

C2级：实际是安全产品的最低档次，提供受控的自主存取保护，即将C1级的DAC进一步细化，以个人身份注册负责，并实施审计和资源隔离。很多商业产品已得到该级别的认证。

B1级：标记安全保护。对系统的数据加以标记，并对标记的主体和客体实施强制存取控制(MAC)以及审计等安全机制。B1级能够较好地满足大型企业或一般政府部门对于数据的安全需求，这一级别的产品才被认为是真正意义上的安全产品。满足此级别的产品前一般多冠以"安全(security)"或"可信(trusted)"字样，作为区别于普通产品的安全产品出售。

B2级：结构化保护。建立形式化的安全策略模型，并对系统内的所有主体和客体实施DAC和MAC。从互联网上的最新资料看，经过认证的B2级以上的安全系统非常稀少。

B3级：安全域。该级的TCB(可信计算库)必须满足访问监控器的要求，审计跟踪能力更强，并提供系统恢复过程。

A1级：验证设计，即提供B3级保护的同时给出系统的形式化设计说明和验证，以确信各安全保护真正实现。

B2及以上级的系统标准很多还处于理论研究阶段，产品化、商品化的程度都不高，其应用也多限于一些特殊的部门，如军队等。有兴趣的读者可以查阅相关信息安全手册。

TCSEC/TDI安全级别下，支持自主存取控制的数据库管理系统大致属于C级，而支持强制存取控制的数据库管理系统则可以达到B1级。当然，存取控制仅是安全性标准的一个重要方面(安全策略方面)，但不是全部。为了使DBMS达到一定的安全级别，还需要在其他3个方面提供相应的支持。例如，审计功能就是DBMS达到C2以上安全级别必不可少的一项指标。

15.1.2　CC标准

在TCSEC推出后的10余年，不同国家、组织相继启动开发建立在TCSEC概念之上的计算机系统安全的评估准则，如欧洲的信息技术安全性评估准则(ITSEC)、加拿大的可信计算机产品评估准则(CTCPEC)、美国的信息技术安全联邦准则(FC)草案等。这些准则比 TCSEC 更加灵活,适应了 IT 技术的发展。

为满足 IT 互认标准化安全评估结果的需要,解决以上各种标准、准则中概念和技术上的差异,CTCPEC、FC、TCSEC 和 ITSEC 的发起组织于 1993 年组建通用准则项目(Common Criteria,CC),将各自独自的准则集合成一组单一的、能被行业广泛采用的 IT 安全准则。项目发起组织的代表成立专门的委员会来开发通用准则。历经多次讨论与修订,CC V2.1 版于 1999 年被 ISO(国际标准化组织)采用为国际标准,2001 年我国采用其为国家标准。

目前,CC 已经基本取代 TCSEC,成为评估信息产品安全性的主要标准。

CC 的文本由 3 部分组成,这 3 部分相互依存,缺一不可。

第一部分是简介和一般模型,介绍 CC 中的术语、基本概念、一般模型以及评估框架。

第二部分是安全功能要求,列出了一系列类(11 个)、子类(66 个)和组件(135 个)。

第三部分是安全保证要求,列出了一系列保证类(7 个)、子类(26 个)和组件(74 个)。

CC 根据系统对安全保证要求的支持情况提出了评估保证等级(Evaluation Assurance Level,EAL),如表 15.2 所示,从 EAL1 到 EAL7 共分为 7 级,保证程度逐渐提高。

表 15.2 CC 评估保证等级(EAL)的划分

评估保证等级	定 义	近似于 TCSEC 安全等级
EAL1	功能测试(functionally tested)	—
EAL2	结构测试(structurally tested)	C1
EAL3	系统地测试和检查(methodically tested and checked)	C2
EAL4	系统地设计、测试和复查(methodically designed, tested and reviewed)	B1
EAL5	半形式化设计和测试(semiformally designed and tested)	B2
EAL6	半形式化验证的设计和测试(semiformally verified design and tested)	B3
EAL7	形式化验证的设计和测试(formally verified design and tested)	A1

有关 CC 的具体要求,有兴趣的读者可以查阅相关标准介绍。

15.2 数据库系统安全控制

15.2.1 数据库系统安全模型

在数据库系统中,为了更好地保护数据,安全措施是分级设置的。

环境级:数据库系统的机房和设备应加以妥善保护,防止人为物理破坏。

职员级:工作人员应具备职业操守,正确授予合法用户访问数据库的权限。

操作系统级:应防止未经授权的用户从操作系统处绕开 DBMS 访问数据库。

网络级:互联网发达的时代,大多数数据库系统都允许用户通过网络进行远程访问,因此网络内部的安全性是很重要的。

数据库系统级：数据库系统级的安全措施会验证用户的身份是否合法，使用数据库的权限是否符合授权约定。

5 个安全措施级别中，环境级和职员级的安全性问题属于法律法规、社会道德问题；操作系统的安全性从身份验证到并发处理底层的控制，以及文件系统的安全都属于操作系统内容。网络级的安全措施属于网络方向。这几方面的安全措施本章节均不讨论。

构建起的数据库系统安全模型如图 15.1 所示。

图 15.1　数据库系统安全模型

在安全模型中，用户要求进入数据库系统时，系统首先根据用户输入的用户标识进行身份鉴定，只有合法用户才可以进入系统；对于进入了系统的合法用户，数据库管理系统在用户提出数据请求时，会进行多层存取控制，通过权限检查后，用户的数据请求才会被执行；内模式存储层读取物理数据时，操作系统会有自己的保护措施；最后，数据的存储、网络传送还可以用加密的形式存储至数据库或者传送。

本章讨论的数据库系统安全机制包括用户身份鉴别、多层存取控制、审计、视图和数据加密等。

15.2.2　用户身份标识与鉴别

用户身份标识与鉴别是数据库管理系统提供的数据库系统最外层安全保护措施。

每个合法用户在系统内部都有一个用户标识，每个用户标识由用户名和用户标识号（UID）组成。UID 在系统的整个生命周期内是唯一的。系统内部记录着所有合法用户的标识号。

系统鉴别是指由系统提供一定的方式让用户标识自身的名字或身份。每次用户要求登录系统时，由数据库管理系统安全子系统进行验证，通过验证的用户才提供相应使用数据库系统的权限。

例如，Oracle 允许同一用户 3 次登录，如果连续 3 次登录密码都错误，则锁死该用户标识。

对用户进行身份鉴别的方法有很多种，在一个实际的系统中，往往是多种方法结合，以获得更强的安全性。常用的用户身份鉴别有以下 4 种。

1. 静态口令

静态口令鉴别是常用的鉴别方法。静态口令由用户自己设定，鉴别时只要输入的口令正确，系统就鉴别通过，允许用户使用数据库系统。因此，静态口令身份鉴别下，口令的复杂度与安全对数据库系统的登录安全十分关键。

在此基础上，数据库管理员还可以根据应用需求设置口令强度。例如，设定的口令不可以与用户名相同、设置重复输入口令的最小时间间隔等。

2. 动态口令

动态口令鉴别是目前较为安全的鉴别方式。其口令是动态变化的，每次鉴别时均须使用动态产生的新口令登录数据库系统，也就是一次一密。常用的方式如短信密码和动态令牌方式，每次鉴别时要求用户使用通过短信或令牌等途径获取的新口令登录数据库系统。

3. 生物特征鉴别

生物特征鉴别是一种通过生物特征进行身份鉴别的技术。生物特征是指生物体唯一具有的、可测量、识别和验证的稳定生物特征，如指纹、虹膜等。生物特征鉴别采用图像处理和模式识别等技术实现基于生物特征的认证，与传统口令鉴别方式相比，安全性高很多。

4. 智能卡

智能卡是一种不可复制的硬件，内置集成电路芯片，具有硬件加密功能。智能卡由用户携带，登录数据库系统时，用户将智能卡插入专门的读卡器进行身份验证。由于每次从智能卡中读取的信息是静态的，通过内存扫描或者网络监听等技术是可能截获用户的智能卡身份验证信息的。因此，实际应用中一般采用个人身份识别码（PIN）和智能卡相结合的方式。这样，即使 PIN 和智能卡中有一种被窃取，用户身份仍不会被冒充。

15.2.3 存取控制概述

存取控制机制主要包括两部分：定义用户权限，并将用户权限登记到数据字典中。

用户或应用程序使用数据库的方式称为权限（authorization）。权限的分类在第 15.3 节介绍。在数据库系统中对用户或应用程序权限的定义称为授权。这些授权定义经过编译后存放在数据字典中，被称作"安全规则"或"授权规则"。需要说明的是，某个用户应该具有何种权限是管理和政策的问题，而不是技术问题，数据库管理系统要提供保证这些决定执行的功能，也就是权限定义功能。

合法权限检查：每当用户发出使用数据库的操作请求后，请求一般包括操作类型、操作对象和操作用户等信息，数据库管理系统查找数据字典的安全性定义，根据安全规则进行合法权限检查，若用户的操作请求超出定义的权限，系统将拒绝执行此操作。

用户权限定义和合法权限检查机制一起组成了 DBMS 的安全子系统。

C2 级或 VAL3 级的数据库管理系统必须支持自主存取控制（Discretionary Access Control，DAC），B1 级或 VAL4 级的数据库管理系统必须支持强制存取控制（Mandatory Access Control，MAC）。DAC 与 MAC 是 SQL 层存取控制的不同级别。

1. 自主存取控制

在自主存取控制机制中,用户对不同的数据库对象有不同的存取权限,不同的用户对同一对象也有不同的权限,用户可以将其拥有的存取权限转授给其他用户,因此自主存取控制非常灵活。

2. 强制存取控制

在强制存取控制机制中,每个数据库对象被标以一定的密级,每个用户也被授予某一个级别的许可证。对于任意一个对象,只有具有合法许可证的用户才可以存取。相对于DAC,强制存取控制严格一些。

3. 多级存取控制

较高安全性级别提供的安全保护要包含较低级别的所有保护,因此,在实现强制存取控制时要首先实现自主存取控制。自主存取控制与强制存取控制共同构成数据库管理系统 SQL 层的安全机制。系统首先进行自主存取控制检查,对通过自主存取控制的允许存取的数据对象再进行强制存取控制检查,只有通过强制存取控制检查的数据对象方可被用户存取。

15.3 自主存取控制

大型数据库管理系统都支持自主存取控制,SQL 标准也支持自主存取控制。自主存取控制(DAC)主要通过 SQL 的 GRANT 语句和 REVOKE 语句来实现。

用户权限由两个要素组成:数据库对象和操作类型。定义一个用户的存取权限就是要定义这个用户在哪些数据库对象上可以进行哪些类型的操作。在数据库系统中,定义存取权限称为授权。

在非关系数据库系统中,用户只能对数据进行操作,存取控制的数据库对象仅限于数据本身。在关系数据库系统中,存取控制的对象不仅有数据本身(如基本表、属性、视图等),还有数据库模式。

具体来说,关系数据库权限(authorization)(SQL2 标准)有下列几种。

读(read):允许用户读数据,但不能修改数据。

插入(insert):允许用户插入新的数据。

修改(update):允许用户修改数据。

删除(delete):允许用户删除数据。

参照(references):允许用户引用其他关系的主键作为外键。

除了以上访问数据本身的权限,关系系统还提供给用户修改数据库模式的权限。

Create:允许用户创建新的数据库模式、关系(TABLE)、索引(INDEX)、视图(VIEW)等。

Alter:允许用户修改已有的数据库模式、关系(TABLE)、索引(INDEX)、视图

(VIEW)等的结构。

Drop：允许用户撤销已有的数据库模式、关系(TABLE)、索引(INDEX)、视图(VIEW)等的结构。

15.3.1 授权

授权有两层意思：权限授予与收回。SQL 中使用 GRANT 和 REVOKE 语句向用户授予或收回对数据对象的操作权限。GRANT 语句向用户授予权限，REVOKE 语句收回已经授予给用户的权限。

1. GRANT 语句

GRANT 语句的一般格式：

```
GRANT  <权限>[,<权限>]...
ON   <对象类型>[,<对象名>]
TO   <用户>[,<用户>]...
[WITH GRANT OPTION];
```

该语句的语义如下：将指定数据对象的指定操作权限授予指定的用户。其中，指定的权限类型在 GRANT 子句后列出，指定的对象在 ON 子句后指定。一个 GRANT 语句可以指定多个数据对象。ON 子句对象类型指定授权的对象类型缺省字，关系为 TABLE，视图为 VIEW 等；TO 子句指定上述对象的指定权限授予哪些用户。一个 GRANT 语句可以同时对多个用户，甚至全部用户(PUBLIC)授权。

如果指定了 WITH GRANT OPTION 子句，则获得权限的用户可以把这种权限再授予其他用户。SQL 允许具有 WITH GRANT OPTION 的用户把相应权限授予其他用户，但不允许循环授权，即被授权者不能把权限授回给授权者或授权者祖先。

最后需要特别说明的是，不是所有用户都可以随意执行 GRANT 语句。GRANT 语句的执行者可以是数据库管理员，也可以是该数据库对象的拥有者(owner)，或者拥有该权限并被指定了 WITH GRANT OPTION 子句的用户。

【例 15.1】 将查询 employee 表的权限授给用户 user1。

```
GRANT SELECT
ON TABLE employee
TO user1;
```

【例 15.2】 将对 employee 表和 department 表的全部权限授予用户 user2 和 user3。

```
GRANT ALL PRIVILEGES
ON TABLE employee,department
TO user2,user3;
```

【例 15.3】 将对表 project 的查询权限授予所有用户。

```
GRANT SELECT
ON TABLE project
TO PUBLIC;
```

【例 15.4】 将查询 employee 表和修改职员职工号的权限授予用户 user4。

```
GRANT UPDATE(ENO),SELECT
ON TABLE employee
TO user4;
```

这里实际是授予 user4 用户对基本表 employee 的 SELECT 权限和对属性列 ENO 的 UPDATE 权限。对属性列授权必须明确指出相应的属性列名。

【例 15.5】 将对表 project 的 INSERT 权限授予 user5 用户,并允许他再将此权限授予其他用户。

```
GRANT INSERT
ON TABLE project
TO user5
WITH GRANT OPTION;
```

执行例 15.5 后,user5 不仅拥有了对表 project 的 INSERT 权限,还可以传播此权限。

2. REVOKE 语句

授予用户的权限可以由数据库管理员或者其他授权者用 REVOKE 语句收回。
REVOKE 语句的一般格式:

```
REVOKE <权限>[,<权限>]…
ON <对象类型>[,<对象名>]
FROM <用户>[,<用户>]…[CASCADE|RESTRICT];
```

【例 15.6】 把用户 user4 修改 employee 表职员职工号的权限收回。

```
REVOKE UPDATE(ENO)
ON TABLE employee
FROM user4;
```

【例 15.7】 回收所有用户对表 project 的查询权限。

```
REVOKE SELECT
ON TABLE project
FROM PUBLIC;
```

【例 15.8】 把用户 user5 对 project 表的 INSERT 权限收回。

```
REVOKE INSERT
ON TABLE project
FROM user5;
```

在将用户 user5 的 INSERT 权限收回的同时，系统会级联(CASCADE)收回 user6 和 user7 的 INSERT 权限(假设 user5 级联授予了 user6 和 user7 权限)，否则系统拒绝(RESTRICT)执行 REVOKE 命令。

SQL 提供了非常灵活的授权机制。数据库管理员拥有对数据库中所有对象的所有权限，根据应用的需要将不同的权限授予不同的用户。用户对自己建立的数据库对象，如基本表和视图，拥有全部的操作权限，并且可以用 GRANT 语句将其中某些权限授予其他用户。被授权的用户如果有"继续授权"的许可(WITH GRANT OPTION)，还可以把获得的权限再授予其他用户。

所有授予出去的权限在必要时都可以用 REVOKE 语句收回。

15.3.2 角色

角色(Role)是被命名的一组数据库权限的集合。为了方便权限管理，可以为具有相同权限的用户创建一个管理单位(即角色)。角色被授予某个用户，用户就继承角色上的所有权限。例如，同一部门的职员，很多数据库的使用权限是相同的，不妨将这些权限定义一个部门权限角色，每个职员自动获得部门角色的所有权限。使用角色来管理数据库权限可以简化授权过程。

一个角色包含的权限包括直接授予这个角色的全部权限加上其他角色授予它的全部权限。一个用户包含的权限包括直接授予该用户的权限加上它从所在角色处继承来的角色。

1. 创建角色

在 SQL 中创建角色的语法格式为

CREATE ROLE <角色名>

刚创建的角色权限为空，使用 GRANT 语句像对用户授权一样为角色授权。

2. 给角色授权

GRANT <权限>[,<权限>]…
ON <对象类型>[,<对象名>]
TO <角色>[,<角色>]…

3. 将角色授予其他用户或者角色

GRANT <角色 1>[,<角色 2>]…
TO <用户>[,<角色 3>]…
[WITH ADMIN OPTION];

GRANT 语句把角色授予用户或者另外的角色。授予者或者是角色的创建者，或者拥有在这个角色上的 ADMIN OPTION。在 GRANT 语句中，如果指定了 WITH

ADMIN OPTION 子句,则获得角色权限的角色或用户可以再将角色权限授予其他角色。

4. 角色权限的收回

```
REVOKE <权限>[,<权限>]…
ON <对象类型>[,<对象名>]
FROM <角色>[,<角色>]…
```

使用 REVOKE 语句可以收回角色的权限,从而修改角色拥有的权限。REVOKE 动作的执行者或者是角色的创建者,或者拥有在这个角色上的 ADMIN OPTION。

【例 15.9】 创建角色 role1,对其授予 employee、department 表的查询与删除权限,将 role1 授予用户 user3、user4 和 user5。

创建角色 role1:

```
CREATE ROLE role1;
```

对 role1 授予 employee、department 表的查询与删除权限。

```
GRANT SELECT,DELETE
ON TABLE employee,department
TO role1;
```

将 role1 授予用户 user3、user4 和 user5。

```
GRANT role1
TO user3,user4,user5;
```

用户 user3、user4 和 user5 自动集成 role1 的所有权限,即获得 employee、department 表的查询与删除权限。

【例 15.10】 修改 role1 的权限。

```
GRANT UPDATE
ON TABLE employee
TO role1;
```

角色 role1 在原来的基础上增加了 employee 表的 UPDATE 权限。

【例 15.11】 数据库管理员将 role1 在 user3 上的授权一次收回。

```
REVOKE role1
FROM user3;
```

总之,数据库角色是一组权限的集合。使用角色来管理数据库权限可以简化授权操作,使自主存取控制更加灵活、方便。

15.3.3 视图机制

SQL 中有两个机制提供安全性:一是授权子系统,它允许拥有权限的用户有选择地、动态地把这些权限授予其他用户;二是视图,它用来对无权限用户屏蔽相应的那一部分数据,从而自动对数据提供一定程度的安全保护。

视图机制间接地实现支持存取谓词的用户权限定义。例如,某部门 A 的 people1 职员只能检索本部门职员的信息,可以先建立部门 A 的视图 A_employee,然后在视图上进一步定义存取权限。

15.4 审计

为了使数据库管理系统达到一定的安全级别,还需要在其他方面提供相应的支持。其中,审计(Audit)功能是数据库管理系统达到 C2(或 EAL3)以上安全级别必不可少的一项指标。

前面提到的用户身份标识与鉴别、存取控制、视图等这些安全策略都不是无懈可击的,蓄意破坏、恶意盗窃的用户总是想方设法打破安全防护。

审计把用户对数据库的所有操作自动记录下来放入审计日志(Audit Log)中。数据库系统管理员或者审计员可以利用审计跟踪的信息,重现导致数据库现有状况的一系列事件,找出非法存取数据库数据的人、时间和内容等。

跟踪审计(Audit Trail)是一种监视措施。数据库在运行中,数据库管理系统跟踪用户对一些敏感性数据的存取活动,跟踪的结果记录在跟踪审计记录文件中,有许多数据库管理系统的跟踪审计记录文件与系统的运行日志结合在一起。一旦发现有窃取数据的企图,有的数据库管理系统会发出警报信息,多数数据库管理系统虽无警报功能,但是可以在事后根据记录进行分析,从中发现危及安全的行为,追究责任,采取防范措施。

跟踪审计由数据库系统管理员或者审计员控制,或由数据的属主控制。审计通常很费时间和空间,所以 DBMS 往往都将其作为可选特征,数据库管理员根据应用对安全性的要求,灵活地打开或关闭审计功能。审计一般主要用于安全性要求较高的部门。

跟踪审计的记录一般包括下列内容:请求(源文本)、操作类型(如修改、查询等)、操作终端标识与操作者标识、操作日期和时间、操作涉及的对象、数据的前映像和后映像。

15.4.1 审计事件

审计事件分为多个类别,一般有如下 4 种。

(1) 服务器事件:审计数据库服务器发生的事件,包含数据库服务器的启动、停止、数据库服务器配置文件的重载。

(2) 系统权限:对系统拥有的结构和模式对象进行操作的审计,要求该操作的权限是通过系统权限获得的。

(3) 语句事件:对 SQL 语句(如 DDL、DML 及 DCL 语句)的审计。

(4) 模式对象事件:对特定模式对象上进行的 SELECT 或 DML 操作的审计。模式对象包括表、视图等。模式对象不包括依附于表的索引、约束、触发器等。

15.4.2 审计的作用

审计有以下两方面作用。

(1) 可以用来记录所有数据库用户登录及退出数据库的时间,作为记账收费或统计管理的依据。

(2) 可以用来监视对数据库的一些特定的访问,及任何对敏感数据的存取情况。

需要说明的是,审计只记录对数据库的访问活动,并不记录具体的更新、插入或删除的信息内容,这与日志文件是有区别的。

15.5 强制存取控制

自主存取控制机制由用户自主地决定将数据的存取权限授予何人,以及是否将该授权的权限授予该人。在这种授权机制下,仅通过对数据的存取权限来进行安全控制,对数据本身不实施安全性标记,很容易造成数据无意泄露。因为被授权的用户可以将数据进行备份,获得自身权限内的副本,并自由传播。

本节介绍的强制存取控制就能解决上述问题。

在强制存取控制中,数据库系统中的全部实体被分为主体和客体两类。主体是系统中的活动实体,既包括数据库管理系统管理的实际用户,也包括代表用户的进程。客体是系统中的被动实体,受主体操纵,包括数据文件、基本表、索引、视图等。对于主体和客体,数据库管理系统为它们指派一个敏感度标记。

敏感度标记分为若干级别,从高到低有绝密(Top Secret,TS)、机密(Secret,S)、可信(Confidential,C)、公开(Public,P)。主体的敏感度标记称为许可证级别(Clearance Level),客体的敏感度标记称为密级(Classification Level)。

强制存取控制就是通过比对主体的敏感度标记和客体的敏感度标记,最终确定主体是否能够存取客体。

当某一用户或主体以标记 label 登录系统,该用户或主体对客体的存取就遵循如下规则。

(1) 仅当主体的许可证级别大于或等于客体的密级时,该主体才能读取相应的客体。

(2) 仅当主体的许可证级别小于或等于客体的密级时,该主体才能写取相应的客体。

例如,Oracle 的规则 2 规定,仅当主体的许可证级别等于客体的密级时,该主体才能写取相应的客体,也就是 Oracle 中的主体只能修改与其同级的数据。

对于规则 2,主体可以将他写入的数据对象赋予高于自身许可证级别的密级,这样一旦数据被写入,该主体自己也不能再读该数据对象了。

强制存取控制对数据本身进行密级标记,无论数据如何复制,标记与数据都是一个密不可分的整体,只有符合密级标记要求的用户才可以操纵数据,从而提供更高级别的安全性。

15.6 数据加密

为了更好地保证数据库的安全性,可以使用数据加密技术加密存储口令和数据,数据传输采用加密传输。数据加密是防止数据库数据——尤其对于高度敏感数据——在存储和传输中泄密的有效手段。在数据加密技术中,原始数据称为明文(Plain Text),加密的基本思想是根据一定的算法将明文变换为不可直接识别的密文(Cipher Text),从而使得不知道解密算法的人无法获知数据的内容。

15.6.1 加密技术

加密数据的技术举不胜举。好的加密技术具有如下性质。

对于授权用户,加密数据和解密数据相对简单。

加密模式不应依赖于算法的保密,而应依赖于被称作加密密钥的算法参数,该密钥用于加密数据。

对入侵者来说,即使已经获得了加密数据的访问权限,确定解密密钥仍是极其困难的。

对称密钥加密和公钥加密是两种相对立但应用广泛的加密方法。

15.6.2 数据库中的加密支持

数据库加密主要包括存储加密和传输加密。

1. 存储加密

对于存储加密,一般提供透明和非透明两种存储加密方式。透明存储加密是内核级加密保护方式,对用户完全透明;非透明存储加密则是通过多个加密函数实现的。

2. 传输加密

在网络传输中,数据库用户与服务器之间若采用明文方式传输数据,容易被网络恶意用户截获或篡改,存在安全隐患。因此,数据库管理系统提供了传输加密功能,系统将数据发送到数据库之前对其加密,应用程序必须在将数据发送给数据库之前对其加密,并当获取到数据时对其解密。这种数据加密方法需要对应用程序进行大量的修改。

数据库加密使用已有的加密技术和算法对数据库中存储的数据和传输的数据进行保护。即使攻击者获取数据源文件(即密文),也很难解密得到原始数据(即明文)。

但是,数据库加密会增加查询处理的复杂度,查询效率会受影响。加密数据的密钥的管理和数据加密对应用程序的影响也是数据加密过程中需要考虑的问题。

15.7 更高安全性保护

除自主存取控制、强制控制外，为了满足更高安全等级的数据库系统的安全性要求，还有推理控制、隐蔽信道和数据隐私保护技术。有兴趣的读者可以查阅相关书籍。

万无一失地保证数据库安全几乎是不可能的。但高度的安全措施可以使攻击者付出高昂的代价，从而迫使攻击者不得不放弃破坏。

15.8 小结

数据库安全性是数据库管理系统的基本功能之一。随着数据库应用的深入，大数据时代来临，数据的共享安全、隐私保护显得日益重要。

数据库的安全性是指保护数据库，防止不合法使用造成数据泄密、更改或者破坏。数据库管理系统自身有一套完整而有效的安全性机制。

数据库管理系统提供的安全措施主要包括用户身份标识与鉴别、多级存取控制、视图技术、审计技术以及数据加密等。

用户身份标识与鉴别是数据库管理系统提供的数据库系统最外层安全保护措施。常见的用户身份鉴别方法有静态口令、动态口令、生物特征鉴别、智能卡等。

多级存取控制从低到高分为自主存取控制、强制存取控制和推理控制。高安全性级别提供的安全保护要包含较低级别的所有保护。自主存取控制（DAC）指用户对不同的数据库对象有不同的存取权限，不同的用户对同一对象也有不同的权限，用户可以将其拥有的存取权限转授给其他用户。强制存取控制（MAC）指每个数据库对象被标以一定的密级，每个用户也被授予某一个级别的许可证。对于任意一个对象，只有具有合法许可证的用户才可以存取。

视图对无权限用户屏蔽相应数据，从而自动对数据提供一定程度的安全保护。

审计把用户对数据库的所有操作自动记录下来放入审计日志（Audit Log）中。数据库系统管理员或者审计员可以利用审计发现危及安全的行为，采取防范措施。

数据加密是根据一定的算法将明文变换为密文，不知道解密算法的人无法获知数据的内容。为了更好地保证数据安全性，可以使用数据加密技术加密存储口令和数据，数据传输采用加密传输。

15.9 习题

1. 什么是数据库安全性？
2. 简述 TCSEC/TDI 和 CC 安全级别如何划分。
3. 什么是数据库的自主存取控制？
4. 什么是数据库的强制存取控制？
5. 解释强制存取控制中主体、客体、敏感度标记的含义。

第 16 章　数据库恢复

数据库恢复(recovery)指数据库管理系统具有能把数据库从被破坏、不正确的状态恢复到最近一个正确状态的能力。

恢复子系统是数据库管理系统的一个重要组成部分,而且还相当庞大,常常占整个系统代码的十分之一以上。数据库系统采用的恢复技术是否行之有效,不仅对系统的可靠程度起着决定性作用,也是衡量数据库系统性能的重要指标。

16.1　故障类型

系统可能发生各种各样的故障,大致分为以下 3 类。

16.1.1　事务故障

事务故障意味着事务没有达到预期的终点 COMMIT 或者显式的 ROLLBACK,因此,事务可能处于不正确的状态。

造成事务执行失败的错误有逻辑错误和系统错误。

逻辑错误指事务由于某些内部条件无法继续正常执行,例如非法输入、溢出或者超出资源限制。

系统错误指系统进入一种不良状态,如死锁,结果事务无法继续正常执行。但是,该事务可以在以后的某个时间重新执行。

16.1.2　系统故障

系统故障也称为系统崩溃(system crash),指软件、硬件故障或者操作系统的漏洞,导致易失性存储器(如内存)内容丢失,运行其上的所有事务非正常停止。系统故障常称为软故障(soft crash)。

16.1.3　介质故障

介质故障(media failure)也称为硬故障(hard failure)或者磁盘故障(disk failure),指非易失性存储器故障(即外存故障),如磁盘损坏、磁头碰撞、瞬时强磁场干扰等。这类故障将破坏数据库或部分数据库,并影响正在存取这部分数据的所有事务。这类故障比前两类故障发生的可能性小得多,但是破坏性很大。

要将数据库系统从故障中恢复,首先需要确定用于存储数据的设备的故障方式,然后确定这些故障对数据库的数据有什么影响,最后确定故障发生后仍然保证数据库一致性以及事务的原子性的算法。这些算法称为恢复算法,由两部分组成:在正常事务处理时采取措施,保证有足够的信息可用于故障恢复;在故障发生后采取措施,将数据库内容恢复到某个保证数据库一致性、事务原子性以及持久性的状态。

16.2 恢复的基本原理与实现方法

恢复技术的基本原理很简单,就是建立"冗余",即数据库的重复存储。
基本的实现方法如下。

1. 平时做好两件事情:转储和建立日志

周期性地(如一天一次)对整个数据库进行复制,转储到另一个磁盘或者磁带类存储介质中;建立日志数据库。记录事务的开始、结束标志,记录事务对数据库的每次插入、删除和修改前后的值,写到日志中,以便有案可查。

2. 一旦发生数据库故障,分两种情况进行处理

(1) 如果数据库被破坏,如磁头脱落、磁盘损坏等,数据库就不能正常运行。这时装入最近一次复制的数据库备份到新的磁盘,然后利用日志将这两个数据库状态之间的所有成功更新重做(REDO)一遍,这样既恢复了原有的数据库,又没有丢失对数据库的更新操作。

(2) 如果数据库没有被破坏,但是有些数据已经不可靠,受到质疑,例如程序在批处理修改数据库时异常中断,这时不必去复制存档的数据库,只要通过日志执行撤销处理(UNDO),撤销所有不可靠的修改,把数据库恢复到正确的状态即可。

日志恢复的原理很简单,实现的方法也很清晰,但是实现技术相当复杂。

16.3 恢复技术

恢复机制的两个关键问题是建立冗余数据,利用冗余数据实现恢复。
建立冗余数据包括数据转储数据库本身和建立日志。

16.3.1 数据转储

数据转储是指数据库管理员将整个数据库复制到磁带或另一个磁盘上保存起来的过程。这些备用的数据文本称为后备副本或后援副本。

1. 静态转储与动态转储

静态转储指在系统中无事务运行时进行转储,转储开始时数据库处于一致性状态,转储期间不允许对数据库的任何数据进行修改活动。静态存储实现简单,但是不允许事务在转储过程中修改数据库,极大地降低了数据库的可用性。转储必须等用户事务结束,而新的事务必须等转储结束才能开始。

动态转储指转储操作与用户事务并发进行,转储期间允许对数据库进行数据修改。动态转储不用等待正在运行的用户事务结束,不会影响新事务的运行;但是,正因为不需切断用户连接,数据操作与转储同时进行,所以动态转储不能保证副本中的数据正确、有效。

利用动态转储得到的副本进行故障恢复,需要把动态转储期间各事务对数据库的修改活动登记下来,建立日志文件。后备副本加上日志文件才能把数据库恢复到某一时刻的正确状态。

2. 海量转储与增量转储

海量转储指每次转储全部数据库,很多数据库产品称其为完整备份。
增量转储只转储上次转储后更新过的数据。
从恢复角度看,使用海量转储得到的后备副本进行恢复一般更方便,但如果数据库很大,事务处理又十分频繁,则增量转储方式更实用、更有效。

3. 转储方法小结

转储方式有海量转储与增量转储两种,分别可以在静态与动态两种状态下进行,因此转储方法分类如表 16.1 所示。

表 16.1 转储方法分类

转储方式	转储状态	
	动态转储	静态转储
海量转储	动态海量转储	静态海量转储
增量转储	动态增量转储	静态增量转储

一般地,应定期进行数据转储,制作后备副本。但是,转储十分耗费时间与资源,不能频繁进行。数据库管理员应该根据数据库系统的实际情况确定适当的转储策略。

例如,每天晚上进行动态增量转储,每周进行一次动态海量转储,每月进行一次静态海量转储。

16.3.2 日志文件格式

日志文件(log)是用来记录事务对数据库的更新操作的文件。也可以说,日志文件是日志记录的序列,记录着数据库中的所有更新活动。

1. 日志文件登记的信息

各个事务的开始标记(BEGIN TRANSACTION)。
各个事务的结束标记(COMMIT 或 ROLLBACK)。

各个事务的所有更新操作。
与事务有关的内部更新操作。
不同数据库系统采用的日志文件格式并不完全一样。概括起来,日志文件主要有两种格式：以记录为单位的日志文件和以数据块为单位的日志文件。

2. 基于记录的日志文件中的一个日志记录(log record)需要登记的信息

事务标识(标明是哪个事务)。
操作类型(插入、删除或修改)。
操作对象(记录内部标识)。
更新前数据的旧值(对插入操作而言,此项为空值)。
更新后数据的新值(对删除操作而言,此项为空值)。

3. 基于数据块的日志文件中的一个日志记录需要登记的信息

事务标识(标明是哪个事务)。
被更新的数据块号。
更新前数据所在的整个数据块的值(对插入操作而言,此项为空值)。
更新后整个数据块的值(对删除操作而言,此项为空值)。
为了从系统故障和介质故障中恢复时能使用日志记录,日志必须存放在稳定存储器中。一般地,每个日志记录创建后立即写入稳定存储器中的日志文件尾部。

4. 日志记录标记

为了方便,日志记录简记如下。
更新日志记录表示为 $<T_i, X_i, V_1, V_2>$,表示事务 T_i 对数据项 X_i 执行了一个写操作,写操作前 X_i 的值是 V_1 ,写操作后 X_i 的值是 V_2 。
类似地,有 $<T_i\ start>$,表示事务 T_i 开始。
$<T_i\ commit>$,表示事务 T_i 提交。
$<T_i\ abort>$,表示事务 T_i 中止。

16.3.3 日志登记原则

1. 日志登记原则概述

为保证数据库是可恢复的,登记日志文件时必须遵循两个原则。
(1) 登记的次序为并行事务执行的时间次序。
(2) 必须先写日志文件,后写数据库。
数据的修改写到数据库中和对应这个修改的日志记录是两个不同的操作。写日志文件操作指把对应数据修改的日志记录写到日志文件中。写数据库操作指把对数据的修改写到数据库中。

2. 日志技术下的事务提交

当一个事务的 COMMIT 日志记录输出到稳定存储器后,这个事务就提交了。COMMIT 日志记录是事务的最后一个日志记录,这时所有更早的日志记录都已经输出到稳定存储器。日志中有足够的信息来保证,即使发生系统崩溃,事务所做的更新也可以重做。

如果系统崩溃发生在日志记录 $<T_i\text{ commit}>$ 输出到稳定存储器之前,事务 T_i 将回滚。这样,包含 COMMIT 日志记录的块的输出是单个原子动作,它导致一个事务的提交。

在原理上,要求事务提交时,包含该事务修改的数据块的块输出到稳定存储器。但对于大多数基于日志的恢复技术,这个输出可以延迟到某个时间再输出。

16.3.4 使用日志重做和撤销事务

本节分析系统如何利用日志从系统崩溃中进行恢复以及正常操作中对事务的回滚。

【**例 16.1**】 考虑简化的银行转账事务,事务 T_0 从 A 账户转账 50 元到账户 B,A 账户初始值为 1000,B 账户初始值为 2000,事务序列如下:

```
T₀:read(A);
   A:=A-50;
   Write(A);
   Read(B);
   B:=B+50;
   Write(B);
```

事务 T_1 从账户 C 中取出 100 元,C 账户初始值为 700,事务序列如下:

```
T₁:read(C);
   C:=C-100;
   Write(C);
```

日志文件中与 T_0 和 T_1 相关的部分如图 16.3 所示。

图 16.1 是可串行化调度中的一个可能的调度。事务 T_0 和事务 T_1 的执行结果,对于数据库和日志文件都完成了实际的到稳定存储器的输出。

利用日志,只要存储日志的非易失性存储器不发生故障,系统就可以对任何故障实现恢复。恢复子系统使用两个恢复过程 redo 和 undo 来完成恢复操作。这两个过程都利用日志查找更新过的数据项的集合,以及它们各自的旧值和新值。

redo(T):将事务 T 更新过的所有数据项的值都设

$<T_0$ start$>$
$<T_0$, A, 1000, 950$>$
$<T_0$, B, 2000, 2050$>$
$<T_0$ commit$>$
$<T_1$ start$>$
$<T_1$, C, 700, 600$>$
$<T_1$ commit$>$

图 16.1 日志文件中与 T_0 和 T_1 相关的部分

置成新值。

redo 执行更新的顺序是非常重要的。当从系统崩溃中恢复时,如果对某数据项的多个更新的执行顺序不同于原来的执行顺序,那么该数据项的最终状态将是一个错误的值。大多数的恢复算法都不会把每个事务的重做分别执行,而是对日志进行一次扫描,在扫描过程中每遇到一个需要 redo 的日志记录,就执行 redo 动作。这种方法能确保保持执行时的更新顺序,并且效率更高,因为仅仅需要整体读一遍日志,而不是对每个事务读一遍日志。

undo(T):将事务 T 更新过的所有数据项的值都恢复成旧值。

undo 操作不仅将数据项恢复成它的旧值,而且作为撤销过程的一部分,还写日志记录来记下执行的更新。这些日志记录是特殊的 redo-only 日志记录。与 redo 过程一样,执行更新的顺序仍是非常重要的。完成对事务 T 的 undo 操作后,undo 过程往日志中写一个<T abort>记录,表明撤销完成了。对于每个事务,undo(T)只执行一次,如果在正常的处理中该事务回滚,或者在系统崩溃后的恢复中既没有发现事务 T 的 commit 记录,也没有发现事务 T 的 abort 记录。日志文件中,每个事务最终或者有一条 commit 记录,或者有一条 abort 记录。

发生系统崩溃后,系统查阅日志确定为了保持原子性,哪些事务需要重做,哪些事务需要撤销:如果日志只有<T_i start>记录,既没有<T_i commit>,也没有<T_i abort>,事务 T_i 就需要撤销;如果日志有<T_i start>记录,以及<T_i commit>记录或者<T_i abort>记录,事务 T_i 需要重做;如果日志包括<T_i abort>还要重做对应的事务 T_i,是因为在日志中有<T_i abort>记录的事务,日志中会有 undo 操作写的那些 redo-only 日志记录。在这种情况下,最终结果是对 T_i 所做的修改进行撤销。

回到本节开始的简化银行事务示例 16.1,事务 T_0 和 T_1 按照先 T_0 后 T_1 的顺序执行。假定在事务完成之前系统崩溃,则考虑 3 种情形,如图 16.2 所示。

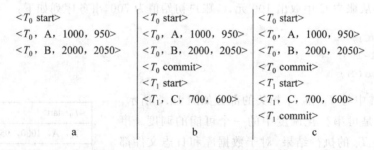

图 16.2 例 16.1 系统崩溃的 3 种情形

情况 a,假定崩溃发生在事务 T_0 的 write(B)步骤已经写到稳定存储器之后,当重新启动时,系统查找日志,对于事务 T_0,只有<T_0 start>记录,但是没有<T_0 commit>和<T_0 abort>记录。事务 T_0 必须撤销,执行 undo(T_0)。恢复结果是:存储器上账户 A 和账户 B 的值分别为 1000 和 2000。

情况 b,假定崩溃发生在事务 T_1 的 write(C)步骤已经写到稳定存储器之后,当重新启动时,系统查找日志,对于事务 T_0,既有<T_0 start>记录,又有<T_0 commit>记录。

事务 T_0 必须重做,执行 redo(T_0)。对于事务 T_1,只有<T_1 start>记录,但是没有<T_1 commit>和<T_1 abort>记录。事务 T_1 必须撤销,执行 undo(T_1)。整个恢复过程结束时,存储器上账户 A、B 和 C 的值分别为 950、2050 和 700。

情况 c,假定崩溃发生在事务 T_1 的日志记录<T_1 commit>已经写到稳定存储器之后,当重新启动时,系统查找日志,事务 T_0 在日志中既有<T_0 start>记录,又有<T_0 commit>记录。对于事务 T_1,在日志中也既有<T_0 start>记录,也有<T_0 commit>记录。事务 T_0 和 T_1 都需要重做。在系统执行 redo(T_0) 和 redo(T_1) 过程后,存储器上账户 A、B 和 C 的值分别为 950、2050 和 600。

16.3.5 检查点

当系统发生故障,恢复子系统利用日志进行恢复,必须检查所有日志记录,即搜索整个日志,确定哪些事务需要重做,哪些事务需要撤销。这带来下面两个问题。

(1) 搜索整个日志将耗费大量的时间。

(2) 很多需要重做处理的事务的更新操作实际上已经写到了数据库中。也就是说,已经输出至稳定存储器,对这些事务的 redo 处理,将浪费大量时间。

为降低这些不必要的开销,引入**检查点**机制。

检查点技术在日志文件中增加了一类新记录——检查点(checkpoint)记录,并让恢复子系统在登记日志文件期间动态地维护日志。为简单起见,本节中在建立检查点过程中不允许执行任何更新,并将所有更新过的缓冲块输出到磁盘。

检查点的建立过程如下。

(1) 将当前位于主存缓冲区的所有日志记录输出到稳定存储器。

(2) 将所有更新过的数据缓冲块输出到磁盘。

(3) 将一个日志记录<checkpoint L>输出到稳定存储器,其中 L 是执行检查点时正活跃的事务列表。

在日志中引入<checkpoint L>检查点记录,大幅提高了恢复效率。

对于在检查点前完成的事务 T,<T_1 commit>或<T_1 abort>记录在日志中出现在<checkpoint L>记录前。T 做的任何数据库修改都已经在检查点前或者作为检查点的一部分写入了数据库,因此恢复时就不必再对 T 执行 redo 操作。

系统崩溃发生后,系统检查日志找到最后一条<checkpoint L>记录(从尾端开始反向搜索日志遇到的第一条<checkpoint L>记录即最后一条<checkpoint L>记录)。只需要对 L 中的事务,以及<checkpoint L>之后才开始执行的事务进行 undo 或者 redo 操作,将这个事务集合记为 T。

对 T 中的事务 T_i,若事务 T_i 中既没有<T_1 commit>记录,也没有<T_1 abort>记录,则对事务执行 undo(T_i)。

若 T_i 在日志中有<T_1 commit>或<T_1 abort>记录,则执行 redo(T_i)。

要找出事务集合 T,还须确定 T 中的每个事务是否有 commit 或者 abort 记录出现在日志中,只需要检查日志中从最后一条 checkpoint 日志记录开始的部分。

考虑日志集合$\{T_0, T_1, T_2, \cdots, T_{90}\}$。假设最近的检查点发生在事务$T_{67}$和$T_{69}$执行的过程中,而$T_{68}$和下标小于67的所有事务在检查点之前都已经完成。检查点恢复机制只需要考虑事务$T_{67}, T_{69}, \cdots, T_{90}$。其中已经完成(提交或中止)的事务需要重做,未完成的事务需要撤销。

对于检查点日志记录中的事务集合L中的每个事务T,如果T没有提交,撤销它可能需要该事务发生在检查点日志记录之前的所有日志记录。更进一步地分析,一旦检查点完成了,最先出现的$<T_i \text{ start}>$日志记录之前的所有日志记录就不再需要了。这里,T_i是L中的某个事务。当数据库系统需要回收日志记录占用的空间时,就可以清掉最早$<T_i \text{ start}>$之前的日志记录。

16.4 恢复算法

本节讨论使用日志记录从事务故障中恢复的完整恢复算法,以及结合检查点技术从系统崩溃和介质故障中恢复的算法。

16.4.1 事务回滚

首先考虑正常操作时的事务回滚,即逻辑回滚。事务T_i的回滚执行操作如下。

(1) 从日志尾部往前扫描日志,对于发现的T_i的每个形如$<T_i, X_i, V_1, V_2>$的日志记录:

① 值V_1被写到数据项X_i中。

② 往日志中写一个特殊的只读日志记录$<T_i, X_i, V_1>$,其中V_1是在本次回滚中数据项X_i恢复成的值。有时称这种特殊的日志记录为补偿日志记录。这样的日志记录不需要undo信息,因为不需要撤销这样的undo操作。后面解释如何使用这些日志记录。

(2) 一旦发现了$<T_i \text{ start}>$日志记录,就停止扫描,并往日志中写一个$<T_i \text{ abort}>$日志记录。

事务回滚后,事务所做的每个更新动作,包括将数据项恢复成其旧值的动作,都记录到日志中去了。

16.4.2 系统崩溃后的恢复

崩溃发生后数据库重启时,恢复动作分两个阶段进行。

1. 重做阶段

在重做阶段,系统通过从最后一个检查点开始正向扫描日志来重放所有事务的更新。重放的日志记录包括在系统崩溃前已经回滚的事务的日志记录,以及在系统崩溃发生时还没有提交的事务的日志记录。这个阶段同时还确定在系统故障发生时,必须回滚的事务。确定的原理是:故障时,未完成事务或者在检查点建立时是活跃的,或者是在检查点建立之后开始的,并且未完成,因此必须回滚。

扫描日志的过程中采用的具体步骤如下。

(1) 将要回滚的事务的列表 undo-list 初始设定为＜checkpoint L＞日志记录中的 L 列表。

(2) 一旦遇到形为＜T_i,X_i,V_1,V_2＞的正常日志记录或者形为＜T_i,X_i,V_2＞的 redo-only 日志记录,就重做这个操作,也就是说,将 V_2 的值写给数据项 X_i。

(3) 一旦发现形为＜T_i start＞的日志记录,就把 T_i 加到 undo-list 中。

(4) 一旦发现形为＜T_i commit＞或＜T_i abort＞的日志记录,就把 T_i 从 undo-list 中去掉。

在 redo 阶段的末尾,undo-list 包括在系统崩溃之前尚未完成的所有事务,即既没有提交,也没有完成回滚的那些事务。

2. 撤销阶段

在撤销阶段,系统回滚 undo-list 中的所有事务。系统从尾端开始反向扫描日志来执行回滚。

(1) 一旦发现属于 undo-list 中的事务的日志记录,就执行 undo 操作,就像在一个失败事务的回滚过程中发现了该日志记录一样。

(2) 当系统发现 undo-list 中事务 T_i 的＜T_i start＞日志记录,系统就往日志中写一个＜T_i abort＞日志记录,并且把 T_i 从 undo-list 中去掉。

(3) 一旦 undo-list 变为空列表,系统就找到了位于 undo-list 中的所有事务的＜T_i start＞日志记录,撤销阶段结束。

恢复过程的撤销阶段结束之后,就可以重新开始正常的事务处理了。

在重做阶段,从最近的检查点记录开始重放每个日志记录。也就是说,重启恢复这个阶段将重复执行检查点之后输出至稳定存储器的日志记录对应的所有数据更新动作。这些动作包括未完成事务的动作和回滚失败的事务执行的动作,当然也包括成功提交的事务动作。这些动作按照它们原先执行的次序重复,因此将这一过程称为重复历史(Repeating History)。貌似浪费,即对失败事务也重复,但实际简化了恢复过程。

16.4.3 介质故障后的恢复

介质故障后的恢复需要 DBA 介入。DBA 重装最近转储的数据库副本和有关的各日志文件副本执行系统提供的恢复命令,具体的恢复操作仍由 DBMS 完成。

恢复步骤如下。

(1) 装入最新的数据库副本,使数据库恢复到最近一次转储时的一致性状态。

对于静态转储的数据库副本,装入后数据库处于一致性状态。

对于动态转储的数据库副本,还须同时装入转储时刻的日志文件副本,利用与恢复系统故障相同的方法(即 redo+undo),才能将数据库恢复到一致性状态。

(2) 装入有关的日志文件副本,重做已完成的事务。

首先扫描日志文件,找出故障发生时已提交的事务的标识,将其记入重做队列。

然后正向扫描日志文件,对重做队列中的所有事务进行重做处理,即将日志记录中"更新后的值"写入数据库。重做事务的过程与系统故障的重做过程类似,这里不再赘述。

16.5 小结

数据库恢复(recovery)指数据库管理系统具有能把数据库从被破坏、不正确的状态恢复到最近一个正确状态的能力。恢复子系统是数据库管理系统的一个重要组成部分。

数据库系统故障大致分为事务故障、系统故障和介质故障3类。

恢复技术的基本原理很简单,就是建立"冗余"。

恢复机制的两个关键问题是建立冗余数据,利用冗余数据实现恢复。

建立冗余数据包括数据转储数据库本身和建立日志。

为保证数据库是可恢复的,登记日志文件时必须遵循两个原则:登记的次序为并行事务执行的时间次序;必须先写日志文件,后写数据库。

为降低这些不必要的开销,引入了检查点机制。

16.6 习题

1. 什么是数据库恢复?
2. 恢复的基本原理是什么?
3. 登记日志的原则是什么?
4. 简述事务故障恢复的过程。
5. 简述系统故障恢复的过程。
6. 简述介质故障恢复的过程。

第4篇

新技术篇

本篇包含第 17 章的内容，主要介绍数据库系统发展的特点、数据管理技术发展的趋势、数据库发展新技术、对象关系型数据库、分布式数据库、并行数据库、空间数据库、数据仓库与数据挖掘、大数据与 NoSQL 和 NewSQL。

第 17 章 数据库的发展及新技术

从 IBM 公司开发的第一个数据库系统 IMS 开始,数据库技术经过了近 50 年的发展,已成为一个数据模型丰富、新技术内容层出不穷、应用领域日益广泛的体系,是计算机科学技术中发展最快、应用最广泛的分支之一。

1990 年 2 月,美国国家科学基金会主持的数据库学术研究界和工业界联席会议对数据库技术的新发展做出了结论。

(1) 支持 21 世纪初工业化经济的大量先进技术都将依赖新的数据库技术,需要对这些新技术进行深入和持久的研究。

(2) 新一代数据库应用与目前的事务处理数据库应用大不一样,将涉及更多的数据,需要新的能力,包括类型扩充、多媒体支持、复杂对象、规则处理和档案存储等,需要重新考虑几乎所有 DBMS 的操作算法。

(3) 不同组织机构之间需要超大范围的、异种的、分布的数据库在通常的科学、工程和经济问题上的协同操作。

17.1 数据库系统发展的特点

数据库的发展虽然百花齐放,但其发展方向大致遵循下面 3 条途径,如图 17.1 所示。

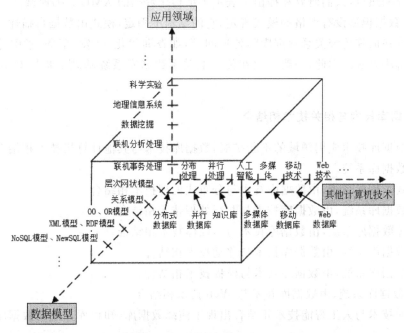

图 17.1 数据库发展方向

1. 数据模型的发展

数据库的发展集中表现在数据模型的发展上,从最初的层次模型、网状模型发展到关系模型,数据库技术产生了 3 次巨大的飞跃。

随着数据库应用领域的扩展以及数据对象的多样化,传统的关系数据模型已经逐渐暴露出许多弱点,如复杂对象表示能力差,语义表达能力较弱,缺乏灵活丰富的建模能力,对文本、时间、空间、声音、图像和视频等复杂数据类型的处理能力差等。因此,人们提出并发展了许多新的数据模型。

1) 面向对象数据模型

将数据模型和面向对象程序设计方法结合起来,用面向对象的观点来描述现实世界。现实世界的任何事物都被建模为对象,而对象又是属性和方法的封装。

它与传统数据库一样既实现数据的增加、删除、修改、查询的操纵功能,也具有并发控制、故障恢复、存储管理的功能。不仅支持传统的数据库应用,也能支持非传统领域的应用,包括 CAD/CAM、OA、CIMS、GIS 以及图形图像等多媒体领域、工程领域和数据集成等领域。但是,面向对象数据库管理系统太过复杂,导致并没有得到广泛应用,没有得到广大用户的支持,因此在市场上没有获得成功。

关系对象型数据库管理系统是在关系型数据库管理系统的基础上增加了面向对象的管理能力。其中,SQL 99 标准提供了面向对象的支持。

2) XML 数据模型

随着互联网的迅速发展,Web 上各种半结构化、非结构化数据源已经成为重要的信息来源。可扩展标记语言(eXtended Markup Language,XML)已经成为网上数据交换的标准和研究的热点,人们研究和提出了表示半结构化数据的 XML 数据模型。

XML 数据模型没有严格的模式规定,它的结构不固定,模式由数据自描述。纯 XML 数据库系统在面临传统关系数据库的各项问题,如查询优化、并发、事务、索引等时,并没有良好的解决办法。因此,一般采取在传统的关系数据库系统基础上扩展对 XML 数据的支持。

2. 数据库技术与相关技术相结合

随着数据库技术应用领域的不断扩展,数据库技术与其他计算机技术相结合,涌现出如下各种数据库系统。

分布式数据库系统,由数据库技术与分布式处理技术相结合。

并行数据库系统,由数据库技术与并行处理技术相结合。

多媒体数据库系统,由数据库技术与多媒体技术相结合。

移动数据库系统,由数据库技术与移动技术相结合。

模糊数据库系统,由数据库技术与模糊技术相结合。

Web 数据库系统,由数据库技术与 Web 技术相结合。

数据库技术与人工智能技术相结合出现了演绎数据库、知识库和主动数据库系统。

3. 数据库技术与应用领域相结合

数据库技术被应用到特定的领域中,出现了数据仓库、工程数据库、统计数据库、空间数据库等多种数据库,如图 17.2 所示。

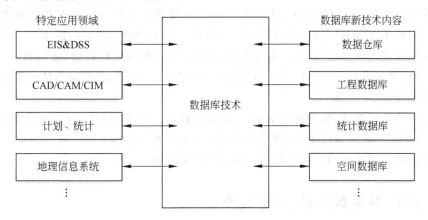

图 17.2 数据库技术与应用领域相结合

工程数据库(Engineering Data Base,EDB)是一种能存储和管理各种工程设计图形和工程设计文档,并能为工程设计提供各种服务的数据库,它又称为 CAD 数据库。工程数据库适合 CAD/CAM/CIM、地理信息处理、军事指挥、控制、通信等工程应用领域。

空间数据库是用于存储表示空间物体的位置、形状、大小和分布特征等各方面信息的数据,适用于二维、三维和多维应用的领域。

除了以上 3 种途径外,还出现了内存数据库、以图形图像的方式形象地显示各种数据的数据可视化技术等。

17.2 数据管理技术发展的趋势

数据、应用需求和计算机软硬件技术是推动数据库技术发展的 3 个主要动力。随着电子商务、移动互联网、自媒体、物联网、无线网络、嵌入式等技术的发展,获取数据的方式的多样化、智能化,数据量呈现爆炸式增长。而数据类型也越来越多样和异构,从结构化的数据扩展到文本、图形图像、音频、视频等多媒体数据库、HTML、XML、网页等半结构化数据,还有流数据,队列数据和程序数据,位置、形状、大小等空间数据,传感器数据,RFID(无线射频识别)等物联网数据。这就要求系统具有存储和处理多样异构数据的能力,以满足对复杂数据处理的需求。而传统数据库对半结构及非结构化数据的管理能力非常有限。不仅如此,数据中可能存在大量的冗余和噪声,数据量用海量来形容,其描述单位不断扩大,数据实时性要求高等。

人们希望从数据中获取更高的价值。数据应用从 OLTP(联机事务处理)为代表的事务处理扩展到 OLAP(联机分析处理)分析处理,从多结构化海量历史数据的多维分析发展到海量非结构化数据的复杂分析和深度挖掘,并且希望把数据仓库的结构化数据和互联网上的非结构化数据结合起来进行分析挖掘,把历史数据和实时流数据结合起来进行处理,但是大数据分析成为大数据应用中的瓶颈。人们已经认识到基于数据进行分析的广阔前景。

计算机硬件技术是数据库系统的基础。当今,计算机硬件体系结构的发展十分迅速,数据处理平台从单处理器向多核、大内存、集群、云计算平台转移。处理器全面进入多核时代。我们必须充分利用新的硬件技术满足海量数据的存储和管理的需求。一方面要对现有的传统数据库体系结构(包括存储策略、存取方法、查询处理策略、查询算法、事务管理)重新设计和开发;一方面,针对大数据需求,以集群、云计算、云存储为特征设计开发新的数据库系统。

大数据给数据管理、处理和分析提出全面的挑战。传统数据库的发展出现了瓶颈,NoSQL 数据库技术应运而生,以满足人们对大数据处理的需求。

以上这些都给传统的数据库提出了新的要求和挑战。

17.3 面向对象数据库管理系统

20 世纪 80 年代初期,正当数据库产品在事务处理领域取得巨大成功时,一些其他领域也表现了采用数据库技术的兴趣。

17.3.1 面向对象数据库管理系统介绍

工程应用领域中(如 CAD/CAM、CIMS(计算机集成制造系统))涉及的数据种类多(如图形数据、文字数据、数字数据等),相应的操作(如图形操作、文字操作、数字操作等)极为复杂。工程领域需要的数据模型也较复杂、特殊,而且数据关系也极复杂。这些都是传统的关系型数据库系统无法支持的。在多媒体应用领域中也同样存在数据类型复杂、数据联系复杂的情况,因此,也存在同样的传统数据库无法解决的问题。而这些问题通过面向对象数据库都可以得到解决。

面向对象数据库是沿着 3 条路线发展的。

第一条发展路线,是在传统的关系数据库管理系统的基础上扩展对面向对象模型的支持,如 DB2、Oracle、SQL Server 等。

第二条发展路线,是在面向对象程序设计语言的基础上,研究持久的程序设计语言,支持面向对象数据模型,如 GemStone 的 Smalltalk。

第三条发展路线,建立新的面向对象数据库系统,支持面向对象数据模型,如法国 O2Technology 公司的 O2 和美国 Itasca System 公司的 Itasca 等。

1. 面向对象数据库的定义及相关概念

面向对象数据库系统至少满足以下两个基本要求:①必须是一个面向对象的系统;②必须是一个数据库系统。也就是说,它必须支持面向对象的数据模型,提供面向对象的数据库语言,提供面向对象数据库管理机制,同时具有传统数据库的管理能力。

面向对象数据库是使用面向对象数据模型表示实体及实体之间联系的模型,同样也分为数据结构、数据操作和完整性约束3方面来描述。

(1) 数据结构,面向对象数据模型的基本结构是对象和类。现实世界的任一实体都被统一地模型化为一个对象。

(2) 数据操作,面向对象数据模型中,数据操作分为两个部分:一部分封装在类中,称为方法;另一部分是类之间相互沟通的操作,称为消息。

(3) 完整性约束,面向对象数据模型中一般使用消息或方法表示完整性约束条件,它们称为完整性约束消息与完整性约束方法。

面向对象数据库包含的几个核心概念:对象、封装、类、继承、消息。

(1) 对象。现实世界的任一实体都被统一模型化为一个对象(object),每个对象有一个唯一的标识,称为对象标识(OID)。对象是现实世界中实体的模型化,与记录、元组类似。

(2) 封装。每个对象是其属性与行为的封装,行为是对象上的操作方法。

(3) 类。同一属性集合及方法集合的所有对象组合在一起构成一个对象类 class,简称为类。一个对象是一个类的实例。例如,教师是一个类,具体的某个教师(如刘思)是教师类中的一个对象。类是型,对象是值。每个类都包含了属性和方法,而每个属性可以是基本的数据类型(如整型、字符型)。

(4) 继承。类可以继承,即一个类可以有多个超类,分为直接的超类和间接的超类。一个类可以继承它的所有超类的属性和方法。

(5) 消息。对象是封装的,对象之间的通信是通过消息传递来实现的,即消息从外部传递给对象,存取和调用对象中的属性和方法,在内部执行要求的操作,操作的结果仍以消息的形式返回。

如图17.3所示,教工和学生分别定义为教工类和学生类,它们都继承了人这个类,教工类和学生类也都继承了人的所有属性和方法。同样,本科生继承了学生类及人类的所有属性和方法。李思是学校的一名具体教师,他具有教工类的所有属性和方法,他有姓名、性别、职称等属性,他具有教书这个方法,同时还封装了其他一些方法。

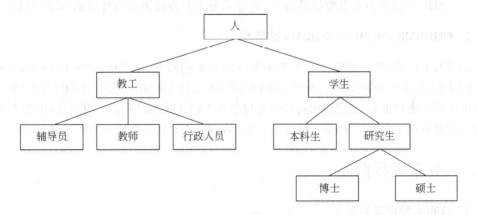

图 17.3 "人"类及继承关系

2. 面向对象数据库子语言

1993年，目标数据库管理组（Object Data Management Group，ODMG）形成工业化的面向对象数据库标准 ODMG-93。它是基于对象的，把对象作为基本构造，是用于面向对象数据库管理产品接口的一个定义。各个产品对 ODMG-93 思想的实现区别很大。1997年，ODMG 组织公布了第2个标准 ODMG-97，内容涉及对象模型、对象定义语言、对象交换格式、对象查询语言，以及这些内容与 C++、Smalltalk、Java 之间的衔接。对象定义语言（Object Definition Language，ODL）是基于面向对象定义的语言，而对象查询语言（Object Query Language，OQL）是基于面向对象的数据查询语言。

17.3.2 对象关系数据库管理系统介绍

基于对象关系数据模型建立的数据库系统称为"对象关系数据库系统"（ORDBS）。对象关系数据库管理系统（ORDBMS）具有关系数据库管理系统的功能，同时又支持面向对象的某些特性，主要是能扩充基本数据类型、支持复合对象、增加复合对象继承机制和支持规则系统。它是在传统的关系数据库管理系统的基础上增加面向对象的特性，把面向对象技术与关系数据库技术结合起来。

1. 对象关系数据库子语言

20世纪80年代中期，随着面向对象技术的兴起，人们设法在 SQL 标准语言的基础上增加面向对象内容，1999年，国际标准化组织（ISO）发布了 SQL-3 标准，该标准又称为 SQL:1999。SQL-3 支持对象关系数据库模型。SQL-3 包含以下几部分内容。

（1）具有关系数据库系统 SQL 的基本功能。
（2）具有定义复杂数据类型和抽象数据类型的功能。
（3）具有数据间组合与继承的功能。
（4）具有函数定义和使用的功能。
（5）SQL-3 以表为基本数据结构，它的定义形式和查询语言与传统的 SQL 类似。

2. OODBMS、ORDBMS、RDBMS 的区别

RDBMS 不支持用户自定义数据类型和面向对象的特征，而 ORDBMS 和 OODBMS 支持。ORDBMS 支持 SQL-3 语言标准，而 OODBMS 支持 ODMG97 中的 OQL 和 ODL。另外，ORDBMS 和 OODBMS 的面向对象的实现原理不同，ORDBMS 是在 RDBMS 中增加新的数据类型和面向对象的特征；而 OODBMS 则是在程序设计语言中增加 DBMS 的功能。

17.4 分布式数据库

1. 分布式数据库的定义

分布式数据库系统是物理上分散，而逻辑上集中的数据库系统。它使用计算机网络将地理分散而管理和控制又需要不同程度集中的多个逻辑单位连接起来,共同组成一个统一的数据库系统。它是计算机网络与数据库系统的有机结合。

在分布式数据库系统中,被计算机网络连接的每个逻辑单位是能够独立工作的计算机,这些计算机称为站点或场地,也称为结点。地理位置上分散是指各个站点分散在不同的地方,大可以到不同的国家,小可以在一个机房。逻辑上集中指各站点之间虽然不是相关的,但它们是一个逻辑整体,并由一个统一的数据库管理系统进行管理,这个数据库管理系统称为分布式数据库管理系统(Distributed DataBase Management System, DDBMS)。分布式数据库系统的体系结构如图17.4所示,每个大圆圈就是一个结点。各个结点通过通信网络连接起来,每个结点一般是一个集中式数据库系统,它由数据库服务器及若干终端(客户机)构成。

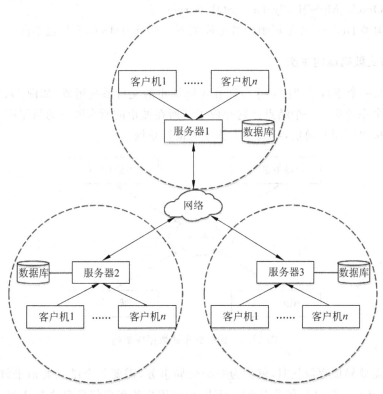

图17.4 分布式数据库系统的体系结构

2. 分布式数据库的特点

1) 物理分布性

分布式数据库系统中的数据不存储在一个结点上,而是分散在由计算机网络连接起来的多个结点上,但这种分散对用户是透明的,用户感觉不到。

2) 逻辑整体性

虽然这些数据物理分散在不同结点,但是逻辑上却是统一的,它们被所有用户共享,由一个分布式数据库管理系统统一管理。

3) 站点自治性

各个站点的数据由本地的数据库管理系统所管理,完成本站点的局部应用。

4) 场地之间的协作性

各个场地虽然具有较高度的自治性,但又相互协作构成一个整体,用户可以在任何一个场地执行全局应用。

3. 分布式数据库分类

(1) 同构同质型 DDBS(分布式数据库系统):各个场地采用同一类型的数据模型(如都是关系型),并且是同一型号的 DBMS。

(2) 同构异质型 DDBS:各个场地采用同一类型的数据模型,但是 DBMS 的型号不同,如 DB2、Oracle、MySQL、Sysbase、SQL Server 等。

(3) 异构型 DDBS:各个场地的数据模型不一样,DBMS 的型号也不同。

4. 分布式数据库的举例

(1) 假设一个银行系统由多个分布在不同城市的支行系统组成,如图 17.5 所示。每个支行是这个系统中的一个结点。它存放了其所在城市的所有账户的数据库。各个支行通过网络连接可以相互通信,组成一个整体的银行系统。

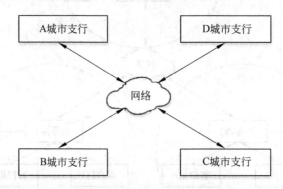

图 17.5 银行分布式数据库架构

当用户需要异地存取款时,就称为一个全局事务,需要各个结点通信来解决。例如,用户在 A 城市开了账户并存了 10000 元钱,则此用户的账户信息存放在 A 城市的数据库服务器中,当此用户要在 B 城市取钱时,A 城市的计算机就要将这一全局事务通过结点通信进行处理。

(2) 图 17.6 是一个高校数据库系统架构,该学校由 A、B、C 3 个校区组成,每个校区的师生及相关数据都保存在当地数据库服务器,如 A 校区的教师及学生数据保存在 A 校区。如果想查询 A 校区所有教授的信息,那么只需要查询 A 校区的数据库服务器,这种查询只涉及一个站点,叫作局部查询。如果想查询整个学校所有教授的信息,那么这个查询将检索所有数据库服务器,分别检索 A、B、C 3 个数据库服务器的教授信息,最后把 3 个站点的查询结果进行合并。这种涉及多个站点的查询叫作全局查询,也属于全局事务。

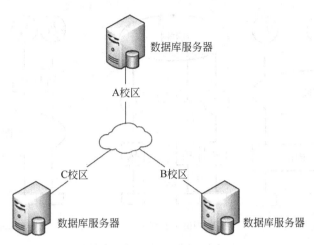

图 17.6 高校数据库系统架构

17.5 并行数据库

1. 并行数据库的定义及相关概念

并行数据库是并行技术与数据库技术相结合的产物,也是当今社会研究的热点数据库技术之一。处理机、内存、芯片等物理元件的发展潜力越来越小,不可能无限制地提供其速度和功能。并行处理技术利用大量处理机并行处理来提高性能,已经证明不仅具有极大的可行性,而且也是计算机发展的必由之路。

并行数据库可以充分发挥多处理机结构的优势,将数据分布存储在多个磁盘上,并且利用多个处理机对磁盘数据进行并行处理,以提高速度。并行数据库管理系统的基本思想是通过先进的并行查询技术,开发查询间并行、查询内并行以及操作内并行,来提高性能和查询的效率。

2. 并行数据库的体系结构

并行数据库系统的基本思想是通过并行执行来提高性能。其体系结构主要分为全共享结构、无共享结构、共享磁盘结构 3 类,如图 17.7 所示。

全共享结构:主要指多个处理机通过网络进行通信,共享访问内存和磁盘。因此,内存访问冲突将会是这种并行结构的瓶颈,这种结构中 CPU 的数目不能太多。

无共享结构:每个处理机有自己独立的磁盘和内存,处理器之间通过网络进行通信。此种结构被认为是最佳的并行数据库结构。

共享磁盘结构:每个处理机有自己独立的内存,通过网络共享访问磁盘。这种结构消除了内存访问的瓶颈,但是磁盘访问冲突成为瓶颈。

并行数据库系统中虽然已经取得了一些成果,但是仍然有大量问题需要研究。

(1) 并行体系结构。

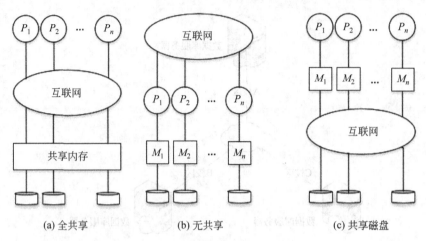

图 17.7 并行数据库的体系结构

(2) 为提高并行查询效率,研究并行操作算法。
(3) 并行查询优化。
(4) 并行数据库的物理设计。
(5) 并行数据库的数据加载和再组织技术。

并行数据库与分布式数据库经常在一起结合使用,它们有很多相似点,都是利用网络连接各个数据库结点,所有结点构成逻辑上统一的整体。但是它们有很大的不同,主要有①应用目的不同。并行数据库是调动所有结点并行地完成某个任务,提高整体性能;分布式数据库的目的是实现站点自治和全局透明共享。②网络连接方法不同。并行数据库系统采用高速网络将各个结点连接起来,实现高速传输,而分布式数据库系统采用局域网和广域网连接,传输速率较低。③结点地位不同。并行数据库中的各个结点不是独立的,必须在数据处理中协同作用,才能实现系统功能;而分布数据库系统的每个站点可以自治,有独立的数据库系统,可以独立完成局部应用,也可以协同完成全局应用。

17.6 空间数据库

1. 空间数据库的定义

空间数据库(spatial database)是以描述空间位置和点、线、面、体特征的位置数据(空间数据)以及描述这些特征的属性数据(非空间数据)为对象的数据库,其数据模型和查询语言能支持空间数据类型和空间索引,并且提供空间查询和其他空间分析方法。

空间数据用于表示空间物体的位置、形状、大小和分布特征等信息,用于描述所有二维、三维和多维分布的关于区域的信息,它不仅表示物体本身的空间位置和状态信息,还能表示物体之间的空间关系。非空间信息主要包含表示专题属性和质量的描述数据,用于表示物体的本质特征。因此,凡是需要处理空间数据的应用,都需要建立高效的空间数据库,主要应用领域包括如下。

(1) 地理信息系统(GIS)。在 GIS 中,需要广泛地处理空间数据,包括点、线、两维或者三维区域。例如,一幅地图包含对象(点)、河流和高速公路(线)以及城市和湖泊(面)的位置,因此需要数据库有效地管理这些数据。

(2) 计算机辅助设计和制造系统。如所要设计对象的表面(像飞机的机身)。

2. 空间数据的分类

根据空间数据的特征,可以把空间数据分为 3 类。

(1) 属性数据:描述空间数据的属性特征的数据,也称为非几何数据,如类型、等级、名称、状态等。

(2) 几何数据:描述空间数据的空间特征的数据,也称为位置数据、定位数据,如用 X、Y 坐标来表示。

(3) 关系数据:描述空间数据之间的空间关系的数据,如空间数据的相邻、包含和相交等,主要指拓扑关系。拓扑关系是一种对空间关系进行明确定义的数学方法。

为了将空间数据及其属性数据有效地组织和管理起来,必须建立结构合理的空间数据库,由于空间数据和一般的数据不完全一致,因此,空间数据库的设计有其自身的特点。它主要有以下 4 种组织形式。

(1) 文件与关系数据库混合型组织形式。

用关系型数据库管理系统管理属性数据,而用文件管理系统管理几何图形数据。在这种管理形式中,属性数据与几何图形数据通过系统内部生成的唯一标识符进行关联。

(2) 全关系数据库型组织形式。

图形数据和属性数据都用关系数据库管理系统进行管理。

(3) 对象关系型数据库组织形式。

在关系型数据库管理系统的基础上增加了对面向对象的支持,这种方式比较好地兼容异构数据的访问,具有对空间数据类型和海量数据的兼容,又具备传统关系数据库管理系统的特点,因此它是 GIS 空间数据管理的主流。

(4) 面向对象数据库组织形式。

面向对象模型最适于空间数据类型的管理,但是它本身还不成熟、价格昂贵,目前在 GIS 领域还不通用。

3. 空间查询语言的分类

查询语言是数据库管理系统中的核心要素,SQL 是关系型数据库管理系统的查询语言标准。那么,在空间查询语言的设计上,空间查询语言大体分为:①基于 SQL 扩展的空间查询语言,如 GSQL,它支持空间数据类型、空间数据运算符、空间关系运算以及空间分析;②可视化查询语言,它主要使用直观的图符等来表示空间概念,用不同的图符组成空间查询语句,并以直观的图、表、多媒体等形式展现查询结果;③自然查询语言 3 种方法。一般采用第一类方法描述空间数据查询。常用的空间数据查询操作有精确匹配查询、点查询、空间区域查询、最临近查询。为了提高查询效率,在空间数据库中还存在多种类型的空间数据索引。

在商用数据库管理系统 Oracle 和 SQL Server 中都由空间数据库组件来存储和管理

空间数据，如 Oracle Spatial 是 Oracle 从版本 8i 开始推出的空间数据管理组件，它负责对空间数据进行有效存储、获取以及分析的操作。SQL Server 从 2008 的版本开始提供了全面性的空间支持。

17.7 数据仓库与数据挖掘

数据仓库是一种数据存储和组织技术，是决策分析的基础。它将分布在不同站点的相关数据集成到一起，为决策者提供各种类型的、有效的数据分析，起到决策支持的作用。

数据挖掘是一种决策支持过程，它基于多学科技术，包括数据库技术、统计学、机器学习、信息科学、可视化等，高度自动化地分析原有的数据，从中挖掘出潜在的模式，预测未来的行为。

随着软硬件技术的发展，互联网、电子商务、移动网络、无线网络、物联网的广泛使用，数据量爆炸式增长，人们对数据的处理要求已经不仅满足于在线联机事务处理（OLTP），更多向在线联机分析处理（OLAP）转变，并逐步向数据挖掘及大数据挖掘扩展。

1. 数据仓库的定义及相关概念

W. H. Inmon 提出数据仓库是一个面向主题的、集成的、时变的、非易失的数据集合，支持管理决策制定。数据仓库围绕一些主题，如顾客、供应商、产品和销售组织。数据仓库关注的内容不再是日常操作和事务处理，而是决策者的数据建模与分析。数据仓库将多个异种数据源经过抽取、清洗、转换、集成在一起。保存的数据多是历史性的数据，它与日常操作的事务数据分开存放。

通过数据仓库上的联机分析处理，更多关注的是支持决策活动的信息，如顾客购买模式包括喜爱买什么、购买时间、消费习惯，根据季度、年、地区的营销情况比较，重新配置产品和投资，调整生成策略，管理顾客关系，如哪些产品最受 15～20 岁女性欢迎，病房花在每个患者身上的成本和时间是多少等。

2. 数据仓库的体系结构

数据仓库通常采用 4 层结构，如图 17.8 所示，它由 ETL 工具（数据提取、清洗、转换、装入、刷新）、数据仓库服务器、OLAP 服务器、前端工具组成。

数据仓库的数据来源经常是异地异构异种数据源，如记事本、Excel、关系数据库、非关系数据库等，只能通过 ETL（Extract Transform Load）工具抽取、清洗、转换，形成统一的格式装入到数据仓库中。

数据仓库服务器相当于管理数据库的系统，它负责数据仓库中数据的存储管理和存取，并为上层服务提供接口。目前，数据仓库服务器一般是关系数据库管理系统或者扩展的关系数据库管理系统。

OLAP 服务器为上层服务提供多维数据视图和操作。顶层是前端工具，包括查询和报表工具、分析工具、数据挖掘及结果可视化工具等。

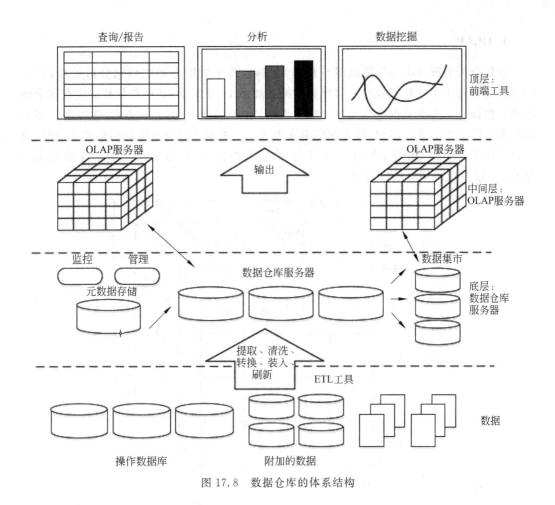

图 17.8 数据仓库的体系结构

3. 数据仓库的设计方法

数据仓库的设计方法和数据库的设计方法类似,大体上分为以下 6 个步骤。

(1) 需求分析。收集相关信息,理解系统信息结构,了解用户需求。

(2) 概念模型设计。这一阶段的工作类似于数据库设计的概念模型设计。其主要任务是确定系统边界,确定数据仓库的主题及内容,一般用 E-R 图表示法描述实体及实体之间的联系。

(3) 逻辑模型设计。这一阶段的任务主要是确定主题和维度信息,确定粒度层次划分,确定数据分割策略,以及关系模式定义。它实际就是把不同主题和维度的信息映射到数据仓库中的具体表。

(4) 物理模型设计。设计数据的存放形式和组织形式,确定数据的存储结构、存放位置、存取方法、存储分配。

(5) 数据仓库实施。数据仓库的生成,数据装入。

(6) 数据仓库的使用和维护。使用数据仓库调整和完善系统,维护数据仓库。

4. OLAP

联机分析处理（OLAP）是以海量数据为基础，基于数据仓库的信息分析处理过程。OLAP工具基于多维数据模型。多维数据模型如图17.9所示，某种产品某季度在每个地区的销售数量。多维数据模型由维和事实表构成。每个维对应于一个表，叫维表。多维数据模型围绕中心主题组织，该主题用事实表表示。事实表包含事实的名称和度量值，以及每个相关维表的关键字，在图17.9中有城市维、时间维、产品维，605表示家庭娱乐产品Q1季度在温哥华的销售数量。

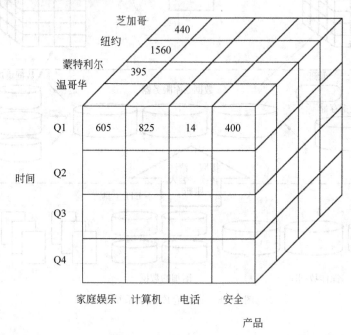

图17.9　多维数据模型

多维数据模型常以星形模式、雪花模式、事实星座模式存在。

星形模式由一个事实表及一组维表构成，类似星形。如图17.10所示，每个维只用一个表表示，包含一组属性，该图描述的是销售数据，表示某产品在某时间、某地区每个销售员销售给不同客户的销售数量，图中有6个维，它们是产品、订单、销售员、客户、地区名称、日期标示，分别有一组属性对这6个维进行描述。

雪花模式在星形模式的基础上，维表可以进行进一步分解。如图17.11所示，产品维中的公司属性进一步由属性"公司名称"和"地址"描述。

常用的OLAP操作有切片、切块、旋转、上卷、下钻等。通过这些操作，用户可以深入观察、分析数据，从而获取包含在数据里的信息。

5. 数据挖掘的定义

到底什么是数据挖掘呢？它除了可以解答某种现象为什么发生，还可以解答未来将会发生什么。

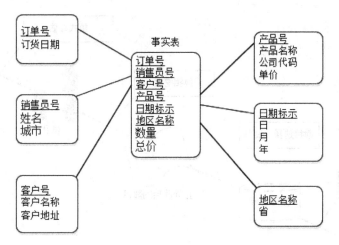

图 17.10　星形模式

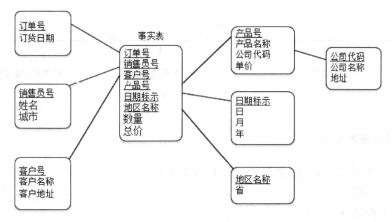

图 17.11　雪花模式

数据挖掘是从大量数据中发现并提取隐藏在内的、人们事先不知道的,但又可能有用的信息和知识的一种新技术。

数据挖掘的数据主要有两种来源,既可以来自数据仓库,也可以来自数据库。而这些数据往往是不完全的、有噪声的、模糊的、随机的,因此,在数据挖掘前一般都需要对数据进行预处理,如清洗、转换等。数据挖掘过程如图 17.12 所示。

(1) 数据清洗:消除噪声或不一致数据。
(2) 数据集成:多种数据源组合在一起。
(3) 数据选择:从数据库中提取与分析任务相关的数据。
(4) 数据变换:数据变换或统一成适合挖掘的形式。
(5) 数据挖掘:使用挖掘算法提取数据模式。
(6) 模式评估:根据某种兴趣度度量,识别提供知识的真正有趣的模式。
(7) 知识表示:使用可视化和知识表示技术向用户提供挖掘的知识。

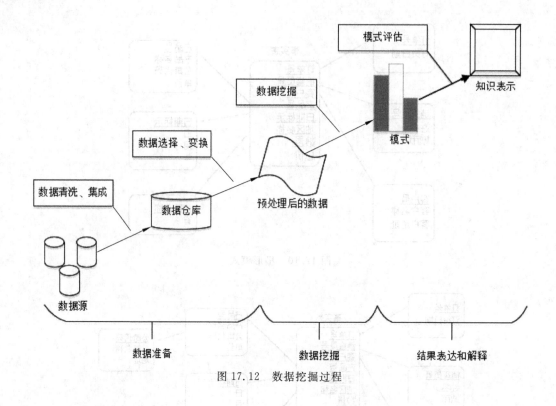

图 17.12 数据挖掘过程

6. 数据挖掘的算法

在数据挖掘过程中,其挖掘算法主要有以下 4 类。

(1) 关联分析。

(2) 分类和预测。

(3) 聚类分析。

(4) 复杂数据的挖掘。

7. 大数据上的数据挖掘

目前,大数据时代对数据挖掘又提出了新的机遇和挑战。数据量的剧增给数据挖掘提供数据基础的同时,如何存储、管理、快速分析及挖掘这些大数据又成了新的问题,数据类型的多样化及复杂化给数据挖掘提出新的难题。因此,针对大数据的存储等问题,大数据时代对数据挖掘体系结构提出新的改进。

17.8 大数据

科技界和工业界正在研究大数据理论和技术以及开发大数据系统,正在孕育新的数据学科,正在形成新的产业,它将给人们带来无穷的、变化的、灿烂的前景。不管是大数据理论,还是技术、系统及应用,都还没有成熟,这些内容将会不断地被更新、发展,最终形成新的标准体系。

1. 大数据概述

数据的发展从20世纪70年代出现的超大规模数据库(Very Large DataBase, VLDB)里保存了数百万条数据,到21世纪初更大数据集及更丰富数据类型的"海量数据",再到如今,数据已经渗透到每个行业和业务职能领域。随着互联网、移动互联网、物联网大潮的高速发展以及IT技术的快速进步,很多企业正面临海量的交易数据、顾客信息、供货商信息和运营数据等;传感器、智能手机、工业设备等都产生了海量数据;用户访问网站的海量点击记录数据;电子商务网站的在线购买记录、通信数据、RFID(无线射频识别)、多媒体数据、医疗数据、微博数据、社交网络数据等。2008年9月,*Nature*杂志推出了"大数据"专刊,通过多篇文章全方位介绍了大数据问题的产生及对各个研究领域的影响,首次将"大数据"这一概念引入科学家和研究人员的视野。

2. 大数据的定义

维基百科对大数据的定义:大数据是指其大小或复杂性无法通过现有常用的软件工具以合理的成本并在可接受的时限内对其进行获取、管理和处理的数据集。这些困难包括数据的收录、存储、搜索、共享、分析和可视化。

专家对大数据的定义:大数据通常被认为是 $PB(10^3 TB)$、$EB(10^6 TB)$ 或更高数量级的数据,包括结构化的、半结构化的和非结构化的数据。

Gartner咨询公司、IBM、微软、SAS公司等分别都给出了大数据的定义。总结起来,大数据应该包含4个V特征。

第一个V(Volume):大规模。统计数据表明,2010年全世界信息总量是1ZB(1ZB=1兆GB),最近3年人类产生的信息量已经超过之前历史上人类产生的所有信息之和;Twitter一天产生1.9亿条微博;搜索引擎一天产生的日志高达35TB;Google一天处理的数据量超过25PB;YouTube一天上传的视频总时长为5万小时等。

第二个V(Velocity):高速度,主要指数据实时性。数据到达的速度快、处理时间短、响应快,具有强时效性。

第三个V(Variety):多样化,越来越多的应用产生的数据不再是结构化的关系数据,更多的是半结构化、非结构化数据,如文本、图形、图像、音频、视频、网页、博客等。至2012年年末,非结构化数据占整个数据量的比例为75%以上。

第四个V(Value):价值。大数据中蕴藏着大价值。早在1980年,有人就提出"数据就是财富"。

也正是因为大数据有以上特征,所以给我们现存的数据存储、数据处理、数据管理、数据分析技术提出了挑战和新的课题。

从内存容量、硬盘容量、处理器速度等物理硬件的性能上考虑,可以采用一主多从的集中式数据存储管理系统,如Google的BigTable,但更多的是采用无主从结点之分的分布式并行架构的非集中式数据存储管理系统,如集群、云存储(如Amazon的Dynamo)。

传统的数据管理技术已经无法管理海量半结构化、结构化的数据,因此,需要开发出高并发、高性能、高可用新的数据库系统,如 NoSQL、NewSQL 等。

海量数据处理的方法中,MapReduce 是最流行的处理方法之一,它是 Google 公司的核心计算模型,它将复杂的运行于大规模集群上的并行计算过程高度地抽象为 Map 和 Reduce 两个函数。

同样,大数据对传统的数据分析提出了新的要求。传统的数据分析算法对处理同构的关系数据比较成熟,而对非结构化、半结构化的数据不一定适用等。

因此,目前大数据各种相关技术(包括存储、分区、复制与容错、压缩、缓存、数据处理、分析等)都处于积极发展时期,都还没有很成熟的理论,是亟待大家努力去发展的学科。

随着 NoSQL、NewSQL 数据库的迅速崛起,针对市场上大数据数据库管理系统进行调查,当今数据库系统"百花齐放",现有数据库管理系统达数百种之多。图 17.13 为数据库系统新格局,主要分为非关系分析型数据库管理系统、关系分析型数据库管理系统、关系操作型数据库管理系统、非关系操作型数据库管理系统、数据库缓存系统 5 类。其中,非关系操作型数据库管理系统主要指的是 NoSQL,分为键值数据库、列式存储数据库、图形存储数据库以及文档数据库 4 大类;除了传统的关系型数据库管理系统外,关系操作型数据库管理系统主要还包括 NewSQL 数据库管理系统。

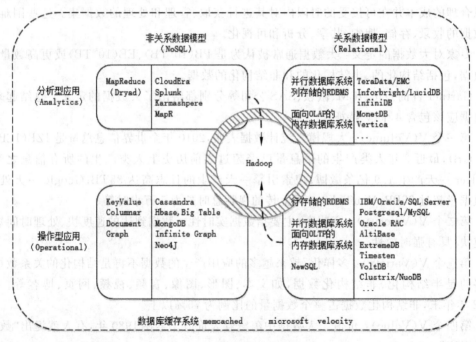

图 17.13 数据库系统新格局

3. NoSQL

NoSQL 有两种解释:一种是非关系数据库;一种是 Not Only SQL,不仅仅是 SQL。NoSQL 数据库系统支持的数据模型通常分为键值模型、文档模型、图模型、列式存储模型。NoSQL 系统为了提高存储能力和并发读写能力,采用简单的数据模型,支持简单的查询操作,把复杂的操作留给应用层实现。NoSQL 系统在体系结构、数据存储、数据模型、读写方式、索引技术、事务特性、动态负载均衡策略、副本管理策略、数据一致性策略上和传统关系型数据库完全不同。

4. NewSQL

NewSQL 是对各种新的可扩展、高性能的 SQL 数据库的简称,它把关系模型的优势发挥到分布式体系结构中。从一开始就将 SQL 功能考虑在内,并且精简传统关系数据库中不必要的组件,提高执行效率,可以完整无缝地替换原有系统的关系数据库。NewSQL 将 SQL 与 NoSQL 的优势结合起来,支持高扩展性、SQL 语句、ACID 一致性约束、高可用性、Hadoop 集成等。典型的代表有 MySQL Cluster,它是 MySQL 的集群版本,既适合高可用集群,也适合高性能计算集群。

17.9 小结

本章介绍了数据库系统发展的特点及数据管理技术发展的趋势,简单讲述了面向对象数据库管理系统、对象关系型数据库管理系统、分布式数据库、并行数据库、空间数据库、数据仓库、数据挖掘、大数据等基本概念。

17.10 习题

1. 查找资料,了解非关系数据模型的市场占有情况。
2. 查找资料,了解非关系数据库的设计过程。
3. 查找资料,了解大数据的应用情况。
4. 列出几种常用的数据挖掘算法,并给出其使用的环境。
5. 选择一种非关系型数据库管理系统,下载并安装使用。

参考文献

[1] 王珊,萨师煊.数据库系统概论[M].5版.北京:高等教育出版社,2014.
[2] 李晓峰,李东.数据库系统原理及应用[M].北京:中国水利水电出版社,2011.
[3] 肖锋,王建国.数据库原理与应用[M].北京:科学出版社,2009.
[4] 潘瑞芳,朱永玲.数据库原理及应用[M].北京:中国水利水电出版社,2005.
[5] 李明,李晓丽,王燕.数据库原理及应用[M].成都:西南交通大学出版社,2007.
[6] 汤庸,叶小平,汤娜.数据库理论及应用基础[M].北京:清华大学出版社,2004.
[7] 牛允鹏.数据库及其应用[M].北京:经济科学出版社,2005.
[8] Jeffrey D. Ullman,Jennifer Widom. A First Course in Database Systems[M]. 3th ed. 北京:机械工业出版社,2009.
[9] Abraham Silberschatz,Henry F. Korth,S. Sudarshan. Database System Concepts[M]. 5th ed. 北京:高等教育出版社,2006.
[10] Ramez Elmasri,Shamkant B. Navathe. Fundamentals of Database Systems[M]. 4th ed. 北京:人民邮电出版社,2008.
[11] 姜桂洪,张龙波.SQL Server 2005 数据库应用与开发[M].北京:清华大学出版社,2010.
[12] 杜佰林.网络数据库 SQL Server 2000[M].北京:清华大学出版社,2007.
[13] 王长松,秦琴,田瑛,等.数据库应用课程设计[M].北京:清华大学出版社,2009.
[14] 张晓东,高鉴伟.JSP+Oracle 数据库开发与实例[M].北京:清华大学出版社,2008.
[15] 郝安林,许勇,康会光.SQL Server 2005 基础教程与实验指导[M].北京:清华大学出版社,2008.
[16] Jiawei Han,Micheline Kamber,Jian Pei. 数据挖掘:概念与技术[M].范明,孟小峰,译.北京:机械工业出版社,2012.
[17] 鲍亮,李倩.实战大数据[M].北京:清华大学出版社,2014.
[18] 陆嘉恒.大数据挑战与 NoSQL 数据库技术[M].北京:电子工业出版社,2013.